U0155751

绝不失手的基础料理

[韩]《Super Recipe》月刊志 著 冯雪 译

后浪出版公司

贵州出版集团
贵州人民出版社

专为料理新手编写的基础料理指南

新手阶段，我也经历过无数次失败

结婚至今已有 13 年，如今我常被朋友夸赞“会做饭”，但其实我也经历过无数次失败。我刚结婚那会儿不会做饭，觉得船到桥头自然直，做饭有什么难的，只买了一本料理书对付。然而，真正开始实战后，才发现太难了：凉拌菠菜焯得过久而变成结团的“年糕”，大酱汤被先生戏称为“大酱泡水”，烤得稀碎的土豆得用勺子舀着才能吃，海鲜葱饼因为没控制好发面和火候而外糊里生厚得不行……现在想来都是些很简单的料理，可为什么当时做起来却那么难呢？同大多数人一样，每当我束手无策时，都会打电话给妈妈，可得到的回复却总是“适量”“酌量”“看情况”。即便如此，我还是从妈妈那里得到很大帮助。虽然妈妈精通料理，用指尖便可调味，可是对于指尖钝拙的我来说，即使有了她的那些秘方，依旧需要在实战中反复试错。

凭借《Super Recipe》杂志，我摘掉了“新手”的标签

真正摘掉料理新手的标签是在 6 年前，也就是料理杂志《Super Recipe》创刊的时候。《Super Recipe》以“做出美味料理的秘诀不在于厨艺，而在于食谱”“新手也能成功”为理念，在经历了相当繁杂的研发过程后才得以面世。杂志中刊载的食谱都是由内部检测师（策划、研发、检验食谱的料理研究家）反复尝试后总结而成。正式登载之前，还会邀请读者按照食谱制作料理，并对这些读者指出的问题进行修正。杂志发刊后，还会在读者中进行调研，评估大家最中意哪道食谱。我自己也是《Super Recipe》的忠实读者，每个月都会照着这些铅字印刷、明示用量的食谱制作 15 ～ 35 道料理，这不仅使我的料理技术显著提高，家人对餐食也越来越满意。

《Super Recipe》基础料理书，值得拥有！

《Super Recipe》是月刊，刊载的多是以当季食材为原料的创新食谱。然而，最近有很多读者反映这样固然是好，可还是希望《Super Recipe》能收录更多真正的家常料理，即专为厨房新手设计的基础食谱，如凉拌菠菜、大酱汤等。

基于此，我们策划了一本沿袭《Super Recipe》理念的基础料理书。通过回忆自己初学料理时遇到的困难，我整理出了足以出 3 ～ 4 本书的内容。可是，过多的信息只会给初学者增加负担。于是我又咨询了一些刚接触料理的朋友，最终拟定了“绝不失手的基础料理”的主题，然后又从《Super Recipe》在社交平台上的粉丝中选取了 100 位料理新手进行了两次问卷调查，经过多次提炼后才编写出本书。

100 位厨房新手反复试做，选定 360 余道经典食谱

经过层层筛选试验，最终选出了 306 道食谱及 56 种衍生料理，汇集成这本包含 360 余道食谱的料理书。另外，书中还收录了厨房新手们认为一定需要了解的料理知识，如食材的挑选方法与保存方法，因此导致成书时间比预计多了两倍。虽然迄今为止我已经策划了多部料理书，但说实话，基础料理书的编辑难度比想象中要大得多。就像一位料理新手说的那样，“《绝不失手的基础料理：韩国国民食谱书》像妈妈，而《Super Recipe》则像是料理老师”，我希望这本书能够解决所有料理新手在下厨时遇到的问题。最后，要感谢这 100 位料理新手嘉宾团，感谢他们给予的帮助，也要感谢反复试做和修正的检测师和编辑组。

《Super Recipe》月刊
总编辑　朴成洙

《绝不失手的基础料理：韩国国民食谱书》的 100 位料理新手嘉宾之一

“本书并不是教你如何制作复杂的料理，而是教授料理的基础技巧。道理虽然都懂，但知易行难，多亏了这本真正的基础料理书，才能让像我一样的料理新手也可以做出完美料理，也让我们有了更多的自信。”——韩昭希

姜志英	柳娴静	吴恩美	郑美晶
姜之允	文至希	刘秀贤	郑善熙
具昭罗	朴美声	刘恩惠	郑静恩
国民爱	朴星慧	刘希妍	郑韩真
权金美	朴升完	尹民熙	曹闵静
金静恩	朴雅英	李嘉熙	曹星希
金娜贤	朴周英	李京才	曹秀真
金美妍	朴慧珍	李花君	曹安娜
金敏荷	方静华	李美娜	曹润敏
金敏喜	裴高恩	李美善	曹静熙
金小英	徐高恩	李旻善	赵周恩
金秀贤	徐恩惠	李敏静	赵贤雅
金雅蓝	成贤美	李善花	赵慧敏
金允静	孙善美	李昭贤	赵慧珍 1
金在妍	孙茶英	李英华	赵慧珍 2
金静淑	宋志英	李有真	陈宝贤
金志恩	宋海善	李润雅	崔善美
今夏一颜	申恩燮	李恩宝拉	崔顺英
金贤淑	沈美晶	李子贤	崔允静
金贤珠	安雅言	李静敏	韩昭希
金慧星	安志勋	李志英	韩俊美
金慧珍	安慧媛	李智恩	韩孝珠
金海英	于智妍	李志勋	咸秀珍
金厚妍	吴光淑	李孝静	洪慧媛
南明珍	吴世娜	张贤惠	黄贤英

专为料理新手编写的基础料理指南

Chapter 01 基础指南

Chapter 02 家常菜

素菜

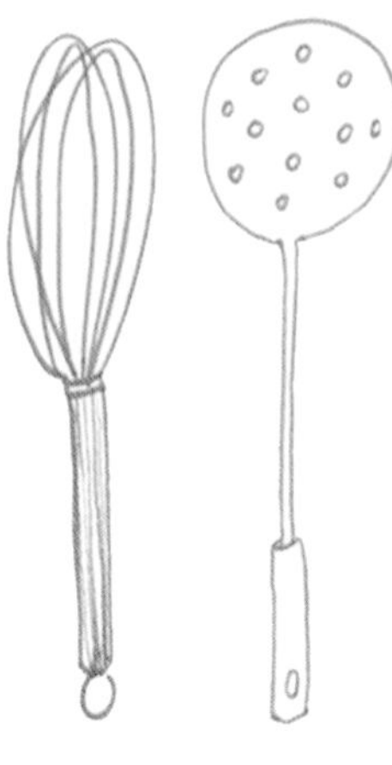

酱炖菜和佐餐小菜

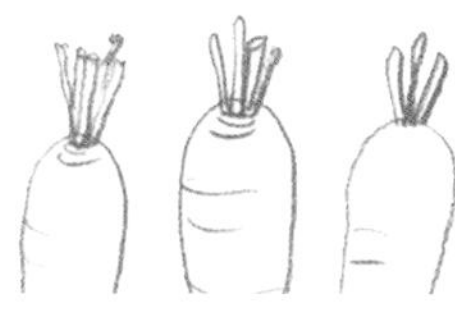

煎烤和煎饼

炒菜和炖菜

酱菜和泡菜

Chapter 03 汤类料理

Chapter 04 单品料理

本书使用说明

《绝不失手的基础料理：韩国国民食谱书》对各项料理要素的作用进行了详细说明。参照食谱制作前，请先仔细阅读本页！

★ 本书介绍的所有食谱均以两人份为标准，适合长期冷藏保存的小菜则可按个人喜好调整制作分量。冷藏保存时间另外标示。

★ 食谱中提及的食材用量，如一把、两把等，可参照第 5 页图示。

1 本书所有食谱按食材进行分类

将四季都能购买到的基础食材作为原材料，设计基础食谱。

2 详细介绍食材处理方法，使读者一目了然

料理新手最头疼的就是食材的处理。因此本书将食材处理方法单独列出，以图解形式进行详细讲解。

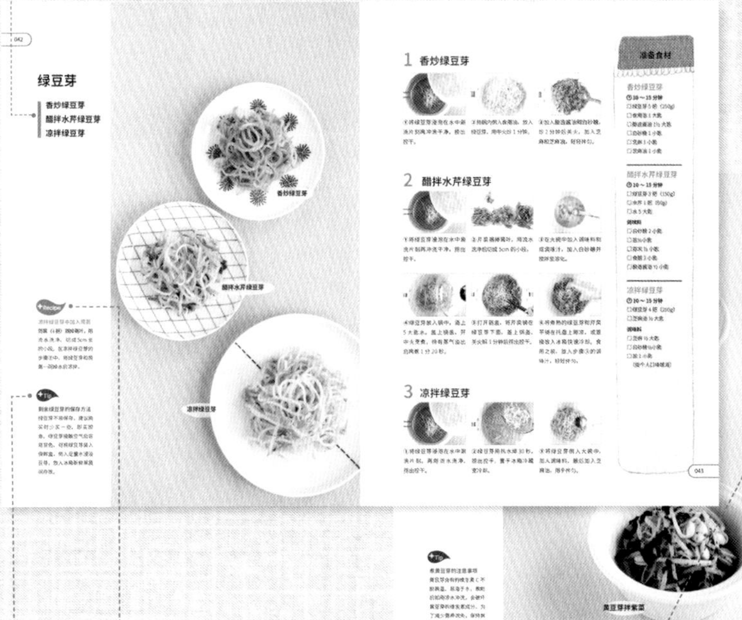

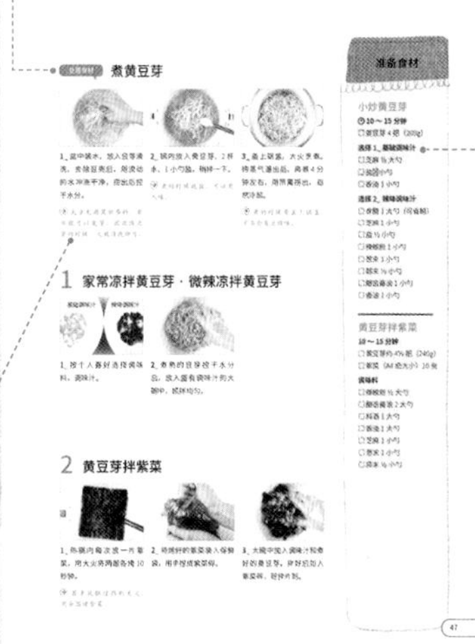

3 ⁺Recipe 版块收录多种烹饪方法

详细介绍如何用家中现有食材替代菜谱中的食材，以及高压锅的使用方法等。

4 步骤图下方备注有避免失败的小窍门以及烹饪原理

不能因为一个小小的失误毁掉一道美味的菜肴。食谱的步骤图下方备注有避免失败的小窍门和相关的烹饪原理，可在参照食谱做菜时同步确认。

5 ⁺Tips 版块中加入大量有用的附加信息

包含怎样让料理更美味、怎样根据料理挑选食材、怎样保存吃剩的食物等超级实用的附加信息。

6 标示所需调味料，可按个人喜好选择

即便是相同的食材、相同的烹饪技法，使用不同调味料便可以做出好几道不同风味的料理。

Chapter 01

为料理新手准备的基础指南

- 计量方法、火候调整和食材的切法
- 基本调味料
- 食材挑选要领
- 各部位肉类的料理方法
- 食材的保存方法
- 冰箱收纳方法
- 5 种厨房必备品

……

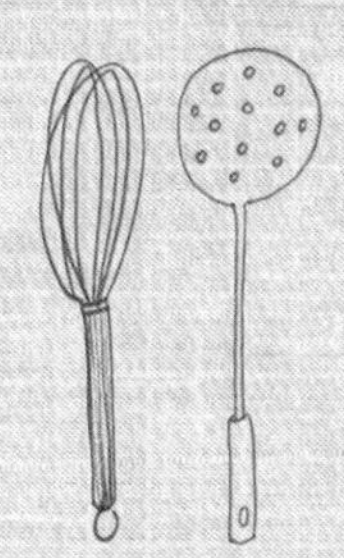

想必各位下过厨的人，都曾遇到过这样那样的问题吧。本章收集整理了各种实用的烹饪技巧，如食材的计量和切法，调味料的使用方法，新手们最感到棘手的食材保存方法，过来人才知道的不失败小窍门等，致力于解决刚开始学做饭的新手或厨艺已经不俗的老手在下厨时遇到的种种疑惑。一次学会，终生受用。

完美调味！计量方法

要想无论何时料理味道始终如一，秘诀就是计量！下面将为大家介绍三种计量方法：使用计量工具的计量方法、没有计量工具时用纸杯或勺子代替的计量方法，和用手估测的计量方法。

使用计量工具

计量标准：1 大匙为 15ml，1 小匙为 5ml，1 杯为 200ml。

酱油、醋、酒等液体类

使用量杯计量时，应将量杯放置在平坦的地方，且所计量液体以不溢出杯沿为准。量匙同理。

糖、盐等粉末类

量杯或量匙装满后，如图所示，将顶部刮平即可。请勿用力按压，自然装满后沿容器边缘刮平，方无计量误差。

大酱、辣椒酱等酱料类

量杯或量匙装满后，如图所示，沿容器边缘刮平即可。

大豆、坚果等颗粒类

压实装满后，沿容器边缘刮平。

* 即使是同样的一杯，面粉的重量也要轻于辣椒酱的重量。

没有计量工具时

量杯 vs 纸杯

量杯容量为 200ml，而纸杯的容量几乎等同于量杯，因此纸杯可替代量杯。

量匙 vs 饭匙

量匙 1 大匙 =15ml，饭匙 1 大匙 =10 ～ 12ml。

饭匙的容量小于量匙，因此使用饭匙计量时需装满。可是每家的饭匙大小都不一样，容易产生误差，建议尽可能使用量匙。

将食谱用量增至四人份

本书介绍的食谱以两人份为准，分量增加时，最重要的就是要重新调味。调味料用量及水量的调节如下所示，但在实际操作中须视情况而定。

调味料用量和水量只要增加 90%

水　虽然食材分量变了，但蒸发量基本不变，单纯地多加一倍水的话，汤的味道会很淡。因此，只需增加 90% 的水即可。

调味料　虽然食材分量变了，但沾在平底锅或炒锅等烹饪工具上的调味料的损耗基本不变，单纯多加一倍的调味料，料理会过咸。因此，只需增加 90% 的调味料即可。

用手估测

盐少许（不足⅕小匙）

胡椒粉少许（轻撒2次的量）

粉条1把（100g）

面条1把（150g）

龙须面1把（70g）

大葱（葱白）1根15cm

秀珍菇1把（50g）

平菇1把（50g）

西蓝花1棵（200g）

黄豆芽、绿豆芽1把（50g）

菠菜1把（50g）

冬苋菜1把（100g）

荠菜1把（20g）

山蒜1把（50g）

莙荙菜1把（150g）

韭菜1把（50g）

水芹1把（70g）

萝卜缨1把（100g）

茼蒿1把（40g）

叶用莴苣1把（75g）

小叶蔬1把（20g）

桔梗1把（100g）

短果茴芹1把（50g）

干海带1把（4g）

绝不会失败的料理！火候调整

为了制作出美味的料理，请务必遵守各步骤提示的火候大小。书中所提示的火候标准如下。

调整火候

由于各家炉灶的火力不同，请根据火舌与锅底的间距来调整火候大小。

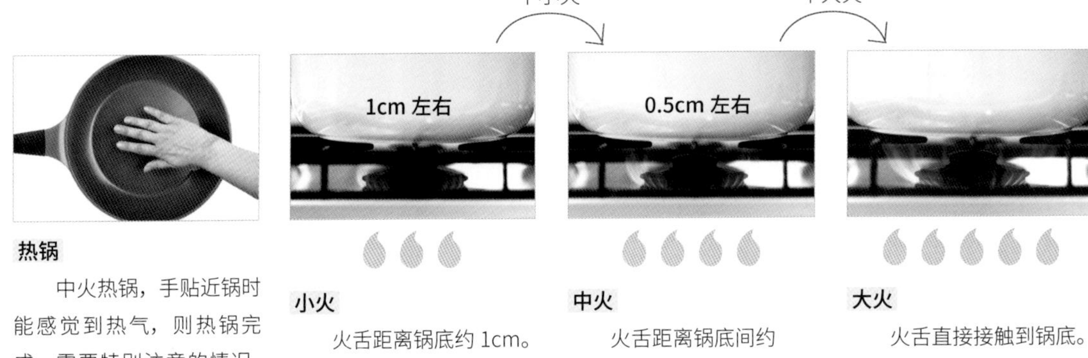

热锅

中火热锅，手贴近锅时能感觉到热气，则热锅完成。需要特别注意的情况，请遵照食谱上的说明。

小火

火舌距离锅底约 1cm。

中火

火舌距离锅底间约 0.5cm。

大火

火舌直接接触到锅底。

油炸料理的油温调节

制作油炸料理时，如果油温过高，会导致食材外煳内生，因此油温的调节至关重要。油烧热后，先用长竹筷搅拌一下，使油温均匀，然后放入用面包糠或炸粉裹好的食材来估测油温，如下图所示。油炸时，油温的维持也非常重要。先用大火将油烧滚，再改用中火维持油温。若油锅内放入较多食材，导致油温变低，则改用大火；若食材入锅后，面衣立即变色，则改用小火维持油温。

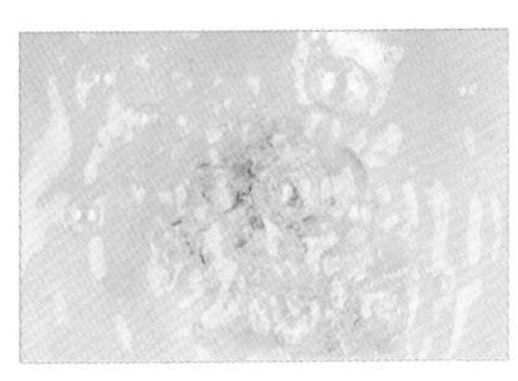

低温（150～160℃）

食材入锅后先沉底，再浮起。

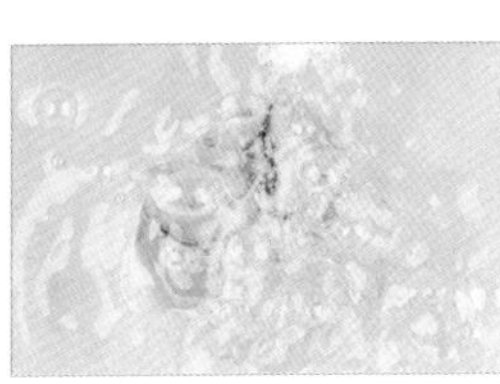

中温（170～180℃）

食材入锅后，沉至中等深度，再浮起。

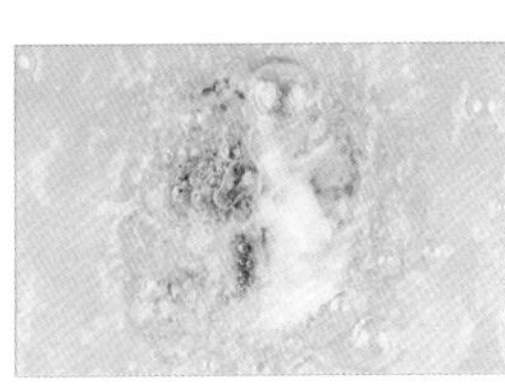

高温（190℃以上）

食材入锅后，立刻浮在油表面。

剩余炸油的处理方法

在空牛奶盒中塞入报纸，倒入剩油，使其被吸收。重复此步骤至剩油处理完毕，装入垃圾袋丢弃。

美观的料理！食材的切法

料理新手最畏惧的料理步骤就是刀工了。接下来将详细介绍握刀要领、使手腕不累的操刀秘诀以及食材的不同切法。

处理香辛料

蒜末切法

①用刀面将去皮的蒜瓣压碎。

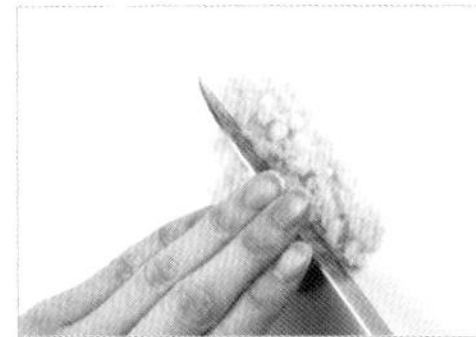

②用刀将碎蒜切末。

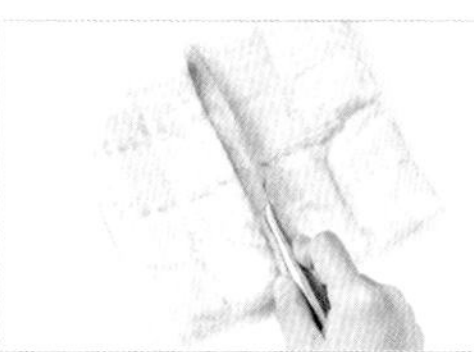

③装入保鲜袋中，用刀背划分出一次的用量后冷冻保存。每次用时切下一块即可。

大蒜 2 瓣（10g）=
蒜末 1 大匙

葱花切法

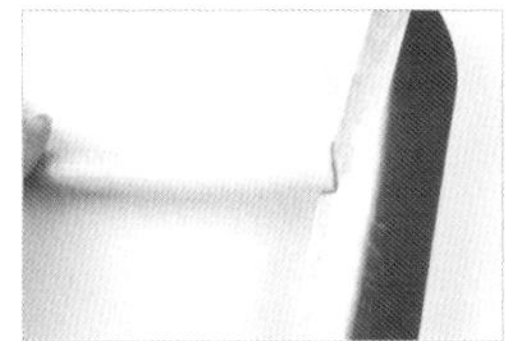

①将葱纵切几刀。

②横切成细末。

③将切剩的葱段擦干，装入保鲜袋或铺有厨房纸的保鲜盒中冷藏，也可切成碎末后冷冻保存。

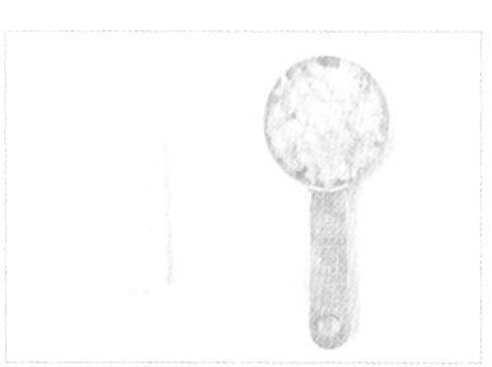

大葱（葱白部分）5cm（10g）=
葱花 1 大匙

洋葱碎切法

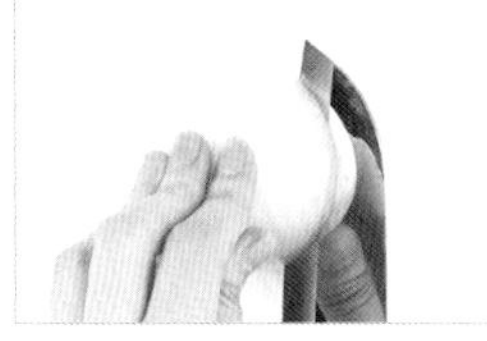

①刀刃倾斜 45°，从右侧边缘往中心切片。

②接近中心线时调转方向，继续按上述步骤切。

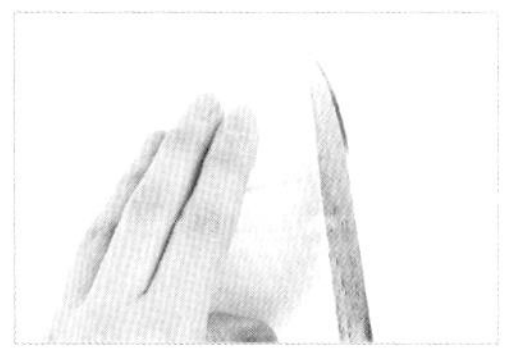

③将洋葱旋转 90°，竖直切碎。

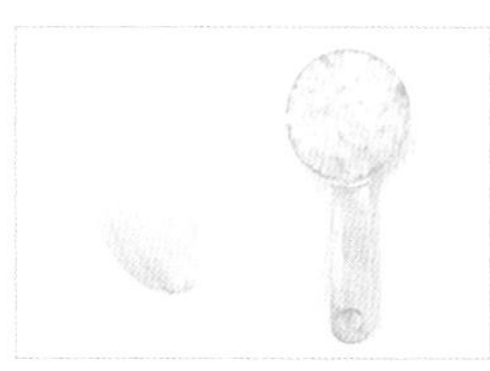

洋葱 10g= 洋葱碎 1 大匙

姜末切法

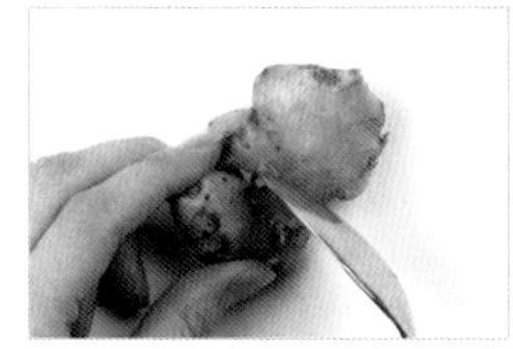

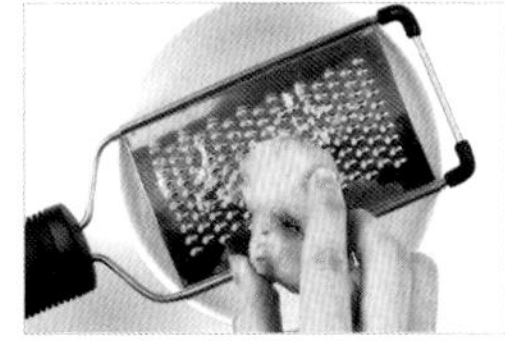

①生姜洗净后，用汤匙轻轻刮去外皮。
②用刨丝器将生姜刨成姜丝或姜末。需要生姜汁时，可用棉布包裹姜末，挤压出姜汁。

生姜（蒜瓣大小）2 颗（10g）=
姜末 1 大匙

基本切法

对半切

上：从长边对半切。

下：从中间对半切。

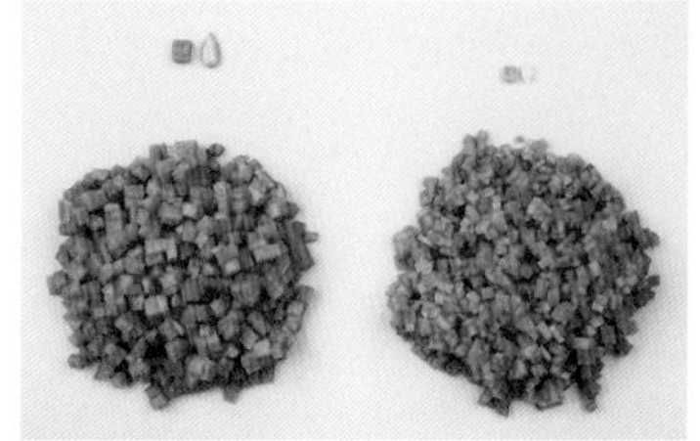

切丁、切粒

左：切丁（边长 0.5cm 的方块，瓜子仁大小）。

右：切粒（边长 0.3cm 的方块，米粒大小）。

斜切

将食材切成厚约 0.3cm 的斜片。

切丝

左：切丝（厚约 0.5cm）。

右：切细丝（厚约 0.2 ～ 0.3cm）。

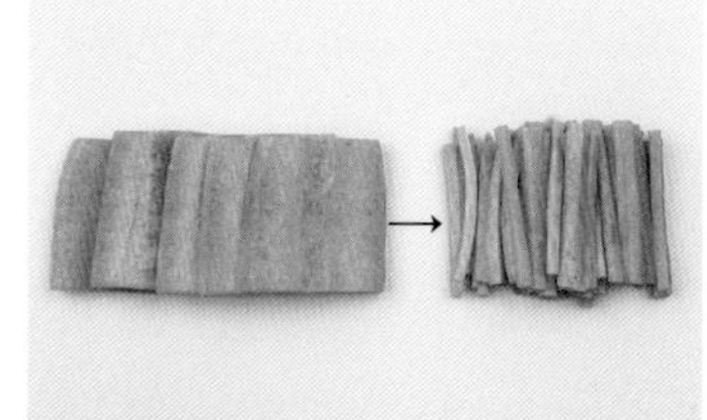

切丝（萝卜或胡萝卜）

将食材先切片，再切丝。如果先切成圆片再切丝的话，切出来的丝长短不一，不太美观。

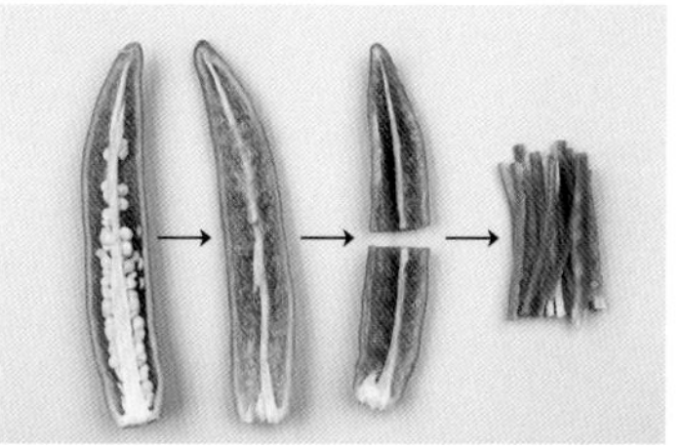

切丝（辣椒）

食材从长边对半切开，去籽，按想要的长短切丝。

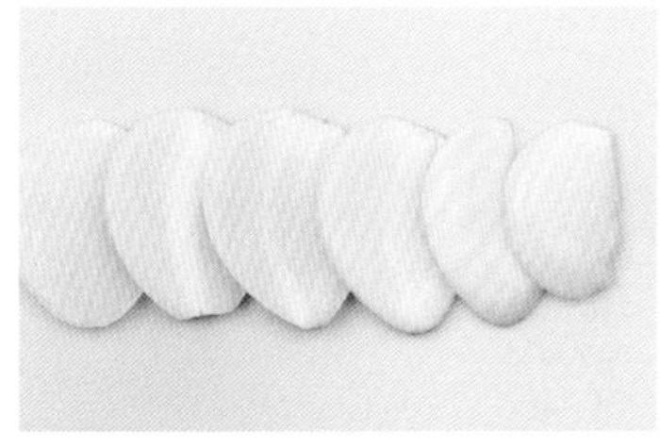

切片

将食材切成厚约 0.3cm 的薄片。

切圈

将食材切成厚约 0.3cm 的圆圈。

削圆块

将食材切成想要的大小后，将边角修圆。

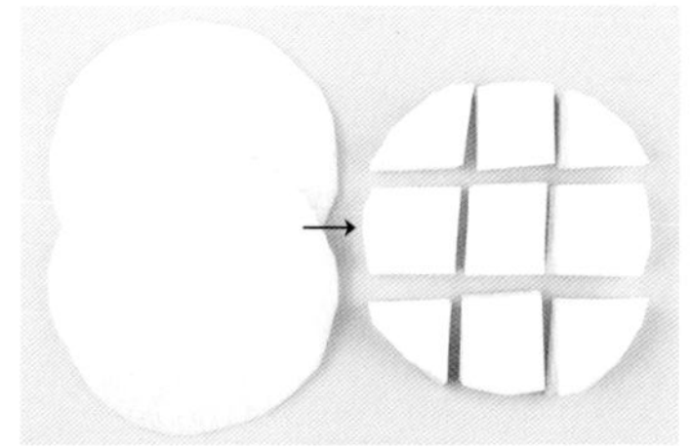

平切

将食材切成 0.3cm 的厚度，再切成边长 2 ～ 3cm 的大小。

切块

将食材切成 2 ～ 2.5cm 的厚度，再切成边长 2 ～ 2.5cm 的小方块。

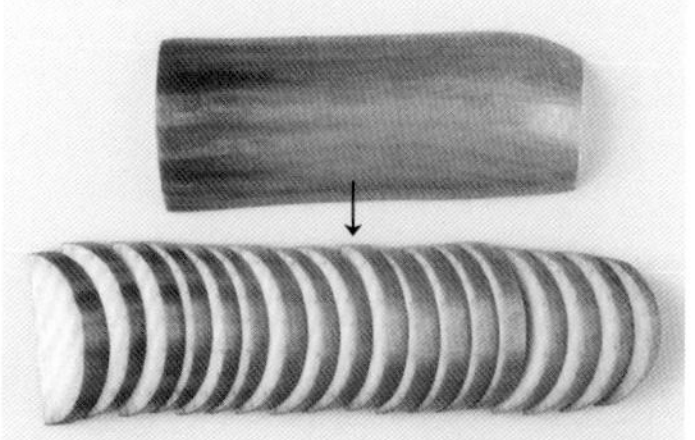

切月牙片

将食材从长边对半切开后，按想要的厚度切成月牙片。

切小块

将食材切成方便食用的栗子大小的块状。

按食材形状切片

去掉香菇或杏鲍菇的蒂头，按形状切片。

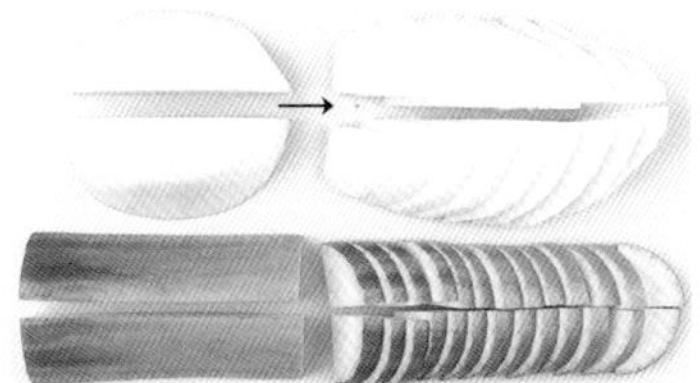

切扇片（银杏叶状）

土豆、萝卜：切十字后，按想要的厚度切片。

西葫芦：横切成四等份后，按想要的厚度切片。

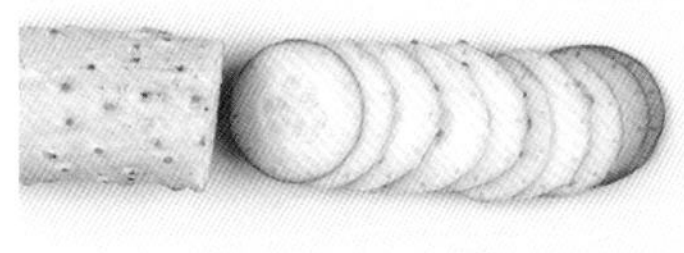

切圆片

将食材切成固定厚度的圆片。

握刀的方法

许多人认为切菜时只要握住刀柄就可以了，但实际上应同时握住刀柄和刀背，将力均匀地分散在刀尖。正确的握刀方法如下图所示：拇指和食指轻握刀背，其余三根手指环住刀柄，切菜时手腕不要太用力，才能使刀灵活运转。

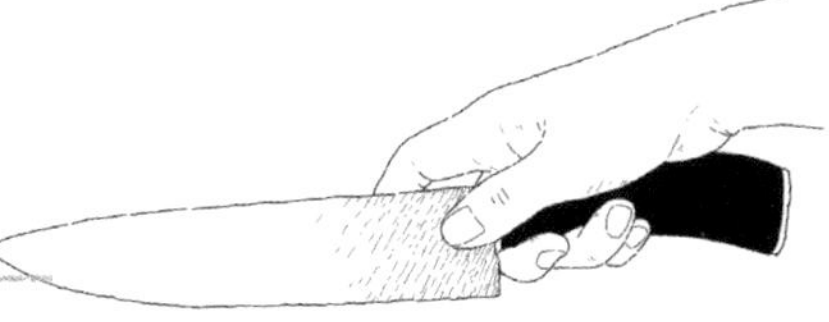

不同食材的切法

圆椒或彩椒

①将彩椒从长边对半切开。

②捏住彩椒蒂向外拉，使其剥离。

③将彩椒内部朝上，这样下刀时不会滑手。按想要的大小切丝。

黄瓜去皮

①切成想要的长度。

②在瓜身划切口，尽可能将刀平放着插入切口。

③将刀轻轻转动，薄薄削去表皮。

只需准备这些！基本调味料

本书所选用的调味料都是一般家庭必备的基本调味料。在参照本书下厨前，请再次核对一遍需准备的调味料和可替代品。

一定要准备这些！

- □ 盐
- □ 糖
- □ 胡椒粉
- □ 辣椒粉
- □ 酿造酱油
- □ 韩式酱油
- □ 辣椒酱
- □ 大酱
- □ 姜末
- □ 蒜末
- □ 食醋
- □ 清酒
- □ 料酒
- □ 低聚糖
- □ 青梅
- □ 蜂蜜
- □ 虾酱
- □ 鱼露（鳀鱼或玉筋鱼）
- □ 食用油（大豆油、葡萄籽油、芥花籽油或葵花籽油等）
- □ 橄榄油
- □ 芝麻油
- □ 紫苏籽油
- □ 芝麻
- □ 紫苏粉
- □ 淀粉
- □ 面粉
- □ 煎饼粉
- □ 蛋黄酱
- □ 黄芥末酱
- □ 番茄酱
- □ 绿芥末酱
- □ 蚝油

盐 推荐使用“盐花”（海盐）。如按食谱用量加入精盐会比较咸，应适当减少用量。

盐花 vs 粗盐

将粗盐进一步提炼、去除杂质后即是“盐花”，也是韩国家庭使用最多的盐。粗盐是将海水蒸发、去除卤水后的天然海盐，通常用于腌制萝卜、白菜或生鱼等。因为粗盐中掺有灰尘和杂质，因此腌制食材一定要用水冲洗后才能食用。

糖 推荐使用白砂糖。虽然红糖与黄糖的甜度与白砂糖类似，但会使食物的色泽和香味发生变化。为了呈现料理的纯净甜味，建议使用白砂糖。

酱油 推荐使用市售的酿造酱油、韩式酱油。用浓酱油替代酿造酱油时，用量不变。

酿造酱油 vs 浓酱油 vs 韩式酱油

酿造酱油是指利用微生物将大豆、小麦等原料发酵后再加入盐水，经过 6 个月以上的熟成制成的“天然酱油”。而浓酱油则是为了保证短期内批量生产而在酿造酱油中加入“水解酱油”（无熟成过程的化学酱油）而制成的混合酱油，水解酱油占的比例越高，浓酱油价格越低。现在也有加入短期熟成的天然酱油（酿造酱油）。在购买前，请确认成分表，尽可能购买酿造酱油。韩式酱油是指以酱曲为原料，经发酵、熟成后制成的老式酱油，也称作“朝鲜酱油”。酿造酱油和浓酱油比韩式酱油颜色深、咸度低，且有甜味，适合用在汤类料理中；而韩式酱油味道清爽，适合用来做凉拌料理。此外，还有红烧酱油、低盐酱油、芝麻酱油等，大多数可替代酿造酱油或浓酱油使用。

辣椒酱 推荐使用市售的辣椒酱。自制辣椒酱（传统辣椒酱）在辣味和醇香味方面均有不足，特别是醇香味。因此，调味时可适量加入醇香味较浓的酿造酱油或虾酱、鱼露。

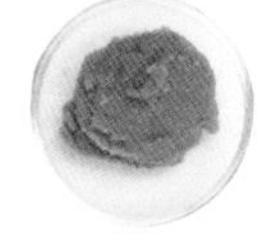

大酱 推荐使用市售的大酱。自制大酱（传统大酱）比市售的大酱咸度高，调味时酌量加入。

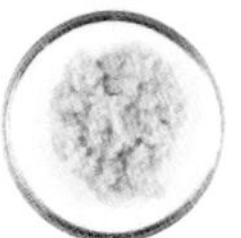

姜末 用姜粉替代姜末时，按姜末用量的⅕放入即可。即 1 大匙姜末（10g）= ⅕大匙生姜粉（2g）。

清酒、料酒 在料理中加入酒，随着酒精的挥发可以去除腥味。使用度数较低、甜味较浓的清酒、料酒，相对于去除异味，更多时候是为了使料理更为醇香、有光泽。一般来说，清酒或料酒二者选一即可，但两种酒的作用有所不同，建议两种都备齐。

低聚糖 建议使用市售的低聚糖。可用等量的糖稀替代。

低聚糖 vs 糖稀 vs 果葡糖浆

与其他糖类相比，低聚糖的卡路里和血糖上升指数都比较低，但甜度相对较高，适合在料理中使用。然而，在制作对色泽要求较高的酱炖类料理时，低聚糖无法像白砂糖或糖稀那样呈现出让人食指大动的色泽，只有在关火后加入拌匀，方能上色。相比果葡糖浆，糖稀更易溶解，在料理的收尾阶段放入，能在增加甜味的同时使料理更有光泽。果葡糖浆由玉米制成，呈褐色且较浓稠，因此会导致料理甜味过重、颜色暗淡，但胜在能为料理增添风味。三种糖都能增加甜味和上色，可相互替代使用。

虾酱 咸度高，不会冻结，装入玻璃瓶中冷冻存放即可。

鱼露 推荐使用玉筋鱼露或鳀鱼露。在制作泡菜、鲜辣白菜、拌凉菜或给汤调咸淡时，可用鱼露替代盐或酱油，即使不添加其他调味料，也能使料理香甜可口。玉筋鱼露比鳀鱼露的味道更加清醇，做凉拌菜时想要清淡口味的话可加玉筋鱼露，想要味道厚重则加鳀鱼露。将鱼露装入小瓶中冷藏，可长久使用。

食用油 推荐使用葡萄籽油或芥花籽油、大豆油。

葡萄籽油 vs 芥花籽油 vs 大豆油

葡萄籽油和芥花籽油不易煳且不粘锅，适合用于煎、炒、炸、烤等多种料理，而且几乎无味、较稀薄，也适合做爽口酱汁。此外，葡萄籽油含有大量的维生素 E，可有效防止老化。在所有食用油中，芥花籽油的饱和脂肪酸人体吸收率最低。大豆油味道清淡香醇，主要用在热炒料理中，用来做煎炸料理时容易煳锅，火候不宜过大。另外，花生油的饱和脂肪酸人体吸收率相对较高，不建议生食。

橄榄油 作为一般食用油使用，香气较重。发烟点低，比起温度较高的煎炸类料理，更适合在较低温度下料理食材，如炒意大利面，或直接用面包蘸食，亦可用作沙拉调味汁。

芝麻油、紫苏籽油 均用于增添食物风味，两种油的主要差别在于“气味”。芝麻油味道醇香，而紫苏籽油则带有紫苏特有的香味。一般来说，芝麻油适合调凉菜或肉类料理，能使食材香气更为浓郁；紫苏籽油则适用于海鲜料理，有助于去除海鲜的腥味和减少油腻感。芝麻油和紫苏籽油都用在料理的最后一步，因为发烟点低，猛火料理时容易煳锅。

基础调味料替代法

酸味 就酸味来说，食醋比柠檬更酸。柠檬香味独特，可用来做调味汁及酱汁等。

★ **1 大匙食醋** =1½ 大匙柠檬汁

甜味 就甜味来说，果葡糖浆与白砂糖的甜度相当，可以等量替代。糖稀和低聚糖甜度较低，使用时需增加用量。另外，粉状糖和液体糖所呈现的料理浓度与色泽有所不同。

★ **1 大匙白砂糖** =1 大匙果葡糖浆 =1½ 大匙低聚糖 =¾ 大匙蜂蜜

料酒 东方料理习惯使用清酒和烧酒，西方料理则多用红酒或啤酒。因为料酒有甜味，因此在用清酒和烧酒替代时，需加入少量的白砂糖。

★ **1 大匙清酒** =1 大匙烧酒 =4 大匙啤酒

★ **1½ 大匙料酒** =1 大匙清酒 +½ 大匙白砂糖

吃得更健康！食材挑选要领

选用味道鲜美、营养丰富的新鲜食材，能够使料理的味道更上一层楼。下面将对各种食材的选购要点进行整理，去市场或超市前一定要读！

海鲜

★大部分食材一年四季都能买到，但当季食材味道更为鲜美、营养更为丰富。食材盛产的季节在括号内标示。

鲽鱼（秋）鳞片坚实有光泽，鱼腹白皙有弹性。	大虾（秋）虾身透明光亮，虾壳坚硬。
带鱼（冬）鱼身有银白色光泽，摸起来肉质紧实，眼睛黑亮。	文蛤（春）外壳坚硬，呈青绿色。挑选时，选择没有开口且有光泽的。
墨鱼（夏）按压时，鱼身紧实有弹性。	生海带（冬）茎细叶宽、触感柔软，有青紫色光泽。
青花鱼（秋）个头大，呈青绿色，鱼鳃鲜红，鱼眼明亮。	花蛤（春）新鲜花蛤有浅黄色光泽、用手触碰时即刻闭口。挑选时，选择外壳没有破损的。
牡蛎（冬）袋装牡蛎要检查其边缘颜色是否够黑，肉质是否呈乳白色。且挑选袋装牡蛎时，要选择袋内悬浮物少、密封严实的产品。	马鲛鱼（冬）鳞片细密、力气较大、有光泽。摸起来肉质坚实，且鱼眼明亮。
泥蚶（冬）外壳完整无破损，无异味，波纹鲜明有光泽。	鱿鱼（夏）鱼身呈透明乳白色，肉质有弹性。
秋刀鱼（秋）背部呈青绿色，鱼腹呈银白色，有光泽，尾巴和吻部为浅黄色，鱼眼明亮，鱼身有弹性。	章鱼（春）紫中泛灰，表皮颜色鲜明，有光泽。
花蟹（春母蟹，秋公蟹）拿起来感觉沉重的花蟹肉质饱满；用手指弹敲时，反应迅速的花蟹较为新鲜。	贻贝（冬）外壳较大且无破损、有隐隐海味（海草味道）。
章鱼（冬）颜色透明、色泽光亮、无腥味。活章鱼吸盘吸附能力强，活动迅速。	明太鱼干（冬）越接近明太鱼本来样子的越好。在晒渔场经阳光和风自然干燥的明太鱼，其颜色更接近黄色。

水果

	柿饼（冬）外形匀称干净、蒂头与表面无菌斑。不要选择过硬或过干的柿饼。	桃子（夏）选择外观无瑕疵且散发浓郁桃香的桃子。桃蒂内侧不发青、呈浅黄色，则表示熟透。	
	橘子（冬）按压时饱满坚实，蒂头与表皮不干瘪。皮薄紧实、分量较重的橘子果汁更为丰盈。	苹果（秋）深红色的苹果营养价值较高，味道也好。坚实饱满有分量的较为新鲜。	
	柿子（秋）蒂头越鼓，代表果核嵌得越匀实，味道也越好。新鲜的柿子表皮有光泽，颜色较深。	蓝莓（夏）选择颜色鲜明、果肉紧实且表面有白霜的蓝莓。避开没有弹性、水分较多的蓝莓。	
	大枣（秋）生枣选果实大且硬的，干枣选表皮洁净有光泽的。	杏（夏）整体呈浅黄色且色泽均匀的杏肉质更紧实，汁水丰富，味道甜美。	
	草莓（春、冬）新鲜的草莓呈红色且颜色均匀有光泽，表皮上的籽呈颗粒状凸起，花萼尾端向上翻起。	西瓜（夏）选择深绿色、颜色鲜明且花纹间距均匀的西瓜。瓜脐较小或带瓜蒂的西瓜比较新鲜。	
	花生（秋）花生易氧化，所以挑选时要选择带壳的花生。不要选择有霉味的。	橙子 好的橙子外形圆润、色泽均匀，拿起来有分量。挑选时，建议挑选表皮粗糙有略微颗粒感的。	
	柠檬 选择香气浓郁、有分量的，且呈浅黄色、表面有光泽。	李子（夏）触摸时尾部尖且饱满坚实的李子较好。选择颜色鲜红有光泽、缝隙鲜明的。	
	哈密瓜　用手掂量时感觉沉重结实且表皮细纹鲜明的哈密瓜较好。挑选时可按压瓜脐，选择有略微凹陷感的。	香瓜（夏）要选择表皮呈深黄色且有光泽，表面缝隙鲜明且香瓜气息浓郁的。	
	香蕉 即食的话，选择颜色鲜黄、有褐色斑点的香蕉。根部呈青色的香蕉，可置于室温下 1～2 日后再食用。	猕猴桃 选择表皮干净有光泽、外形匀称的。另外，稍软的猕猴桃味道更好。	
	栗子（秋）选择饱满厚实、外壳呈深褐色的有光泽的栗子。	葡萄（夏）优质葡萄颗粒紧凑不松散，表皮上的白色物质越多，味道越好。	
	梨（秋）选择个大圆润、表皮光滑的梨子。	核桃（秋）选择桃仁饱满、有分量的。如核桃表面有孔，可能是被虫蛀了，也可能是肉质氧化，挑选时请避开。	

蔬菜

	**茄子（夏）**表皮呈鲜明紫色且色泽光亮，模样端正舒展。即使稍微有点弯曲，也不影响味道。	**大葱（秋）**葱白与葱绿区分鲜明，葱白部分紧实有光泽。选择葱绿部分新鲜不蔫的。	
	**土豆（夏、秋）**好的土豆表面光滑无瑕疵、紧实有重量。挑选时，选择表皮干燥无水气的。	**沙参（春）**三年生及三年以上的沙参更好吃。应选择表面纹路浅、大小均衡、须根少、香气浓郁且不蔫的。	
	**红薯（夏、秋）**去除表皮的泥土后呈鲜明紫红色、有光泽的红薯较好。表面有黑斑或瑕疵的不要购买。	**桔梗（春）**韩国产桔梗比其他国家的桔梗要细且短，粗根大多为2～3个，须根较多。	
	**蕨菜（春）**韩国产蕨菜根茎短而细长，根茎上端叶较多。优质蕨菜呈浅褐色，绒毛少，香气浓郁。	**山药（秋）**新鲜的山药较粗、分量也较重。挑选时，选择表面无疤痕，断面呈白色的。	
	**莙荙菜（春）**叶宽而柔软、根茎粗短的莙荙菜更嫩。挑选时，选择叶面完整坚实有光泽的。	**大蒜（夏）**优质大蒜蒜皮坚实，用手掂量时有分量。韩国产的大蒜表皮泛红，须根较长。	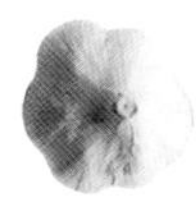
	**紫苏叶（夏）**选择叶面绒毛分布均匀、叶柄不干瘪的。	**蒜薹（春）**新鲜蒜薹上端呈绿色，不发黄且有韧劲。韩国产蒜薹根部呈浅绿色，而中国产蒜薹呈白色。不确定原产地是哪里时，可通过根部辨别。	
	**荠菜（春）**挑选荠菜时，选择根茎不过分粗大、叶呈深绿色、味道浓郁的。	**萝卜（秋）**挑选萝卜时，尽可能选择带绿叶的、紧实有分量且表皮有光泽的萝卜。白色部分有光泽、绿色部分面积较大的萝卜更好吃。	
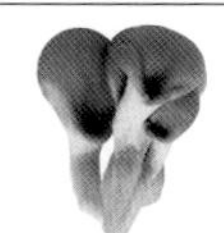	**平菇（秋）**新鲜平菇菌盖表面呈灰色，菌褶鲜明完整，呈白色。	**水芹（春）**叶片呈浅绿色且光泽的水芹更嫩，也更好吃。好的水芹根茎较粗，根节间距短，香气浓郁。	
	**南瓜（秋）**新鲜南瓜呈深绿色，底部呈黄色。宜选择分量较重的。	**白菜（秋、冬）**优质白菜叶片完整不分散、底部坚硬、整体较重。挑选时，选择根部无皱痕不变色、菜叶宽薄的。	
	**山蒜（春）**优质山蒜球根粗，须根少，白色部位短，叶与根茎颜色鲜明，摸上去柔软潮湿。	**韭菜（夏）**优质韭菜叶片颜色鲜明、粗短而笔直。挑选时，避开叶尾部分干枯的。	
	**胡萝卜（秋、冬）**选择表皮光滑无根须且色泽鲜明，触感坚实且形状挺直不弯曲的。	**西蓝花（冬）**西蓝花颜色越绿，营养价值越高。整个花苞较小、花朵细密的西蓝花更嫩，味道也更甜。	

生菜 选择叶片厚实脆嫩且有光泽的，不要选择叶片有黑色斑点或破损的。	双孢菇（秋）挑选菌盖为白色、呈圆形且菌柄粗壮的。
杏鲍菇（秋）好的杏鲍菇菌柄和菌盖界限分明，菌柄表面光滑结实。选择菌盖模样端正、菌褶细密的。	洋葱（夏）选择表皮干爽有光泽、紧实有分量感的。
姜（秋）优质姜姜节粗、曲折少。皮薄的姜不辣，水分多且嫩。	莲藕（冬）选择外形粗长、内里白且柔软、用手掂量时有分量的。
菠菜（冬）长度短、叶片厚的菠菜更好吃。宜选择叶片呈深绿色、小叶不多的。	萝卜缨（夏）选择叶嫩且呈鲜绿色、茎嫩且微厚的。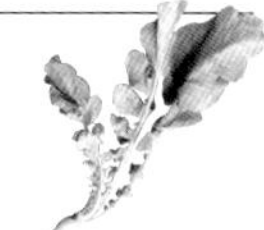
干萝卜缨（冬）挑选时首先应检查是否有虫。置于通风处风干的萝卜缨微微发绿、营养更丰富。	黄瓜（夏）优质黄瓜外表光滑，刺小而密，有弹性且有光泽。
艾草（春）优质艾草小叶少且嫩，根茎细长柔软。呈深草绿色且叶片背面泛银光的艾草更好吃。	玉米（夏）挑选外皮呈鲜绿色、须呈褐色、果粒细密有弹性的玉米。
茼蒿（冬）新鲜茼蒿叶片翠绿有光泽。	牛蒡（冬）优质牛蒡外皮光滑无瑕疵。直径在 2cm 以下的牛蒡较嫩；用手握住粗端晃动时会摆荡的较为新鲜。
冬苋菜（冬）选择叶宽且柔软、呈深豆绿色的冬苋菜。根茎越饱满的越新鲜。	青辣椒（夏）表皮的颜色越深，表明接受的日光照射越多，营养更丰富，也更新鲜。尾部呈圆形的味道较柔和。
西葫芦（春、夏）呈亮绿色、有光泽、分量重的西葫芦内里足实不糠，也更新鲜。	番茄（夏）表面有光泽、蒂头不干瘪、肉质紧实有分量感的番茄比较新鲜。
卷心菜（夏）上半部分圆润凸起，表明内里足实。外叶呈深绿色的更新鲜。	金针菇（冬）挑选菌盖小且菌柄整齐的，避开根部呈深褐色的。
结球生菜（春）浅绿色且按压时感到紧实的最为新鲜可口。	香菇（秋）菌盖适当展开、菌盖内侧的菌褶完整无破损且菌柄短小粗壮的较为新鲜。

更加美味！各部位肉类的料理方法

肉类可能是人们最常选购的食材了。想了解肉类的挑选方法与不同部位的料理方法，这里将一一为大家详细介绍。

①上脑　适合做烤肉，以及汤、火锅、牛肉汤底等需要长时间敖煮的料理。

①，⑤肩胛眼肉卷　进口牛肉中最常吃的肩胛眼肉卷（Chuck eye roll），相当于韩牛的外脊和上脑，可用在牛排、烧烤、烤肉、炖汤、火锅等多种料理中。

⑦臀肉　同牛腱、牛腩一样，可做牛肉汤底或酱炖、烤肉、火锅等料理。

⑨排骨　脂肪较多，白霜越多，肉质越好。主要用于炖排骨、烤排骨、排骨汤等料理。

⑪牛胸肉　白色脂肪像石英一样嵌在瘦肉中，口感筋道。可切成小片涮火锅或烧烤。

②～⑤牛外脊　上等的外脊肉（板腱肉、雪花肉）可用于烤外脊或牛排，中下等的外脊则可用来做烤肉、宫廷烤牛肉[1]、什锦烤串等。

⑫牛腩　主要用来炖汤、煨炖、白切等。循着肉的纹理可轻易撕开，也适合做酱牛肉。

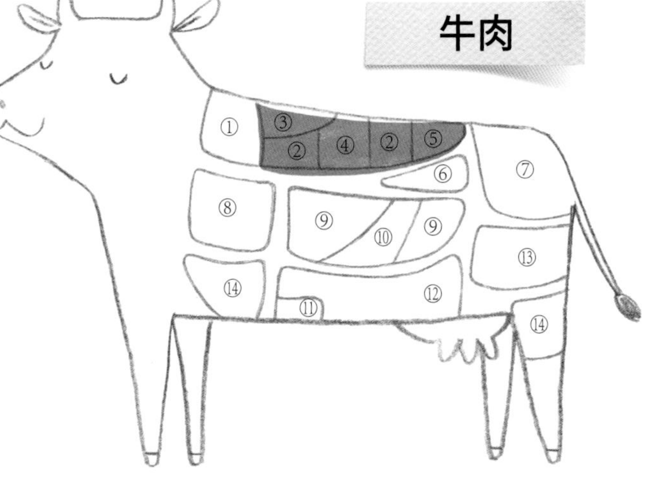

③板腱肉（外脊）　大理石牛肉中的最佳部位，肉汁丰富，口感柔软，风味独特，适合烤制。

⑬后腿肉　由牛三叉、牛霖、仔盖构成。牛三叉可用于蒸肉或火锅料理，牛霖适合做烤肉或牛肉汤底，仔盖适合干煎。

④雪花肉（外脊）　味道鲜美，充满肉汁，肉质柔软鲜嫩，适合烤制，也可制作火锅、白切肉、宫廷烤牛肉等。

⑭牛腱　分为前腱、后腱和牛后肘肉（后腱与腿的连接部分）。前腱、后腱适合用来做汤、炖煮或烤肉等料理，牛后肘肉适合用来烤、生拌及做长时间煮制的料理。

⑤牛上腰肉（外脊）　牛腰部后方的牛腰肉，通常做牛排用，韩国料理则用来烤牛肉串、涮火锅、烤肉等。

⑥里脊　里脊肉柔软鲜嫩、脂肪不多，经过长时间烤制或煮制后，肉会很有嚼劲。适合烧烤、做牛排、酱炖。

⑧前腿肉　适合用在需要长时间烹煮的料理中，可做牛肉汤，也可做烤串。

⑩膈膜肉　肉质紧实，纹理粗糙，但肉汁浓郁，口感筋道，适合烤制。

挑选牛肉的方法

挑选呈亮红色、无异味、有光泽的牛肉。牛肉要鲜嫩多汁才好吃，建议选择熟成的冷鲜肉。冷冻肉须慢慢解冻，将肉汁的流失减到最小。牛肉可分为韩牛、母奶牛肉、公奶牛肉、进口牛肉等。

牛肉等级

牛肉等级的判定方法可分为两种，一种是可左右牛肉味道的“大理石油花”，即通过脂肪的分布程度判定肉质等级，另一种是瘦肉占全部肉的比重的肉量等级。

挑选牛肉时需确定肉质等级，越接近 1++ 级，脂肪含量越高，肉质也越鲜嫩，风味也越好，适合用来做烧烤、火锅等料理。但有些料理方法无须选用脂肪含量高的牛肉，如酱炖、炒制、烤肉等，可以选择 2 级、3 级的牛肉。

1　宫廷烤牛肉：将牛肉的背脊肉或里脊肉切成薄片，用酱油调味后放在烤肉架上翻烤，最后撒上松仁粉末即可，是一道具有代表性的韩国传统菜。——译者注

猪肉

挑选猪肉的方法 优质猪肉呈浅红色，有光泽，脂肪白而坚实，肉质鲜嫩，有香气；劣质猪肉则肉色苍白，肉质松软，肉汁大量流失。挑选时，须避开脂肪过于松软或呈黄色的猪肉。

①梅花肉 最有猪肉味的部位，主要用于做烤肉和白切肉，做菜包肉味道也好。

④前腿肉 主要作为午餐肉或火腿肠等加工食品的原料，也可以用来做烤肉、炖汤、猪肉汤底、辣肉汤等。

⑤肋排 适合抹上酱料后煎烤，或须长时间蒸煮的料理。

⑥五花肉 肉质嫩，口味好，通常用于制作培根，韩国则多用来烤制、白切或做菜包肉等。

⑦里脊 肉汁丰富，肉质柔嫩，适合切厚片，主要用于炸猪排、酱猪肉、糖醋肉、烤肉串等料理。

②外脊 肉质柔软，脂肪少，口味清淡，适合做炸猪排、酱猪肉或烤猪排等料理。

③排骨 肉质筋道风味好，适合烤着吃或调味后烤，也可做西式烤肉。

⑧后腿肉 肉厚且脂肪较少，口味清淡，常用于辣炒、烤肉、炖汤、白切等料理。

鸡肉

挑选鸡肉的方法 用肉眼观察时，优质鸡肉呈淡黄色，有光泽，肉质有弹性。新鲜的鸡皮呈奶油色，有光润色泽，毛孔突出且凹凸不平。如按压时有水润感，肉厚、柔软而有弹性，则可以购买。

①鸡胸肉 代表性减肥食材，注意不要长时间烹饪，否则口感容易干硬。鸡胸肉可与各种蔬菜搭配制成沙拉或冷盘，也可用于炒制或酱炖等料理。

②里脊 里脊作为高蛋白低卡路里的部位，脂肪及胆固醇含量极低，适合用于炸、炒、蒸、拌沙拉或冷盘等多种料理。注意不要长时间烹饪，否则口感容易干硬。

③肩肉 肉质筋道味道好，烹饪之后依旧柔软，适合用于炸、烤、西式烧烤等料理。

④翅膀 常用于油炸料理，可去除鸡骨，也可带骨直接烹制。翅膀尾部含有大量胶质，适合熬汤。

⑤鸡腿 肉质筋道味道好，鸡腿肉表皮脂肪较多，适合做西式烧烤，也适合碳烤、生烤或炖煮等。

精打细算！食材的保存方法

关于食材的保存秘诀，我们将按食材的类别为大家讲解。从适合短期保存的室温保存法和冷藏法，到长期保存的冷冻法，学会这些方法，便可精打细算、物尽其用。

冷藏法

大葱、小葱

将葱控干水分并切段，放入垫有厨房纸的保鲜盒内冷藏，用时取出即可，可存放 10 ～ 14 天。

蒜粒

剥除带泥的蒜衣并分离蒜粒，在室温下放置 1 天自然风干，然后将蒜粒放入垫有厨房纸的保鲜盒内冷藏，可存放 3 个月左右。

生姜

无须清洗，直接用报纸或厨房纸包好，再用保鲜袋或保鲜膜包裹后冷藏，可存放 2 周左右。

黄豆芽、绿豆芽

将豆芽放入保鲜盒内，加水密封后保存在冰箱的果蔬冷藏间。2 ～ 3 天换 1 次水，可存放 10 天左右。

尖椒、辣椒

辣椒沾水后很快就会变软，因此存放时须保持干燥。保留辣椒的蒂头，直接装入保鲜袋，置于冰箱的果蔬冷藏间，可存放 3 ～ 5 天。

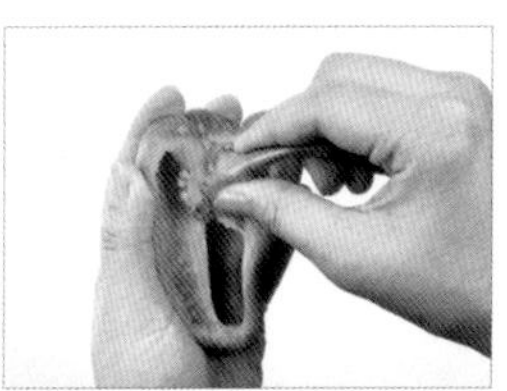

灯笼椒、甜椒

未切的灯笼椒无须处理，切过的灯笼椒须洗净，去除蒂头和籽，用保鲜膜包好后冷藏，可存放 3 ～ 5 天。

紫苏叶、生菜

无须清洗，直接用报纸或厨房纸包好，装入保鲜袋冷藏保存，可存放 1 周左右。

韭菜

洗净后控干水分，切成方便食用的大小。在保鲜盒内铺上厨房纸，放入韭菜后冷藏保存，可存放 1 周左右。

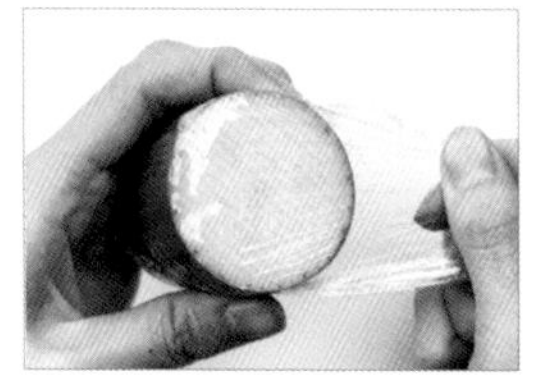

西葫芦、萝卜、茄子

用剩的西葫芦、萝卜、茄子，水分易从切面蒸发，须用保鲜膜密封后装入保鲜袋中，置于冰箱的果蔬冷藏间保存。萝卜可存放7～10天，西葫芦和茄子可存放3～5天。

香菇

将香菇倒放，菌褶朝上置于保鲜盒中，用保鲜膜包裹后，保存在冰箱的果蔬冷藏间，可存放3～4天。

金针菇

未使用的金针菇可直接冷藏，勿撕开包装。用剩的金针菇保留根部，用保鲜膜包裹后冷藏保存，可存放3～4天。

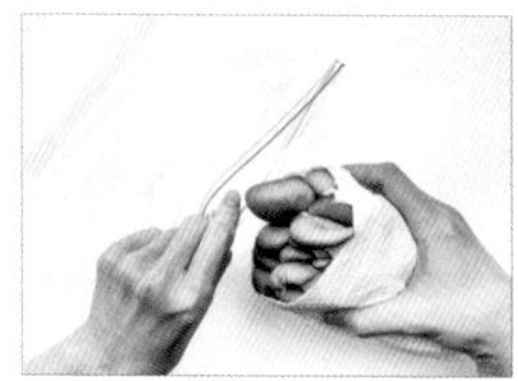

平菇

用厨房纸包裹后装入保鲜袋，保存在冰箱的果蔬冷藏间，可存放3～4天。

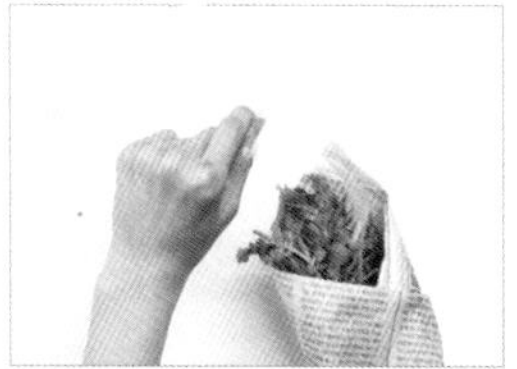

绿叶菜

用报纸包好，根部朝下，在冷藏室中直立保存，可存放3天左右。

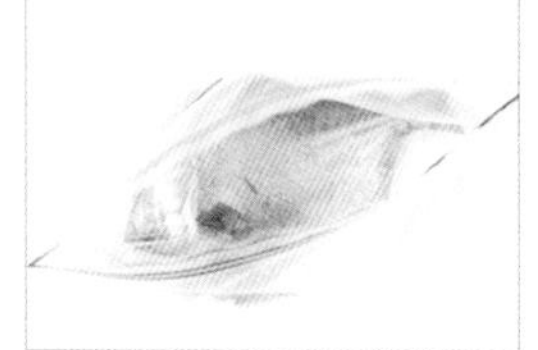

鲜鱼

去除内脏和鳍，洗净后撒上盐，装入保鲜盒或保鲜袋中，置于冷藏室可存放2天左右。

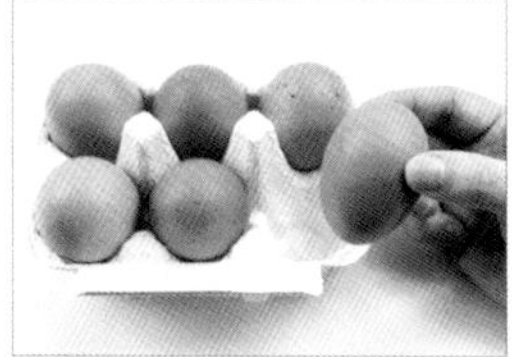

鸡蛋

将鸡蛋尖头朝下冷藏保存更能保持新鲜，可存放1个月左右。

豆腐

将用剩的豆腐装入保鲜盒中，倒入冷水，没过豆腐的⅔。不立即使用时，保鲜盒中的水须每日更换，以保持豆腐新鲜。

室温存放法

昆布

将昆布剪成5cm×5cm的方块，置于保鲜盒或保鲜袋中后存放于室温环境下，每次食用时拿取。注意防潮，可存放1年左右。

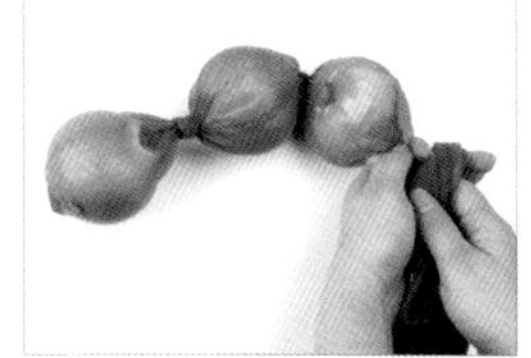

洋葱

将洋葱分别装入丝袜，中间打结，互不接触，在室温下可存放2个月左右。

土豆

用报纸将土豆单独分开包好，置于阴凉通风处保存。放入1～2个苹果可阻止土豆发芽。可存放2个月左右。

大米

将大米装入坛子或洗净的保鲜盒中，存放在低温干燥（10℃为宜）、无阳光直射的地方，可存放1年左右。

冷冻法

可存放 1～3 个月

冷冻前须知！

①将食材切成方便食用的大小。

②需先焯水后冷冻的食材，在焯水后须控干水分并完全冷却。

③食材之间保留一定间距，铺放在导热性佳的不锈钢盘上，冷冻保存。

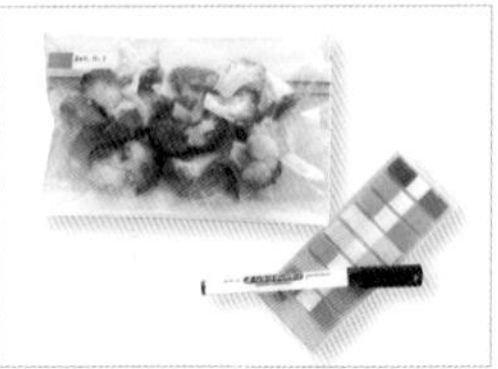

④用便签纸和笔记录存放日期和食材名称，尽量在 1 个月内食用完毕。

蔬菜

大葱、小葱

将大葱切成厚约 0.5cm 的圆片，小葱切成葱末后装入保鲜袋或保鲜盒中冷冻保存。使用时无须解冻，用冷水将葱表面的冰块冲去，直接放入料理中即可。

辣椒

将辣椒切成厚约 1cm 的小块后冷冻保存。将青辣椒与红辣椒分别置于小保鲜袋或小保鲜盒中存放，制作料理时酌量加入。

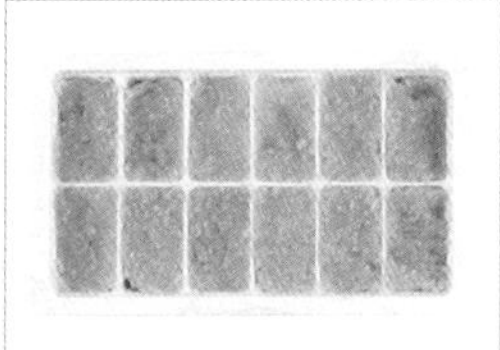

蒜、生姜

切末后，放入垫有保鲜膜的冰盒中，冰盒每格可存放的量为 1 大匙。冰盒装满后，再覆上一层保鲜膜放入冷冻层。待冻实后移入保鲜袋中，每次取用 1 块即可。

豆腐

将豆腐切成方便食用的大小，保持一定间距放在不锈钢盘中，速冻后装入保鲜袋存放。制作大酱汤时，豆腐无须解冻，直接放入即可。也可做成酱炖类小菜。

萝卜缨

将萝卜缨切成方便食用的大小，用热水焯过后，按一次食用的量分开，装入保鲜袋内冷冻保存。煮汤或炖汤时，无须解冻，直接加入即可。

红薯秧

在热水中加入少许盐，放入去除外皮的红薯秧，煮 5 分钟左右至红薯秧变透明。控干水分，按一次食用的量分开，团成团后放入保鲜袋内冷冻。如果购买的是已焯好的红薯秧，直接冷冻即可。做炖鱼或炒菜时，提前 2～3 小时将冷冻的红薯秧移至冷藏室解冻。

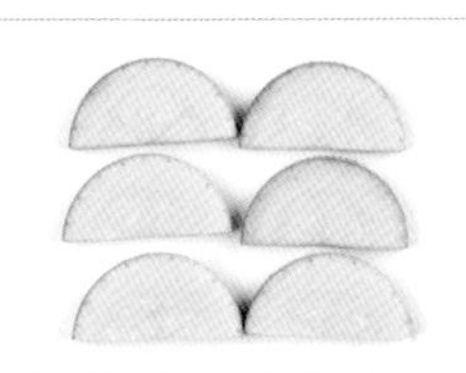

西葫芦

将西葫芦切成厚约 0.7cm 的月牙块，装入不锈钢盘中，速冻后装入保鲜袋中冷冻。西葫芦解冻后会大量出水，因此相较于做西葫芦小菜，更适宜作为配料制作炖汤料理。

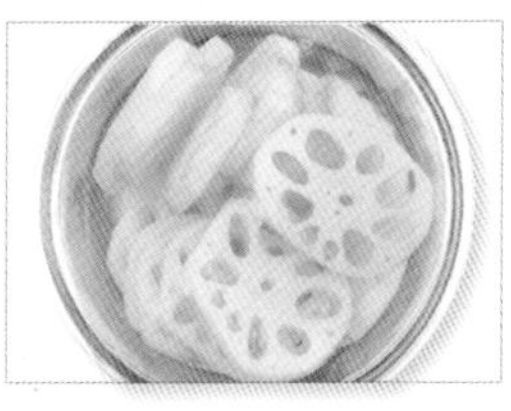

莲藕

用刮皮器刮去外皮，切成厚约 0.5cm 的藕片。将藕片浸泡在醋水中 5 分钟左右，可有效防止褐变。控干水分，放入保鲜袋内冷冻存放。无须解冻，可直接制作酱炖小菜，或移入冷藏室解冻，30 分钟后取出，裹上面粉和蛋液，煎至金黄。

土豆、胡萝卜

将土豆去皮，切成 1cm 厚，将胡萝卜切成 0.5cm 厚，放入不锈钢托盘，速冻后装入保鲜袋或保鲜盒，放入冰箱冷冻。制作汤、酱炖或咖喱等料理时，无须解冻即可使用。

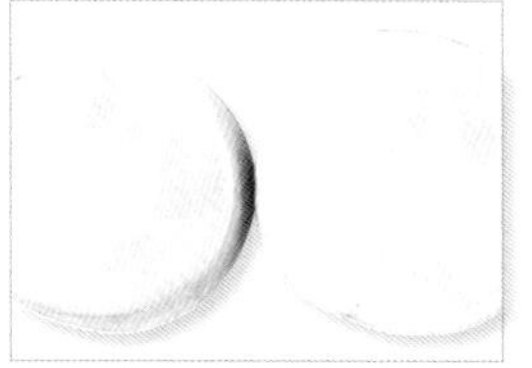

白萝卜

将白萝卜切成方便食用的大小，装入保鲜袋内冷冻保存。与鳀鱼、昆布搭配煮汤或煮鱼糕汤时，无须解冻即可使用。

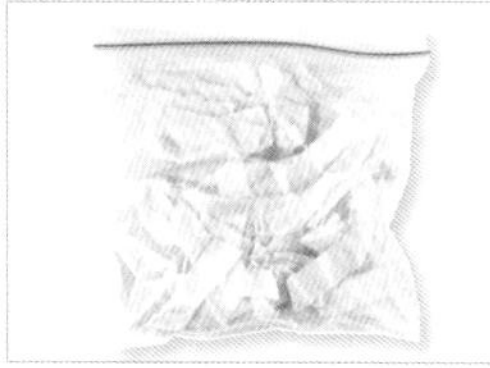

卷心菜

洗净后，一片一片切成方便食用的大小，装入保鲜袋内冷冻保存。炒菜时，无须解冻，可作为配菜放入；或用热水稍焯，制成凉拌小菜。

杏鲍菇

将杏鲍菇切成方便食用的大小，装入保鲜袋内冷冻保存。无须解冻，可在煮饭时直接放入，也可制成酱炖小菜。

菠菜

在热水中加入少许盐，将菠菜焯烫片刻，控干水分。按一次食用的量将菠菜团成团，用保鲜膜裹好冷冻。在鳀鱼汤中加入大酱，汤煮滚后加入冷冻菠菜，煮 2 分钟即制成菠菜大酱汤。

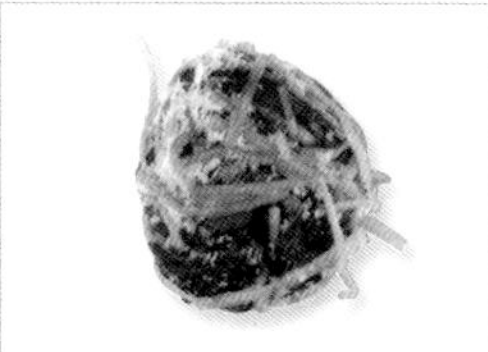

短果茴芹

处理干净后放入热水中，加入少许盐焯烫片刻，控干水分。按一次食用的量将茴芹团成团，用保鲜膜裹好冷冻。置于室温下解冻 3～4 小时，可拌凉菜或与鸡蛋、煎饼粉搭配制成茴芹煎饼。

黄豆芽

焯烫片刻后控干水分，冷冻保存。可在煮鳀鱼昆布汤或蛤蜊汤时放入，也可作为配菜加入小菜中。冷冻后再解冻的黄豆芽须猛火快炒，否则口感较差。

彩椒

切丝后冷冻保存，无须解冻，烹饪时直接放入即可。置于冷藏室解冻后可生吃，但口感欠佳，建议煮熟食用。

其他

年糕

将年糕按一次食用的量分装入保鲜袋中，置于冰箱冷冻保存。在室温下放置 30 分钟或用冷水浸泡 5 分钟，即可解冻。

吐司

吐司会吸附其他食物的味道及互相粘连，因此保存时需将吐司分开并用保鲜膜包裹后装入保鲜袋中。冷冻后的吐司片无须解冻，直接放入面包机或烤箱中加热，或裹上蛋液用平底锅煎即可。

米饭

将米饭按一餐的量分好，裹上保鲜膜速冻，然后装入保鲜袋中保存。解冻时洒少量水，置于微波炉（700W）中加热 4～5 分钟即可。

粉末类

用保鲜袋密封，标记上保存日期和种类后冷冻保存。夏天粉末容易生虫，建议置于冰箱或冷冻室保存。

海鲜

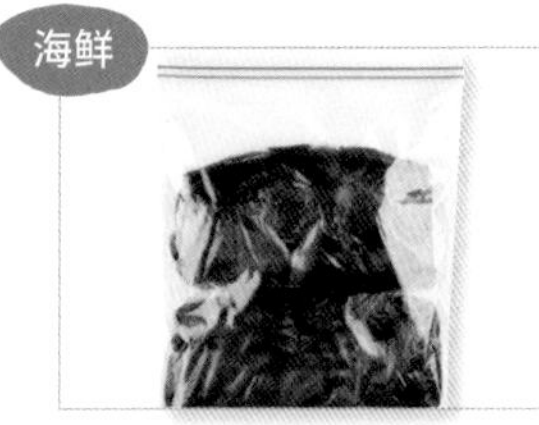

海带

将泡好的海带用热水焯1分钟左右，再用冷水冲2～3遍，控干水分。按一次食用的量分开后装入保鲜袋内冷冻保存。使用时无须解冻，直接作为汤底煮汤即可，或移入冷藏室解冻1小时左右，再制成醋拌海带。

大虾

去掉虾头、内脏，剥去虾壳后洗净。在热水中加入1～2大匙料酒，放入大虾焯10～20秒左右，捞出速冻，再装入保鲜袋冷冻保存。用淡盐水浸泡10分钟即可解冻。

花蟹

处理干净后按一次食用的量分开，用保鲜膜包好后冷冻保存。炖汤或煮汤时直接放入即可，无须解冻。也可用调味料腌制，再按一次食用的量分开，装入保鲜袋内冷冻保存，料理的前一天移至冷藏室解冻即可。

明太鱼子酱

将明太鱼子酱分成小块，用保鲜膜包好并速冻，再装入保鲜袋冷冻保存。食用前，将其移至冷藏室解冻3～4小时，撒上芝麻油、辣椒粉、葱末、芝麻即可食用。

带鱼

切成方便食用的块状，抹上粗盐，分别用保鲜膜包好后速冻。无须解冻，直接淋上调味汁煮炖，或在平底锅内抹一层油，放入带鱼，盖上锅盖，用小火煎至两面金黄。

烤制用青花鱼

切块后抹上粗盐，分别用保鲜膜包好后冷冻保存。移入冷藏室解冻半天后，在平底锅内抹一层油，放入解冻的青花鱼煎烤。

酱炖用青花鱼

处理干净后切成方便食用的大小，按一次食用的量分开装入保鲜袋后冷冻保存。炖制时无须解冻，加入水和调味料炖制即可。

熏三文鱼

按一次食用的量分开，用保鲜膜包好速冻后装入保鲜袋冷冻保存。食用前3～4个小时移至冷藏室慢慢解冻，可搭配蔬菜制成熏三文鱼蔬菜卷，也可制成熏三文鱼卷或熏三文鱼沙拉。

鱿鱼

去除皮、内脏和骨头，切成约1.5cm厚，按一次食用的量分开，装入保鲜袋冷冻保存。可直接煮鱿鱼汤，也可移至冷藏室自然解冻后制成鱿鱼饼或炒鱿鱼等料理。

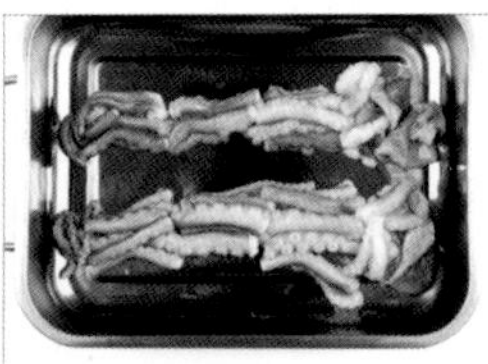

章鱼

处理干净后，切成方便食用的大小，按一次食用的量分开，速冻后装入保鲜袋冷冻保存。食用前，移至冷藏室解冻3～4小时。冷冻章鱼的烹饪时间要稍长于鲜章鱼的烹饪时间。

小章鱼（短蛸）

料理干净后，直接放在不锈钢盘上，速冻后装入保鲜袋冷冻保存。冷冻后的小章鱼可通过冷水浸泡或热水焯煮来解冻，适合用于制作火锅或炒菜。

鱼糕

切成方便食用的大小，按一次食用的量分开，装入保鲜袋冷冻保存。使用时无须解冻，用热水冲洗片刻即可。可制作海带汤，或与萝卜搭配煮制鱼糕汤，也可用来炒年糕或炒鱼糕。

泥蚶

煮熟后连壳冷冻保存。袋装泥蚶无须控掉袋内的水，直接冷冻保存即可。置于室温解冻2～3小时，处理干净即可料理。

蛤蜊

放入盐水中将沙吐净，再装入保鲜袋冷冻保存。也可将肉挑出后，用保鲜膜裹好冷冻保存。可在冷藏室放置1～2小时解冻，制成蛤蜊煎饼；也可不经过解冻，直接放入汤类料理中。

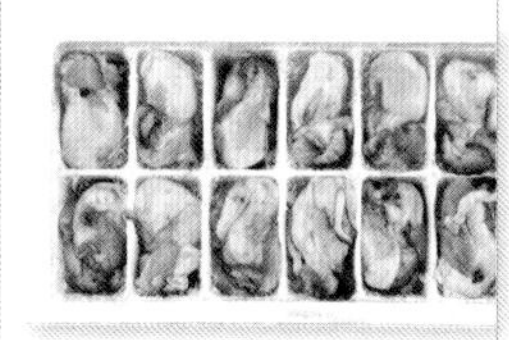

牡蛎

用盐水洗净后放入铺有保鲜膜的冰盒中，每格可放2～3个。放置完毕后再铺一层保鲜膜，装入不锈钢盘中速冻，再装入保鲜袋冷冻保存。制作汤类料理时，无须解冻，直接放入即可。制作牡蛎煎饼时，将冷冻牡蛎放入冷藏室解冻3～4小时即可。

汤类

鳀鱼昆布汤、泥蚶汤等汤类料理可一次性煮一大锅，待完全冷却后倒入冰盒冷冻，然后用保鲜袋装好冷冻保存。需要煮汤时，可直接取所需量煮制应急，方便快捷。

肉类

五花肉

一条条分开后分别用保鲜膜裹好冷冻保存。可直接烤制，也可切成合适的大小后煮泡菜汤。

猪颈肉

切成小块后按一次食用的量分开，用保鲜膜裹好后装入保鲜袋冷冻保存。置于冷藏室解冻1～2小时，可用来做泡菜汤或炒菜。

炖汤用牛肉

将牛胸肉或牛腱按一次食用的量分开，放在不锈钢盘上，用保鲜膜裹好后速冻。待完全冻住后，装入保鲜袋冷冻保存。煮制大酱汤等汤类料理时可直接加入，非常方便。

牛肉末

装入保鲜袋，用筷子分成6～8等份后冷冻保存。料理前，取出一块置于冷藏室解冻1～2小时，可用来制作炒饭或小菜。

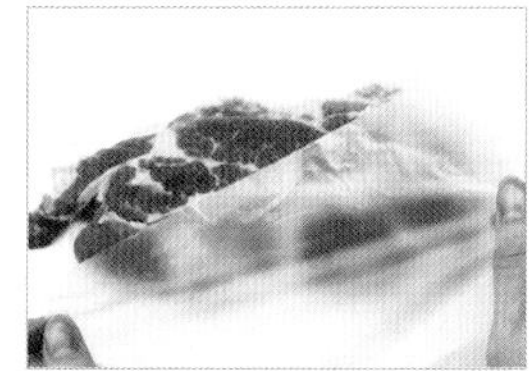

煎烤用牛肉

将牛排专用的里脊、外脊一块块分开，用保鲜膜裹好并放入保鲜袋冷冻保存。料理前，移至冷藏室解冻3～4小时即可。

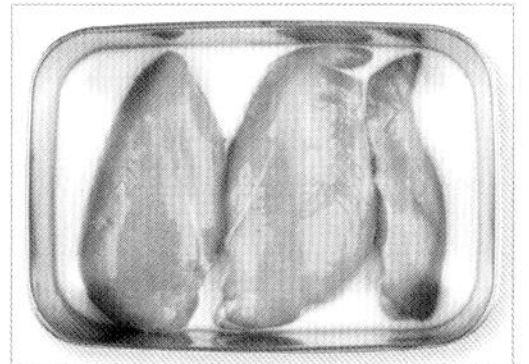

鸡胸肉

在牛奶中浸泡30分钟左右去除腥味，再用冷水冲洗片刻。用厨房纸擦干后包上保鲜膜，装入保鲜袋冷冻保存。料理前，移至冷藏室解冻半天，再置于烤箱或平底锅上以小火烤制，或用来制作炖菜。

鸡里脊肉

用保鲜膜一块块包裹好，装入保鲜袋或保鲜盒冷冻保存。食用前一晚，取所需量置于冷藏室自然解冻即可。

火腿肠

将火腿肠一根一根用保鲜膜裹好，装入保鲜袋冷冻保存。可置于冷藏室解冻1小时，或用微波炉（700w）加热30秒至1分钟解冻。解冻后，放入平底锅用小火煎即可。

高效管理！冰箱收纳方法

不同食材适宜的保存温度不同，因此放置在冰箱内的位置也略微不同。请仔细确认不同食材在冰箱内的存放位置（以双开门冰箱为例）。

冷冻室

1 冷冻室上层

冷冻室上层的温度最低，为 –18°C，因拿取不便，可将不常用到的食材放置在这一层。另外，放在冰盒中保存的大蒜，也可以置于这一层。

2 冷冻室中间层

打开冰箱门，最先看到的就是中间层，拿取也最为方便，因此可以将短期内要使用的食材存放在这一层，例如不会散发味道的海货、谷物、切碎后冷冻的大葱、辣椒、小菜及速冻方便食品等。建议第四层留出空间放置不锈钢盘，以便冷冻食材。★冷冻法请参照第 20 页。

3 冷冻室下层

可长时间冷冻保存的肉类或鱼贝类，处理干净后按一次食用的量分开，包装好后存放在冷冻室下层。为避免结霜，建议装入保鲜盒存放。

4 冷冻室门

这个区域温度较高且温度不稳定，建议存放不易变质的食材，如粉末类、谷物、鲣节、明太鱼干、鳀鱼干等海货。

冷藏室

5 冷藏室上层

冷藏室上层温度最低，可存放鱼糕、火腿肠、午餐肉、芝士、黄油等加工食品等。2～3日内食用的肉类或鱼类也可以暂时存放在这一层。

6 冷藏室中间层

打开冰箱门最先看到的就是中间层，拿取也最为方便，因此可以将保质期短或经常吃的食物存放在这一层。将常吃的小菜装入透明保鲜盒后叠放，方便拿取。

7 冷藏室下层

位置较低，拿取不便，因此比起每天都要使用的食材，这一层更适合存放一周仅使用2～3次的酱菜、腌菜或泡菜等，或不常使用的调味酱。建议在第四层留出足够的空间来放置料理过程中需要冷却的食物，或制作拉沙时需要稍微冷藏才会更爽口的蔬菜。

8 果蔬冷藏间

蔬菜和水果对温度较为敏感，直接放入冷藏室容易冻坏，应尽量存放在果蔬冷藏间。存放时注意不要叠放，以免蔬果挤伤。

9 变温室

变温室可配合多种食材的最佳存放温度，在 –1°C～4°C范围内进行智能调节，但并不是所有冰箱都设有变温室。

10 冷藏室侧门

冷藏室侧门温度变化较大且温度较高，建议存放短期内食用、不易变质的水或饮料、调味酱汁等。冰箱门打开或关闭时易导致物品晃动，建议存放时拧紧容器盖子。

吧台部分

有些冰箱设有吧台，可存放经常食用的水、果汁、牛奶或吃剩的饼干等零食，拿取方便。

干净卫生！5 种厨房必备品

下厨时最常使用的工具有菜刀、砧板、锅，如果疏于养护，料理工具很快就会老化，甚至会出现卫生问题，抹布、洗碗布也同理。接下来将详细讲解如何有效地养护这 5 种厨房必备品。

砧板

处理不同种类的食材（如肉类、海鲜、蔬菜）时，建议使用不同的砧板。使用后应及时清洗，放置在通风向阳处自然晾干。

这样杀菌才安心

使用完毕后，用蘸有洗洁精的洗碗布仔细擦拭，过水冲洗后再用热水杀菌。处理完肉类的砧板，如果用热水清洗，蛋白质就会凝固并残留在砧板表面。因此必须用冷水冲洗后再用中性洗洁精清理，最后用热水冲洗并擦干。处理完海鲜类的砧板，须先用盐擦拭再用冷水清洗。

小苏打杀菌法：100ml 温水中加入 4 大匙小苏打，溶解后加入 1L 温水。将砧板浸泡其中 1 小时左右，再用水冲洗干净并晾干。

家用消毒液杀菌法：3L 温水中加入 10ml 消毒剂，将砧板浸泡其中，5 分钟后用水冲洗干净。

养护小知识

①切完鱼类或泡菜后，砧板上留下的痕迹和异味可用粗盐去除。撒上粗盐，揉搓 3 分钟左右，用热水冲洗后置于阳光下晾晒。

②砧板散发严重异味时，切一只柠檬，挤掉柠檬汁，用切面擦拭砧板，或在热水中加入柠檬片，将砧板浸泡其中，1 小时后取出置于阳光下晾晒。

菜刀

用一把菜刀处理所有食材的话，不仅会交叉感染，还极易滋生细菌。建议准备两把菜刀，一把处理蔬菜和熟食，另一把处理肉类和海鲜。建议刀把选用不同颜色，使用时可快速分辨。

这样杀菌才安心

菜刀使用完毕后，先用洗洁精清洁，再用流水冲洗，最后用热水涮过并自然风干。可用牙刷蘸取少量洗洁精清理刀身与刀柄的连接处。

家用消毒液杀菌法：3L 温水中加入 30ml 消毒液，将菜刀浸泡 5 分钟，冲洗干净，自然风干。需注意，消毒液杀菌法只适用于不锈钢材质，其他材质的菜刀禁用此法。

养护小知识

①处理完鱼类或肉类后，在 1L 水中加入 10ml 食醋，用醋水冲洗菜刀，可有效去除异味。

②木质刀柄易滋生细菌，用热水清洗后一定要晾干。

③刀身若残留有水或油，很容易生锈，应待其完全干燥后再存放。

抹布

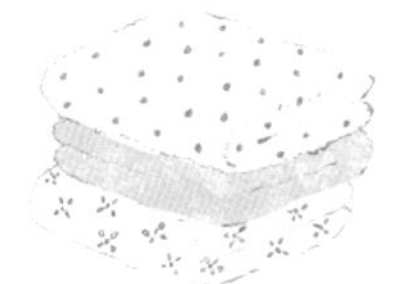

一周至少要煮一次，一个月要更换一次。建议洗涤槽、料理工具、餐桌用的抹布分开，避免交叉污染。

这样杀菌才安心

抹布须煮 30 分钟以上，然后浸泡 1 小时左右待其冷却，冲洗干净后置于阳光下晾晒。

漂白粉杀菌法：取一只底较厚的锅子，倒入 1L 水并煮开。加入 2 小匙去污剂、1 小匙漂白粉，溶化后放入抹布，煮 30 分钟左右。因漂白粉为强碱性，清洗煮过的抹布时，一定要戴上橡胶手套。

小苏打杀菌法：1L 水中加入 1～2 小匙小苏打，待其完全溶化后加入 2 小匙洗衣粉，放入抹布，煮 30 分钟左右。一次性将小苏打倒入热水中会产生大量细小泡沫，建议水煮开后改小火，将小苏打一点点倒入。

养护小知识

自来水中的氯可有效清除一般细菌和大肠杆菌，用自来水浸泡抹布 20 分钟，可去除 99.3% 的一般细菌和 86.5% 的大肠杆菌。因此抹布使用完毕后，也可用自来水浸泡。

洗碗布

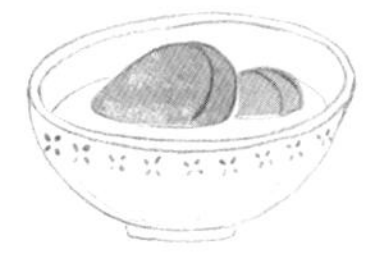

洗碗布使用完毕后，将表面的残渣和洗洁精清理干净并晾干存放。建议一个月更换一次。另外，洗碗布有海绵、网纱、亚克力、丝瓜筋等多种材质，建议选择适合自己的洗碗布。

这样杀菌才安心

将洗碗布放入微波炉专用器皿中，加入足量水没过洗碗布，再加入适量盐和 1 小匙食醋，放入微波炉（700w）中加热 2 分钟进行消毒杀菌。用水洗净后，将抹布置于通风处自然风干，避免阳光直射。

养护小知识

①海绵材质：水和醋按 1∶1 的比例混合，将洗碗布放入其中，浸泡半天后捞出，洗涤干净后晾干。

②亚克力材质：不耐高温，因此不可用煮沸消毒法或消毒液进行消毒。涂抹少量的洗洁精洗净后晾干即可。

③其他材质：1L 水中加入 ½ 小匙家用漂白液，将洗碗布放入其中浸泡 30 分钟以上，用水冲洗干净后晾干。

锅具

陶瓷涂层锅和不锈钢锅是家庭最常用的两种锅。只要掌握正确的清洗与收纳方法，就可长久使用。

陶瓷涂层锅

陶瓷涂层表面不易产生刮痕。

蓄热性和导热性优，料理时间短，加热时会释放远红外线，使食物内外均匀受热。

使用 用中火或小火预热 30 秒～ 1 分钟，倒入食用油料理即可。请注意，空锅放置在火上的时间过长会导致涂层开裂。

清洗 不粘锅清洗便捷。用柔软的海绵或厨房纸巾清洗，可防止涂层损伤。

收纳 不要与其他锅叠放，可挂于墙壁或靠墙直立。

不锈钢锅

不锈钢锅持久耐用，锅表面不容易粘油腥、调味料及异味，也不容易生锈。此外，还具有料理时间短、吸油少的特点。

使用 中火预热 2 分钟后改小火，使锅均匀受热。锅底均匀抹油后即可料理。请注意火过猛会产生烧焦斑痕。

清洗 使用柔软的海绵进行清洗，若有煳锅或生斑现象，可用热水浸泡片刻，再加入小苏打擦拭。

收纳 擦干后置于干燥处。

软糯香甜！白米饭、糙米饭、杂粮饭这样煮

接下来为大家讲解如何使用相同的米和锅蒸出更美味更软糯的饭，还会为喜爱糙米饭和杂粮饭的读者介绍蒸出美味健康饭的方法。

蒸白米饭

①先用冷水稍稍冲洗，再淘洗 2 遍左右

将大米浸泡在冷水中，用手搓洗 2～3 遍后将水倒掉，重复上述动作 2 次，这样可以将米表面的杂质去除。淘洗次数过多会导致米的营养大量流失，因此淘洗次数不宜超过 3 次。

②冷水浸泡 30 分钟～ 1 小时

米粒充分吸收水分后，可缩短焖煮时间，蒸出来的米饭也更加软糯饱满。新米浸泡 30 分钟，陈米浸泡 1 小时。

③锅内加入与米等量的水

一般我们说的 1∶1.2 的比例，指的是没泡过的米。米粒充分吸收水分后，米和水的比例是 1∶1，即 1 杯泡过的米加入 1 杯水。

★泡米水中含有多种营养成分，可以直接用来煮饭。用电饭锅煮饭时，将米放入后，按刻度加水即可。

④关键在于火候

大火煮至沸腾后，改中火煮 5 分钟，再用小火煮 15 分钟后关火。盖上锅盖，焖 5 分钟。

★用高压锅煮饭时，先用大火煮开，安全阀晃动时改用小火。5～8 分钟后关火，焖至锅内余气排清。

⑤用饭勺将饭拌匀

开盖的瞬间立即用饭勺将饭拌匀，饭粒之间进入空气，这样蒸出来的米饭粒粒分明，不会结块。

泡好的米不能立即煮的话怎么办？

米粒在水中浸泡时间过长容易发胀，泡好后的米不能立即蒸煮时，须捞出控干水分，方不影响下次蒸煮。

为米饭爱好者准备的石锅饭做法

用砂锅或石锅煮饭时，所需的水量与用一般锅子煮饭时一样。泡过的米与水的比例为 1∶1。需要注意的是火候的调节。砂锅和石锅的热锅时间较长，水煮开后，跳过中火的过程，直接改为小火。因为关火后石锅温度不会骤然下降，而是会持续加热一段时间。改用小火煮 10 分钟，关火后利用余热焖 10 分钟。石锅烧热后，在内壁抹一层芝麻油，放入米和水，这样煮出来的饭不会煳，味道也更香。

蒸糙米饭

要想糙米饭更香，建议使用糯糙米。另外，一般我们说的糙米饭并不全是糙米，而是糙米和大米混合的饭。第一次做糙米饭，建议只放 10% 的糙米；已经熟悉糙米饭制作流程的话，可以放⅓的糙米。糙米吸水很慢，通常要浸泡 5 ～ 6 小时，充分吸水后，用高压锅煮制。煮好后焖 5 ～ 10 分钟，可以使饭粒的口感不粗糙。

发芽糙米是什么？

发芽糙米就是糙米在适宜的水分、温度条件下长出 1 ～ 5mm 的幼芽。相比一般糙米，发芽糙米含有更多的蛋白质、维生素和氨基酸等成分，口感也更柔和，更容易消化。白米与发芽糙米的最佳配比为 3∶1。

Q1 如何选购大米？

挑选大米时，先仔细观察米粒是否有光泽，再确认是否洁净透明且无杂质。选择生产日期最新的米，避开那些断裂或中间有白点的米。

Q2 陈米有异味怎么办？

陈米有异味时，可以用食醋除味。在水中滴一滴醋，淘洗后将米捞出，控干水分。煮饭前再用温水冲洗一遍，这样蒸煮出的饭就没有异味了。

Q3 米不泡直接煮会怎样？

泡米主要是为了在煮饭时让米糊化，使煮出的米饭更加软糯。一般来说，浸泡过的米和水的比例是 1∶1，即 1 杯米加 1 杯水；未经浸泡的米，则按 1∶1.2 的比例，即 1 杯米加 1.2 杯水。

Q4 米要怎样存放才能持久保鲜？

存放在昼夜温差较小且阴凉的地方。米经阳光照射后会干燥开裂，淀粉流失，容易变质。而且米容易吸附异味，浸味后很难清除，因此不要将米放置在洗洁精或油腥味较重的物体旁边。米中放一个苹果，可持久保鲜。

Q5 米生虫了怎么办？

米生虫的话，可将其铺在无光且通风的阴凉处晾干，大多数情况下米虫会自行爬出，如果不多，可直接抓取。在生虫的米缸内放入大蒜、洋葱、辣椒等，可有效驱虫。

蒸杂粮饭

可与大米一同浸泡的谷物

熟制大麦 / 麦片　将熟制大麦清洗干净后，与泡好的米混合。

小米　洗净后同大米一同浸泡，或直接与大米一起蒸煮。

高粱　搓洗至水由红转清才能去除高粱的涩味，可与大米一同浸泡。

黑米　同大米一同浸泡。

需比大米浸泡时间久的谷物

大豆　大豆中含有丰富的蛋白质，煮饭时加入大豆会使营养更为均衡。将大豆浸泡 3 ～ 4 小时，捞出后控干水分，与大米一起蒸煮即可。

薏米　将薏米充分浸泡 3 ～ 4 小时后与大米混合蒸煮。此时水量应是全部谷物量的 1.5 倍。

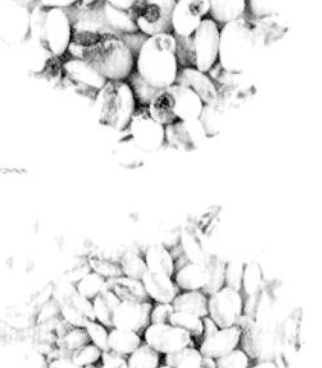

煮熟后才能加入的谷物

大麦　大麦浸泡 30 分钟左右，锅内加入 1.2 倍的水，煮至开裂后，与大米混合，一同蒸煮。

红豆　锅内加足量水煮红豆。煮完的第一遍水倒掉，加水重新煮，煮好后，第二遍水留下。锅内放入泡好的大米、煮好的红豆及第二遍煮红豆的水，一起蒸煮。

★煮杂粮饭时，按谷物的量再加入等量的水即可。这里所说的谷物的量，指的是浸泡后的重量。例如，当大米与 1 杯泡好的黑米混合蒸煮杂粮饭时，需要再多加 1 杯水。

美味可口！南瓜、红薯、土豆、玉米这样煮

除了插入筷子，也可用其他方法确认南瓜、红薯、土豆、玉米是否熟透，这里将为大家详细列出料理工具、火候大小和蒸煮时间。

南瓜

蒸 ①南瓜切下 ¼，用勺子将籽挖出。

②把蒸锅架在火上加热，待产生大量蒸气后，将切好的带皮南瓜放入蒸锅。

★南瓜放入蒸锅时要皮朝上肉朝下，这样蒸出来的南瓜才不会烂，且更加香甜。

③用中火蒸 15 ～ 20 分钟。

使用微波炉 ①南瓜对半切开，用勺子将籽挖出。

②放入耐高温容器中，用保鲜膜裹好，放入微波炉（700W）加热 7 分钟。

红薯

煮 ①红薯洗净，放入厚底锅中，锅中倒入足量水没过红薯，开盖大火煮。

②水沸腾后改中火，盖上锅盖煮 20 分钟。

蒸 ①将蒸锅架在火上加热，待产生大量蒸气后，将洗好的红薯连皮放入蒸锅。

②用中火蒸 25 分钟。

使用烤箱 ①红薯带皮洗净，用铝箔纸包好，放入烤箱。

②烤箱预热至 200°C，将红薯放置在中间层，烤 45 ～ 50 分钟。

使用微波炉 ①红薯洗净，保持表皮湿润，用报纸或铝箔纸包 2 ～ 3 层。

②将红薯放入微波炉（700W）中加热 10 分钟。如喜欢烤久一点的口感，可以多加热 5 分钟。

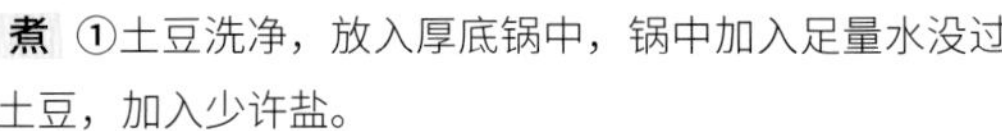

土豆

煮 ①土豆洗净，放入厚底锅中，锅中加入足量水没过土豆，加入少许盐。

②开盖大火煮，水沸腾后盖上锅盖，改中火煮 25 分钟。

③用筷子戳一戳，感到有弹性时，把锅内的水倒掉，只留少量水。

④改小火煮 10 分钟。

蒸 ①将蒸锅架在火上加热，待产生大量蒸气后，将洗好的土豆连皮放入蒸锅，用中火蒸 20 ～ 30 分钟。

②快蒸好时，将蒸锅里的水倒掉，在土豆上淋盐水（1 杯水 +1 大匙盐），再蒸 2 ～ 3 分钟。

③用筷子戳一下，感觉熟了之后关火，焖 5 分钟。

使用烤箱 ①土豆带皮洗净，用铝箔纸包好，放入烤箱。

②烤箱预热至 200°C，将土豆放置在中间层，烤 50 分钟。

使用微波炉 ①土豆洗净，保持表皮湿润，用报纸或铝箔纸包 2 ～ 3 层。

②将土豆放入微波炉（700W）中加热 10 分钟。喜欢烤久一点口感的话，可以多加热 5 分钟。

玉米

煮 ①玉米放入锅中，再加入没过玉米的水，加入 1 小匙盐和 1 小匙糖，开大火煮。

★加入粗盐和白砂糖，可以使玉米不发黏。

②水沸腾后，改中火煮 45 ～ 50 分钟。

黄油烤玉米 ①烧热大平底锅，加入 1 大匙黄油、½ 小匙盐，小火融化。

②放入煮好的玉米，翻滚 10 分钟即可。

煎鸡蛋、煮鸡蛋、炒鸡蛋 家常鸡蛋料理

柔滑的煎蛋、熟得刚好的煮蛋、软嫩的炒蛋，看起来非常简单，做起来却不容易。按如下食谱尝试制作，就可以做出美味的鸡蛋料理。

煎蛋

①选择大小适中的平底锅，用小火加热。

★若平底锅过大，水分会迅速蒸发，从而使煎蛋边缘焦煳。

②在平底锅内滴一滴水，若立刻蒸发，即可在锅底均匀涂一层薄薄的油。

③将鸡蛋打入锅内，中火煎 1 分 30 秒左右，煎至蛋黄上生出一层薄膜的半熟状态。

★想要全熟的话，将鸡蛋翻面，再煎 1 分 30 秒。

煮蛋

①将鸡蛋放入锅中，加水没过鸡蛋，开大火煮。

★煮蛋前，先将鸡蛋置于室温下 20 ～ 30 分钟，这样鸡蛋不容易煮破。

②水开后转中火，煮 7 分钟半熟，煮 12 分钟全熟。

★煮蛋时，在水中加入少量盐和醋可使蛋壳变硬，不易煮破，蛋壳出现裂痕时，蛋清也能立即凝固。

③煮熟后，将鸡蛋放入冷水中，待完全冷却后再剥去外壳。

炒蛋

①在盘内打入 3 个鸡蛋，加入 ¾ 杯牛奶、1 小匙盐和少量胡椒粉，打散。★ 2 人份

②将平底锅烧热，加入 1 大匙食用油，倒入蛋液，开中火静置 15 秒。

③蛋液下层微熟后，用筷子迅速搅拌，待鸡蛋 9 成熟时，关火。

微波炉版超简单炒蛋

①在耐高温容器中加入蛋液和调味料，搅拌均匀后放入微波炉（700W）加热 3 分钟。

②将鸡蛋取出，用筷子搅散。

★乘鸡蛋尚未凝固，迅速搅散。

③再次放入微波炉（700W）加热 3 分钟后取出，用筷子或土豆搅碎器将鸡蛋搅碎，炒蛋完成。

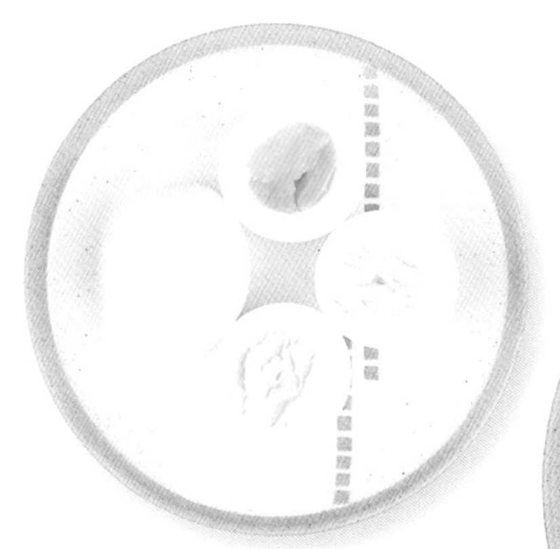

料理失败，求帮助！

指导人 杨静秀（首尔专门学校酒店料理专业教授）

煮饭

Q 用电饭锅煮饭的时候，米量和水量应该是正好的，可为什么每次煮出的饭不是太干，就是太稀？

Ⓐ 饭干的话，可以在饭中加入热水，搅拌均匀后在保温状态下焖 5 分钟即可。以 3 人份为例（3 杯米蒸出的饭量），加入的热水量为⅓杯左右。饭太稀的话就有点难补救了。如果有剩饭的话，可以把剩饭加进去中和一下水分，这样饭会稍微变稠一些，或者干脆再多加些水与其他食材，熬煮成粥，也可以加入栗子、土豆、干菜等做成菜饭。稀软的米饭凉了以后会结成年糕一样的块状，建议趁热食用。

Q 家里就两口人，经常会剩饭，放久了米饭就发黄，倒了又觉得可惜。

Ⓐ 变黄的饭香气很重，但吃起来没什么味道，这时可以加入香气浓郁的咖喱粉或泡菜、番茄酱等制成炒饭或蛋包饭。如果饭比较硬，可以做成锅巴。将饭平铺在平底锅内，洒适量水，小火烤 15 分钟即可。如果剩饭太多，可以去超市买袋装麦芽粉。将米饭、水和麦芽粉倒入锅内，保温 12 小时左右，即可制成食醯（韩国传统冷饮）。

Q 做牡蛎饭或豆芽饭时，偶尔会觉得有腥味。有没有什么补救的办法呢？

Ⓐ 腥味大多是由温差造成的。如果有腥味的话，可以再加一点水，盖上锅盖焖 3～5 分钟，特别是煮豆芽饭时，要盖着锅盖煮，这样煮出来的饭才不会有腥味。如果不喜欢牡蛎或豆芽特有的味道，可以先用热水焯一下再放入饭中，这样牡蛎或豆芽的味道就不会浸入米饭。另外，使用腥味较重的食材煮饭时，加入水芹、山蓟菜、紫苏叶、大蒜或香菇等香气浓郁的蔬菜，可有效减少腥味。

家常菜

Q 做凉拌豆芽或凉拌菠菜的时候，偶尔会做咸。这时候还能不能补救呢？

Ⓐ 凉拌菜太咸的话，用水冲洗一遍，控干水分后，洒上芝麻油和芝麻粒再次搅拌即可。加入洋葱丝或蘑菇丝，或加入捣碎的豆腐一起拌也可减轻咸味。

Q 凉菜拌好装盘时通常会出很多水，不能确定会不会很淡。这种时候该怎么办呢？

Ⓐ 凉菜拌好后马上食用的话，就将水控掉，尝一下咸淡，觉得淡的话加入酿造酱油重新调味。与盐相比，酿造酱油更容易被吸收，更适合调咸淡。另外凉菜在存放时也要先将汤汁控干，这样才能存放得更久。

Q 炒菜或炒肉的时候，不知道是不是锅太热的缘故，经常一下锅就煳。这种时候要是直接关火的话菜就外煳内生没法吃了。请问有什么解决方法吗？

Ⓐ 锅太热导致菜煳了的时候，迅速把食材倒出来，然后把锅翻转，用水冲一下锅底，使温度迅速下降，然后再用小火将锅烧热，重新放入食材进行烹制。

Q 炒菜的时候经常会做咸，请问有没有什么调味的好方法呢？

Ⓐ 炒菜是无法再调味的。太咸的时候可以加入一些洋葱或蘑菇，因为洋葱和蘑菇中含有大量的水分，炒制过程中会有水分渗出，从而中和咸味。另外汤汁较少的炒制料理过咸时，可以加入少量调好的芡汁勾芡。这样一来不仅汤汁浓稠，还可以减轻咸味。

Q 煎南瓜饼或鱼饼时总想要煎得好看，可是每次一把饼放在平底锅上，蛋液就鼓起来了。这种时候该怎么办呢？有什么秘诀吗？

Ⓐ 平底锅温度过高会导致蛋液膨胀鼓起，这时候改用小火煎就可以了。另外，油量过多也会使蛋液鼓起，油太多时可以用厨房纸擦除。想要煎饼的形状好看，首先将平底锅烧热，锅底抹油后用厨房纸轻轻将油抹匀，然后改用小火煎，这样就可以煎出好看的煎饼了。

Q 摊海鲜煎饼或韭菜煎饼时，想要翻面，结果碎了，该怎么补救呢？

🅐 煎饼破碎的时候不要慌，可以用剩下的面糊补救。饼碎的原因主要是面糊太稀或面糊中的疙瘩太多，面糊太稀的话，可以加入煎饼粉或面粉，面糊中疙瘩太多的时候，可以再调一点面糊进去。觉得做面糊麻烦的话，可以用蛋液代替。

Q 炖鱼、土豆或豆腐的时候，酱汁往往会粘锅，这时该怎么办呢？

🅐 将食材迅速从锅中盛出，如果不及时盛出，粘锅部分煳了之后，煳味会渗透到食物中。另换一只锅，倒入水或淡酱油水，重新倒入食材烹调。蛋白质或碳水化合物含量丰富的肉类或土豆等食材比较容易粘锅，因此可先将水分较多的洋葱或大葱铺在锅底再炖煮。

Q 做酱炖料理的时候，经常会遇到下面的部分已经入味，但上面的部分却没有充分入味的情况，而酱汁已经熬干了，这时该怎么办呢？

🅐 制作酱炖料理的时候，需要把锅盖盖上，这样酱料才能均匀入味。没能调好咸淡的酱炖料理，先将食材搅拌均匀，再加入一些酱汁，重新炖煮即可。制作酱炖料理时应使用较宽（食材能够摊开不堆叠）较浅的锅子，这样调味料才能均匀入味。

Q 泡菜腌过头了，酸味很重，不管是做泡菜汤还是炒饭都不好吃。请问该怎么吃才美味呢？

🅐 可用流水将酸泡菜冲洗一遍。腌过头的泡菜中的调料也已变酸，用水冲洗可减轻酸味。另外，可以加入适量的白砂糖来中和酸味。

Q 腌酱菜的时候为了能入味就在常温下保存了，结果发霉了。这种时候应该怎么办呢？酱菜该怎样存放呢？

🅐 酱菜发霉时，将霉菌撇去，把酱汁倒入锅中加热至沸腾，待冷却后重新倒入酱菜缸。关于存放，建议保存在无阳光照射的阴凉处。需注意的是，即使是阴凉处，一旦有阳光照射，酱菜还是会发霉或腐坏。大量出水的食材夏天会变得更酸，把酱汁重新加热一遍，冷却后倒回酱缸保存即可。

汤类料理

Q 做汤类料理时，如果汤太咸是不是加水就可以了？

🅐 加凉水的话，再次煮沸需要很久，建议加入热水。除了加水之外，还要加入盐、胡椒粉、蒜末等调味，使味道更好。

Q 觉得汤淡就加盐，可加了盐之后又只有咸味，没别的味道了，需要放酱油吗？

🅐 调味的话，可以放韩式酱油（清酱）。如果不喜欢酱油的味道或觉得汤色太黑，可以在热水中加入少量粗盐，倒入汤中，会比精盐更有味道。

Q 煮汤的时候，汤水总是不够，再加水又觉得味道会淡，怎么办才好呢？

🅐 汤不够的时候需要加水，在热水中加入盐、胡椒粉、蒜末调味后放入汤中，这样才更好吃。也可根据汤的种类加入酱油、大酱、辣椒酱，或加入剪碎的干货，这样会更香。

Q 本来想做炖汤，结果水太多，做得既不像炖汤又不像煮汤。这时候是直接把多余的汤倒掉，还是再加一些食材进去呢？

🅐 汤太多的话，可以将多出来的汤倒入别的容器中并存放起来，等到下次做汤锅时作为底汤使用。再加食材进去的话，又要重新调味，不仅麻烦还又会有汤剩下，家里人口不多的话，不建议采取这种方法。

Chapter 02

美味多样的妈妈牌 **家常菜**

· 素菜

· 酱炖菜和佐餐小菜

· 煎烤和煎饼

· 炒菜和炖菜

· 酱菜和泡菜

一碗热饭，两道小菜，也能让饭桌丰盛起来。不知道该做什么小菜的时候，可以在本章中寻找答案。本章将为大家详细介绍各种小菜及凉拌菜的做法：看起来简单却难以做出风味的凉菜，每天吃都吃不腻的佐餐小菜，可以一次做很多囤起来的酱菜，可以做主菜的风味小菜等。只要按照菜谱步骤操作，就能从中体会到无穷的乐趣。

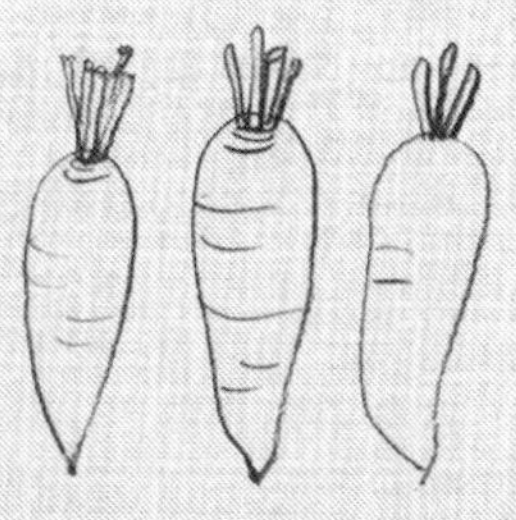

素菜 开始料理前请先阅读这里！

1 素菜美味的秘诀

① 菜叶类蔬菜在购买后最好尽快处理，以保持蔬菜的味道和香气，营养价值也高。根茎类蔬菜买来后无须清洗，用报纸裹好，可存放一定时间后再处理。

② 菠菜、韭菜、小葱等蔬菜的根茎通常会沾带泥土，清洗前，先在水中浸泡 10～15 分钟，将蔬菜中的细泥或杂质泡出后再冲洗干净。

③ 素菜的料理法分为：生拌（用调味料凉拌新鲜蔬菜的方法）、熟拌（蔬菜煮熟后，用调味料拌的方法）、炒菜（蔬菜处理干净后，用油炒制的方法）等。

生拌 食材洗净后尽量控干水分，这样用酱汁或调味汁凉拌时才能充分入味。若有水分残留，会中和酱汁的味道，使料理过于清淡。另外，像桔梗或萝卜等较硬的食材不容易入味，可先用盐腌制一段时间，待其稍微变软后控干水分再凉拌。

熟拌 在料理中，焯水是非常重要的环节，可以有效减少营养成分的流失、保留食材原有的风味和清脆口感。食谱中已明确列出水量、盐量及焯水时间，按照食谱操作即可。一般来说，黄豆芽焯水的时候要放盐，这样才不会有豆腥味，豆芽头也能入味。反之，绿豆芽在焯水的时候不要放盐，因为盐会使绿豆芽发蔫。豆芽焯水后如果用水冲洗冷却，会产生大量水分，建议铺放在大的托盘或盘子上自然冷却。焯绿叶蔬菜时，需要加入足量的水没过蔬菜，焯煮时加入少许盐会使蔬菜颜色更为鲜绿。另外，蔬菜焯水后要快速捞出再浸泡于冷水中，这样才能更清脆爽口。

炒菜 炒制时间过长会使蔬菜中的水分大量流失，口感欠佳，建议短时间烹调。另外，锅热后，应先放入蒜末或葱末爆香，再放入食材炒制。

④ 凉拌时，如果觉得不入味或味道清淡，可以加少许酱油提味。

⑤ 拌凉菜时，薄叶菜洒上调味汁后，用筷子或指尖轻轻拌匀即可。调制黄豆芽、菠菜、桔梗等蔬菜时，则需用整只手抓拌，一来借助手掌的温度使盐融化，二来使调味汁彻底渗入食材。

2 几款适合凉菜的调味汁

①基础盐味调味汁

以 350g（焯水前）软质蔬菜为准

②酱油＋辣椒粉调味汁

以 100g 生菜或韭菜为准

2 大匙 辣椒粉 + 2 大匙 水 + 1 小匙 芝麻 + 1 小匙 蒜末 + 1 小匙酿造酱油 + 1 小匙 低聚糖 + 1 小匙 芝麻油

③糖醋辣酱汁

以 200g（焯水前）根茎类蔬菜或 350g（焯水前）软质蔬菜为准

1 大匙 葱末 + 2 大匙 辣椒酱 + 1 小匙 芝麻 + 1 小匙 白砂糖 + 1 小匙 辣椒粉 + 1 小匙 蒜末 + 2 小匙 食醋 + 1 小匙 芝麻油 + 少许盐

④大酱汁

以 200g（焯水前）根茎类蔬菜或 350g（焯水前）软质蔬菜为准

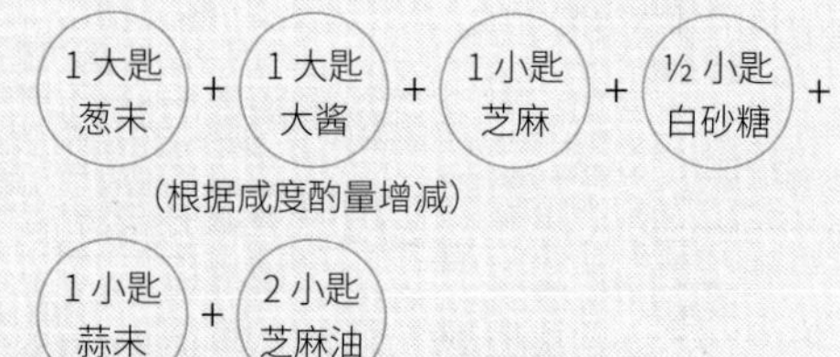

剩菜的保存方法

料理素菜时，最好是按一餐食用的量料理，尽量不留剩菜。剩菜和其他菜不要相互混合，分开装入保鲜盒冷藏保存，这样才不会失味，也不会轻易坏掉。

拌了调味汁的凉菜可以冷冻，但解冻时凉菜会大量出水，从而使料理变淡。建议将凉菜用保鲜盒装好放入冰箱冷藏，可存放 3～4 天。放在冰箱内不取出且保持一定温度的话，可以存放 1 周左右。

剩菜的花样享用法

①拌饭

将剩菜、米饭、煎蛋放入碗中，加入调味酱油或炒辣椒酱（做法参照 184 页）、芝麻油，拌匀后即可尽情享用。

②炒饭

洋葱、泡菜、剩菜切丝。将生的蔬菜炒熟后，加入剩菜和米饭，翻炒片刻，剩菜炒饭就完成了。

③饭

将剩菜与米饭混合均匀，加入少量盐和芝麻油，用手团成饭团。

④紫菜包饭

用剩菜和日式黄萝卜条替代紫菜包饭中的材料，用竹席卷成卷后，切成一口大小的量的小卷。或者将饭铺在紫菜上，然后翻转使米饭层朝下，在紫菜层铺上凉菜后用竹席卷成卷，在芝麻堆中滚一圈，制成风味卷。卷的时候在米饭层下面铺一层保鲜膜，可以使饭粒不粘，更好成卷。

⑤拌面

建议使用以糖醋辣酱调拌的剩菜。素面煮好后，加入少量辣椒酱、食醋、芝麻油，倒入剩菜，拌匀后即可享用。筋面可以加凉拌黄豆芽，拌匀后，面条吸饱了酱汁，满口生香。还可以用其他蔬菜或海鲜同剩菜一起炒制乌冬面，非常美味。

▲**紫菜包饭** 饭里加入少量的盐和芝麻油，拌匀后薄薄地铺在紫菜上。桌上铺一层保鲜膜，紫菜在上饭在下放在保鲜膜上，紫菜上铺凉菜、日式黄萝卜条、烤肉等食材，卷成卷。去除保鲜膜后，将饭卷放在芝麻堆里滚一圈，使芝麻均匀地粘在饭的表层，然后切成方便食用的大小。

▼**饭团** 将剩菜与饭混合均匀，加入少量的盐和芝麻油，用手团成饭团。还可以加入炒蛋，制成更营养美味的饭团。

凉拌黄豆芽

家常凉拌黄豆芽
凉拌微辣黄豆芽
黄豆芽拌紫菜

Tips

煮黄豆芽的注意事项

黄豆芽所含的维生素C不耐高温、易溶于水，煮制后如用凉水冲洗，会破坏黄豆芽中的维生素。为了减少营养流失，保持爽脆口感，黄豆芽煮熟后，需摊开放在托盘或碟子中快速冷却。

处理食材

煮黄豆芽

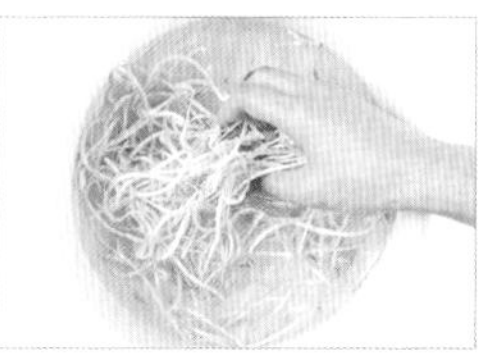

①在盆中装水，放入豆芽清洗。去除豆壳后用流水冲洗干净，捞出控干。

→ 大豆无须其他养料，有水就可以发芽，因此洗豆芽的时候大致清洗即可。

②锅内放入黄豆芽、2杯水、1小匙盐，稍拌一下。

→ 煮的时候放盐更入味。

③盖上锅盖，开大火烹煮。待蒸气漫出后，再煮4分钟左右，用笊篱捞出，自然冷却。

→ 煮的时候盖上锅盖才不会有豆腥味。

1 家常凉拌黄豆芽、凉拌微辣黄豆芽

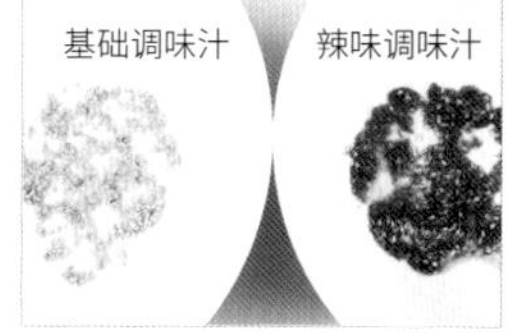

①按个人喜好选择调味汁。

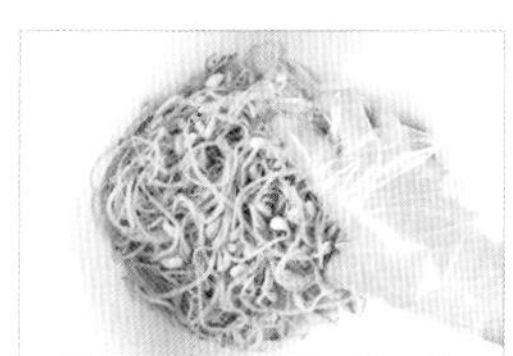

②将煮熟的豆芽控干水分，放入盛有调味汁的大碗中，抓拌均匀。

2 黄豆芽拌紫菜

①在热锅中放一片紫菜，用大火将两面各烤10秒钟，每次放一片。

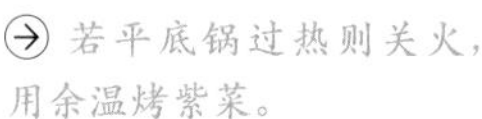

→ 若平底锅过热则关火，用余温烤紫菜。

②将烤好的紫菜装入保鲜袋，用手捏碎。

③在大碗中加入调味汁和煮好的黄豆芽，拌好后加入紫菜碎，轻拌片刻。

准备食材

家常凉拌黄豆芽

10～15分钟

- □黄豆芽4把（200g）

选择1　基础调味汁

- □芝麻½大匙
- □盐⅔小匙
- □芝麻油1小匙

选择2　辣味调味汁

- □食醋1大匙（可省略）
- □芝麻1小匙
- □盐½小匙
- □辣椒粉1小匙
- □葱末1小匙
- □蒜末½小匙
- □酿造酱油1小匙
- □芝麻油1小匙

黄豆芽拌紫菜

10～15分钟

- □黄豆芽约4½把（225g）
- □紫菜（A4纸大小）10张

调味料

- □辣椒粉½大匙
- □酿造酱油2大匙
- □料酒1大匙
- □芝麻油1大匙
- □芝麻1小匙
- □葱末1小匙
- □蒜末½小匙

炒黄豆芽

香炒黄豆芽
黄豆芽炒培根
黄豆芽炒鱼糕

香炒黄豆芽

黄豆芽炒培根

黄豆芽炒鱼糕

不同用途的黄豆芽挑选法

茎短而细的小黄豆芽适合凉拌、香炒或煮汤，长而粗的黄豆芽则适合炖煮或放入辣鱼汤中。

1 香炒黄豆芽

①盆中装水，放入豆芽清洗，去除豆壳后用流水冲洗干净，捞出控干。

②热锅内加入食用油和1大匙水，将豆芽倒入锅中，开大火炒1分钟。

③依次放入蒜末、盐、辣椒粉、3大匙水，改中火炒2分30秒，加入芝麻油，轻轻拌匀。

2 黄豆芽炒培根

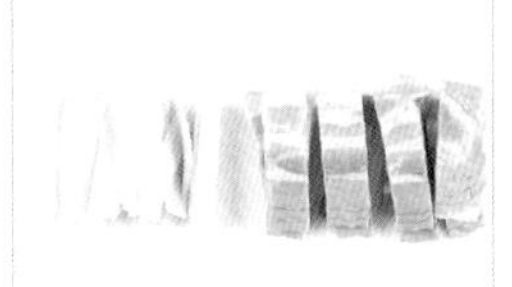

①黄豆芽洗净，捞出控干。培根切成1cm宽，大葱分成4等份后再切成5cm长的条状。

②热锅内加入食用油，倒入蒜末，开中小火炒30秒，加入培根，炒1分30秒左右至培根微黄。

③加入黄豆芽和大葱，用中火炒2分30秒～3分钟，直至豆芽变软。加入糖、盐调味，最后加入芝麻和芝麻油，轻轻拌匀。

3 黄豆芽炒鱼糕

①黄豆芽洗净，捞出控干。鱼糕切成长约5cm的细条，用热水浸泡去除油腥。

②热锅内加入食用油，倒入蒜末和鱼糕，开中火炒30秒。

③放入黄豆芽，加3次水，每次1大匙，炒2分钟左右。倒入调味料，改大火快速翻炒1分钟。

准备食材

香炒黄豆芽

10～15分钟

- □黄豆芽4把（200g）
- □食用油2大匙
- □水4大匙
- □蒜末½大匙
- □盐½小匙（按个人口味增减）
- □辣椒粉2小匙（可省略）
- □芝麻油1小匙

黄豆芽炒培根

10～15分钟

- □黄豆芽5把（250g）
- □培根3½条（50g）
- □大葱（葱白）15cm
- □食用油1小匙
- □蒜末½大匙
- □白砂糖½小匙
- □盐½小匙（按个人口味增减）
- □芝麻1小匙
- □芝麻油½小匙

黄豆芽炒鱼糕

10～15分钟

- □黄豆芽3把（150g）
- □鱼糕1张（70g）
- □小葱5根（50g）
- □食用油1大匙
- □蒜末1小匙
- □水3大匙

调味料

- □酿造酱油1½大匙
- □水1大匙
- □白砂糖1小匙

绿豆芽

香炒绿豆芽
醋拌水芹绿豆芽
凉拌绿豆芽

+Recipe

凉拌绿豆芽中加入茼蒿

茼蒿（3 把）摘掉蔫叶，用流水洗净，切成 5cm 长的小段。在凉拌绿豆芽的步骤②中，将绿豆芽和茼蒿一同焯水后凉拌。

+Tips

剩余绿豆芽的保存方法

绿豆芽不易保存，建议购买时少买一些，即买即食。绿豆芽接触空气后容易变色，可将绿豆芽装入保鲜盒，倒入足量水浸没豆芽，放入冰箱新鲜果蔬间存放。

1 香炒绿豆芽

①将绿豆芽浸泡在水中涮洗片刻再冲洗干净，捞出控干。

②热锅内倒入食用油，放入绿豆芽，用中火炒 1 分钟。

③加入酿造酱油和白砂糖，炒 2 分钟后关火，加入芝麻和芝麻油，轻轻拌匀。

2 醋拌水芹绿豆芽

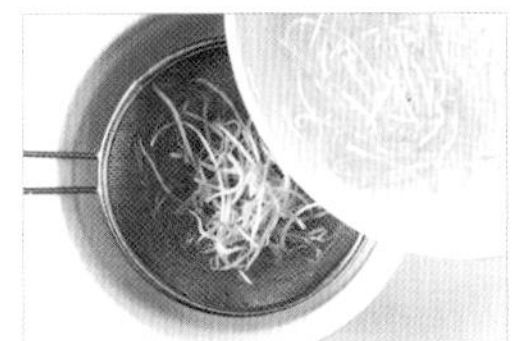

①将绿豆芽浸泡在水中涮洗片刻再冲洗干净，捞出控干。

②芹菜摘掉蔫叶，用流水洗净后切成 5cm 的小段。

③在大碗中加入调味料制成调味汁，加入白砂糖并搅拌至溶化。

④绿豆芽放入锅中，洒上 5 大匙水，盖上锅盖，开中火烹煮，待有蒸气溢出后再煮 1 分 20 秒。

⑤打开锅盖，将芹菜铺在绿豆芽下面，盖上锅盖，关火焖 3 分钟后捞出控干。

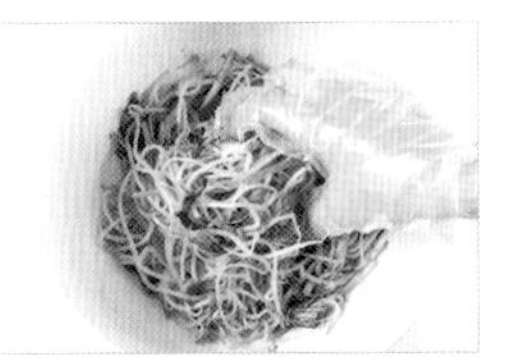

⑥将煮熟的绿豆芽和芹菜平铺在托盘上晾凉，或直接放入冰箱快速冷却。食用之前，放入步骤③的调味汁，轻轻拌匀。

3 凉拌绿豆芽

①将绿豆芽浸泡在水中涮洗片刻，再用流水洗净，捞出控干。

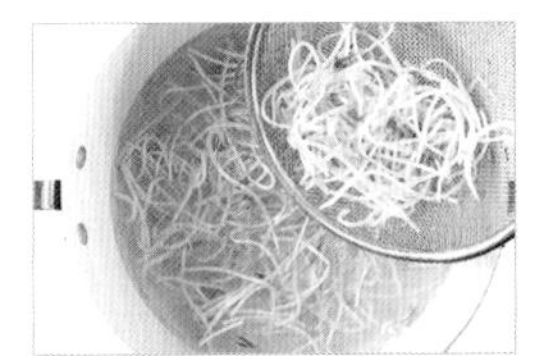

②绿豆芽用热水焯 30 秒，捞出控干，置于冰箱冷藏室冷却。

③将绿豆芽倒入大碗中，加入调味料，最后加入芝麻油，用手拌匀。

准备食材

香炒绿豆芽

10 ～ 15 分钟

- □绿豆芽 5 把（250g）
- □食用油 1 大匙
- □酿造酱油 1½ 大匙
- □白砂糖 1 小匙
- □芝麻 1 小匙
- □芝麻油 1 小匙

醋拌水芹绿豆芽

10 ～ 15 分钟

- □绿豆芽 3 把（150g）
- □水芹 1 把（50g）
- □水 5 大匙

调味料

- □白砂糖 2 小匙
- □盐⅓小匙
- □蒜末 ½ 小匙
- □食醋 2 小匙
- □酿造酱油 ½ 小匙

凉拌绿豆芽

10 ～ 15 分钟

- □绿豆芽 4 把（200g）
- □芝麻油 ½ 大匙

调味料

- □芝麻 ½ 大匙
- □白砂糖⅓小匙
- □盐 1 小匙
  （按个人口味增减）

凉拌菠菜

家常凉拌菠菜
酸辣酱拌菠菜
大酱拌菠菜

Tips

菠菜的正确焯水方法

菠菜焯水时间过长容易软烂、口感变差，其中的维生素 C 和叶酸等营养成分也会被破坏，因此最合适的做法是稍焯片刻后捞出凉拌。将菠菜放入装有热盐水的锅中开盖焯不到 1 分钟，菠菜颜色会更加鲜绿，营养成分流失也少。菠菜梗较硬，可先浸泡在热水中，菜叶相对软嫩，稍焯片刻即可。

①菠菜放入水中涮洗几遍，去除泥沙。

→ 泥沙较多时，可先将菠菜浸泡 10 分钟左右再清洗。

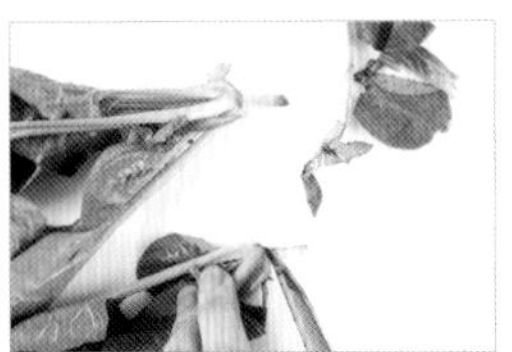

②去掉蔫叶，用刀轻轻地将根茎之间的泥土刮掉。

③大株的菠菜可用刀在根部划十字刀，分成 4 等份。

④握住菠菜叶，将根部在热盐水（5 杯水 +1 大匙盐）中浸泡 15 秒左右，再将叶子浸入水中，焯 30 秒。

⑤用漏勺将菠菜捞出，迅速将菠菜放入盛有冷水的大碗中，用手晃动清洗 2～3 遍。

→ 用手晃动清洗可以使热气快速散去，从而使菠菜的颜色更加鲜亮。

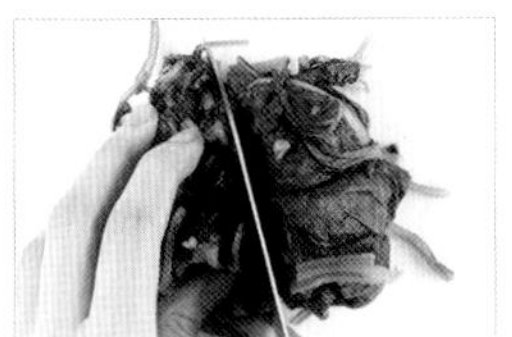

⑥用手挤干水分，将菠菜团划十字刀。

→ 水分不彻底控干的话，味道会淡。

⑦ 按个人口味选好调料，倒入大碗中混合制成调味汁，放入菠菜，用手抓拌均匀。

→ 可先放一点调味料，尝过咸淡后再调节。

→ 凉菜拌好后，静置 10 分钟使调味料入味。

准备食材

⏱ 10～15 分钟

☐ 菠菜 7 把（350g）

选择 1　基础调料

☐ 芝麻 1 小匙
☐ 盐 1 小匙
☐ 芝麻油 2 小匙

选择 2　酸辣酱

☐ 葱末 1 大匙
☐ 辣椒酱 2 大匙
☐ 芝麻 1 小匙
☐ 白砂糖 1 小匙
☐ 辣椒粉 1 小匙
☐ 蒜末 1 小匙
☐ 食醋 2 小匙
☐ 芝麻油 1 小匙

选择 3　大酱

☐ 葱末 1 大匙
☐ 大酱 1 大匙
（按咸度适量增减）
☐ 芝麻 1 小匙
☐ 白砂糖 ½ 小匙
☐ 蒜末 1 小匙
☐ 芝麻油 2 小匙

生拌、炒菠菜

生拌菠菜
菠菜炒鸡蛋

保留菠菜营养的料理方法

菠菜一般用来凉拌或做汤，相比焯熟食用，生吃时人体对叶酸和维生素C的吸收率更高。菠菜中的β-胡萝卜素与油分一起被摄入时，可以提高吸收率，因此将菠菜过油轻炒也很不错。

处理食材 处理菠菜

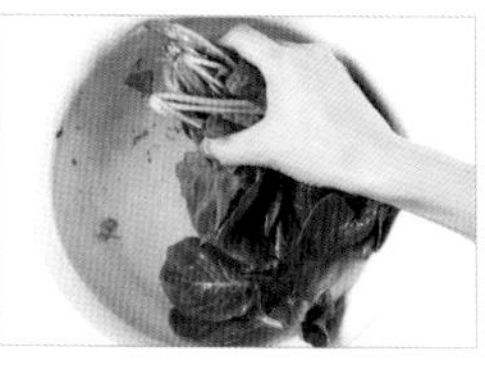

①将菠菜放入水中涮洗几遍，去除泥沙。

→ 泥沙较多时，可先将菠菜浸泡10分钟左右再清洗。

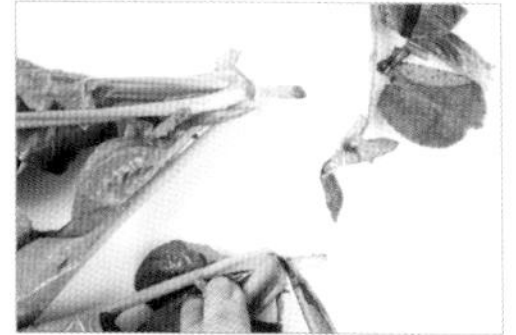

②去掉蔫叶，用刀轻轻地将根茎之间的泥沙刮掉。

③大株的菠菜可用刀在根部划十字刀，分成4等份。

1 生拌菠菜

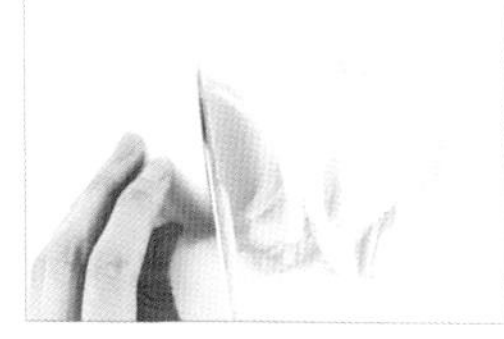

①洋葱切细丝。

→ 若想去除洋葱的辣味，可以将洋葱丝置于冷水中浸泡10分钟左右，捞出控干。

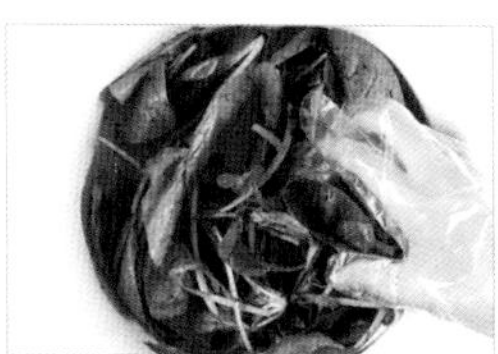

②在大碗中放入调味料，调制成汁，加入处理好的菠菜和洋葱，抓拌均匀。

2 菠菜炒鸡蛋

①将处理好的菠菜切除根部，切成1cm宽。

②在碗中打入鸡蛋，打散后加入适量盐。

③在热锅内倒入食用油，放入菠菜，开中火炒1分钟。

④将蛋液倒入锅中，静置30秒后再翻炒1分30秒。

准备食材

生拌菠菜

10～15分钟

□菠菜2把（100g）
□洋葱¼个（50g）

调味料

□辣椒粉1大匙
□酿造酱油1大匙
□白砂糖⅔小匙
□蒜末1小匙

菠菜炒鸡蛋

10～15分钟

□菠菜4把（200g）
□鸡蛋4个
□盐1小匙
（按个人口味酌量增减）
□食用油1大匙

凉拌、炒水芹

酸辣酱拌水芹
炒水芹

水芹的种类

水芹主要生长于潮湿的田地，个大节粗，根茎颜色不深，适合做凉拌菜或腌制泡菜。野芹则主要生长于旱田，叶嫩茎短，香气浓郁，适合榨汁或煮汤。水芹叶大而韧，建议修整处理后再食用。

1 酸辣酱拌水芹

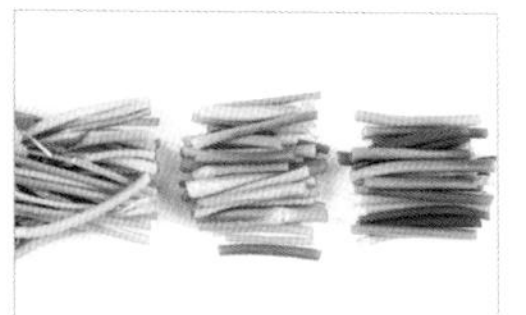

①摘掉水芹蔫叶，用流水洗净，切成 5cm 长的小段。

➔ 水芹上有水蛭等异物时，先用食醋水（3 杯水 +1 小匙食醋）浸泡 10 分钟，再用流水清洗干净。

②用热盐水（4 杯水 +1 小匙盐）将水芹段焯 15～30 秒，捞出后过冷水冲洗，控干水分。

➔ 根据水芹的粗细调节焯水时间。需注意，焯水时间过长会导致水芹口感发硬。

③在大碗中加入调味料，加入芹菜，用手抓拌均匀。

2 炒水芹

①摘掉水芹蔫叶，用流水洗净，切成 5cm 的小段。

②将红辣椒对半剖开，剔除辣椒籽，切成 3cm 长的细丝。

③在热锅中倒入紫苏籽油，将蒜末与葱末下锅，用小火炒 30 秒。

➔ 蒜末与葱末易煳，注意调节火候及时间。

④锅内放入芹菜和红辣椒，猛火炒 1 分钟后加入韩式酱油和盐，翻炒 30 秒。

⑤关火，加入紫苏粉拌匀，开小火，继续炒 30 秒。

准备食材

酸辣酱拌水芹

10～15 分钟

□水芹约 3 把（200g）

调味料

□葱末 1 大匙
□辣椒酱 2 大匙
□芝麻 1 小匙
□白砂糖 1 小匙
□辣椒粉 1 小匙
□蒜末 1 小匙
□食醋 2 小匙
□芝麻油 1 小匙

炒水芹

10～15 分钟

□水芹 2 把（140g）
□红辣椒 1 个（可省略）
□紫苏籽油 1 大匙
□蒜末 ½ 大匙
□葱末 1 小匙
□韩式酱油 ½ 大匙
□盐少许
（按个人口味增减）
□紫苏粉 1 大匙
（按个人口味增减）

炒、炖红薯秧

辣炒红薯秧
香炒红薯秧
大酱炖红薯秧

+Tips

干红薯秧的处理方法

从市场买来未修整的干红薯秧后，用足量的冷水浸泡至少 12 小时，再用热盐水（5 杯水 +1 小匙盐）煮 10 分钟。煮好后需用冷水浸泡 1 小时以上，最后将红薯秧切成 5cm 长的小段，用热盐水焯 1 分钟。

处理食材 焯红薯秧

①将市售熟红薯秧切成5cm长的小段。

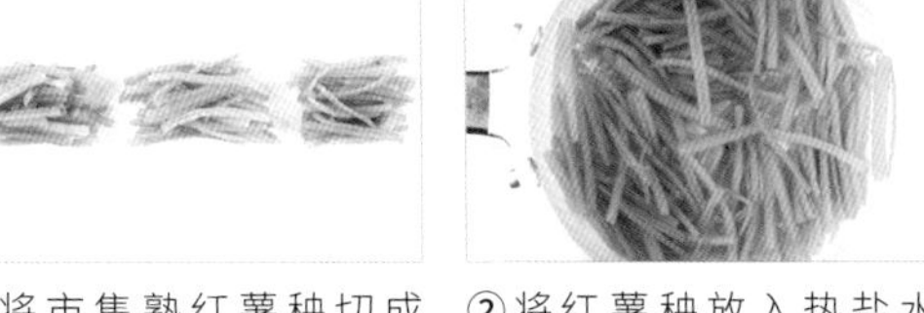

②将红薯秧放入热盐水（5杯水+1小匙盐）中焯1分钟，过冷水冲洗，捞出控干。

1 辣炒红薯秧、香炒红薯秧

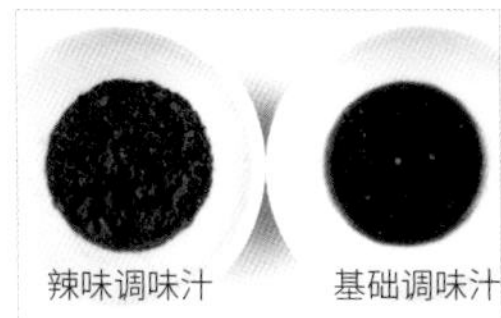

①按个人喜好选择调味料，混合调制成汁。

②热锅内倒入食用油，放入焯好的红薯秧，中火炒1分30秒。

③改小火，加入调味汁翻炒2分钟，再加入紫苏粉和2大匙水翻炒1分30秒，最后加入紫苏籽油，轻轻拌匀。

2 大酱炖红薯秧

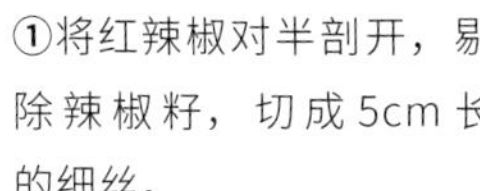

①将红辣椒对半剖开，剔除辣椒籽，切成5cm长的细丝。

②在热锅内加入小鳀鱼和清酒，小火炒2分钟。

③在锅内加入焯好的红薯秧、蒜末、紫苏籽油，改中火翻炒2分钟。

④加入大酱和1½杯水煮8分钟，待汤汁快熬干时加入紫苏粉、红辣椒，再煮2分钟。

→ 中间不时翻炒一下，以免粘锅。
→ 没有紫苏粉时，可以在最后加入1小匙紫苏籽油，拌匀即可。

准备食材

香炒红薯秧

10～15分钟

- □熟红薯秧（市售红薯秧）1杯（100g）
- □食用油1大匙
- □紫苏粉1大匙（可省略）
- □水2大匙
- □紫苏籽油1小匙

选择1 辣味调味汁

- □辣椒粉½大匙
- □白砂糖½小匙
- □蒜末1小匙
- □韩式酱油2小匙

选择2 基础调味汁

- □白砂糖½小匙
- □蒜末1小匙
- □韩式酱油2小匙

大酱炖红薯秧

20～25分钟

- □熟红薯秧（市售红薯秧）1½杯（150g）
- □小鳀鱼⅓杯（20g）
- □红辣椒1个
- □清酒1大匙
- □蒜末1大匙
- □紫苏籽油1大匙
- □大酱1½大匙
- □水300ml
- □紫苏粉2大匙（可省略）

凉拌、炒蒜薹

辣酱拌蒜薹
蒜薹炒鱼糕
辣炒干虾蒜薹

Tips

蒜薹炒过后才能存放

蒜薹容易出水，须焯水后再炒，可以存放7～10天。

处理食材 **焯蒜薹**

①蒜薹用流水洗净，切成4～5cm长的小段。

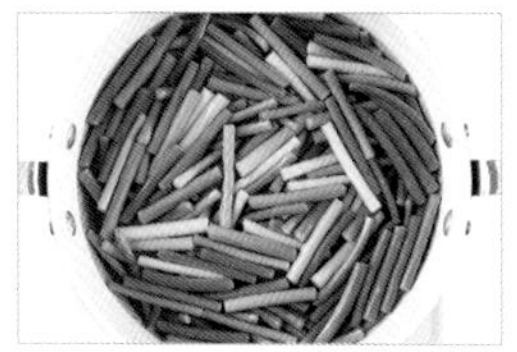

②放入热盐水（2杯水+1小匙盐）中焯30秒，过冷水冲洗，捞出控干。

1 辣酱拌蒜薹

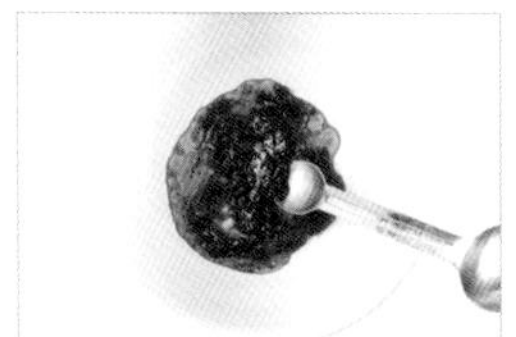

①在大碗中加入调味料，调制成汁。

②将蒜薹倒入步骤①中盛有调味汁的大碗中，用手抓拌均匀。

2 蒜薹炒鱼糕

①将鱼糕切成1cm×5cm大小，调味料混合成汁。

②在热锅中倒入食用油，加入蒜末和焯好的蒜薹，开中小火炒1分钟。

③加入鱼糕，翻炒30秒，倒入调味汁，翻炒2分钟后关火。加入芝麻和芝麻油，拌匀即可。

3 辣炒干虾蒜薹

①将调味料混合均匀，调制成汁。

②在热锅中倒入食用油，将蒜末下锅，开中小火炒30秒，加入干虾炒1分钟，最后加入清酒，炒30秒。

③倒入调味汁，翻炒2分钟后将焯好的蒜薹下锅，炒30秒。

准备食材

辣酱拌蒜薹

10～15分钟

□蒜薹18～20根（280g）

调味料

□辣椒酱1大匙
□芝麻1小匙
□白砂糖2小匙
□盐1小匙
□辣椒粉2小匙
□低聚糖2小匙
□芝麻油2小匙

蒜薹炒鱼糕

15～20分钟

□蒜薹10～12根（160g）
□鱼糕100g
□食用油½大匙
□蒜末1小匙
□芝麻1小匙
□芝麻油1小匙

调味料

□酿造酱油⅓大匙
□水1大匙
□低聚糖1大匙
□盐⅓小匙
□辣椒粉½小匙

辣炒干虾蒜薹

15～20分钟

□蒜薹10～12根（160g）
□去头干虾50g
□食用油1½大匙
□蒜末2小匙
□清酒1大匙

调味料

□酿造酱油1大匙
□清酒1大匙
□水1大匙
□辣椒酱2大匙
□芝麻油1大匙
□芝麻1小匙
□白砂糖2小匙

生拌菜

凉拌生菜
凉拌葱丝
凉拌韭菜

Tips

生拌菜的美味秘诀

吃之前再拌，这样蔬菜就不会因为过早接触调味汁而发蔫。凉拌时，可先放入⅔分量的调味汁，尝过咸淡后，再根据个人口味酌量添加。另外，要尽量控干水分，这样才会更入味。拌的时候无须太用力，轻轻拌匀即可。力度过大易导致蔬菜发蔫，影响口感。

1 凉拌生菜

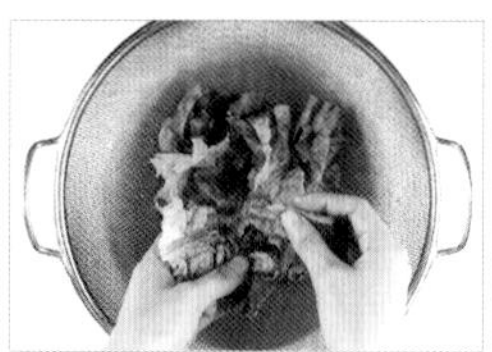

①用流水将生菜一片片洗净，撕成方便食用的大小，捞出控干。

→ 用漏勺捞出后，置于冰箱冷藏10分钟左右，可以使生菜保持新鲜。

②在大碗中加入调味料，制成调味汁。准备食用的时候再放入生菜，抓拌均匀。

→ 生菜叶嫩，建议吃之前再拌，或拌后即食，这样生菜才不发蔫。

2 凉拌葱丝

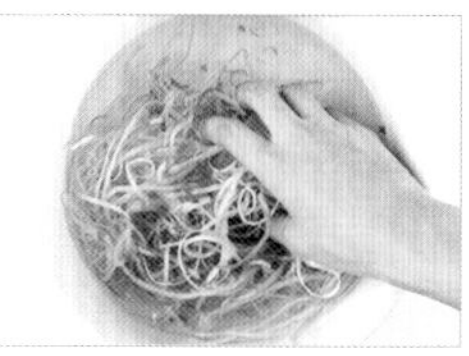

①将葱丝浸泡在冷水中，仔细搓洗2～3遍后用笊篱捞出，控干水分。

→ 用冷水浸泡10分钟，可有效去除大葱的辣味及汁液，使口感更好。

②在大碗中加入调味料，制成调味汁。吃之前放入葱丝，抓拌均匀。

3 凉拌韭菜

①摘掉蔫叶，用流水洗净，捞出控干，切成5cm长的小段。洋葱切丝。

②在大碗中加入调味料，制成调味汁。吃之前放入韭菜和洋葱，轻轻抓拌。

准备食材

凉拌生菜

10～15分钟

- □生菜（手掌大小）
- □10～12片（15g）

调味料

- □辣椒粉2大匙
- □水2大匙
- □芝麻1小匙
- □蒜末1小匙
- □酿造酱油⅓小匙
- □低聚糖1小匙
- □芝麻油1小匙

凉拌葱丝

10～15分钟

- □市售大葱丝100g

调味料

- □白砂糖½大匙
- □食醋1大匙
- □盐½小匙
- □辣椒粉1½小匙（按个人口味增减）
- □芝麻油1小匙

凉拌韭菜

10～15分钟

- □韭菜1½把（75g）
- □洋葱¼个（50g）

调味料

- □白砂糖½大匙
- □辣椒粉½大匙
- □食醋½大匙
- □酿造酱油½大匙
- □芝麻油½大匙

紫苏叶小菜

凉拌紫苏叶

蒸紫苏叶

酱腌紫苏叶

凉拌紫苏叶

蒸紫苏叶

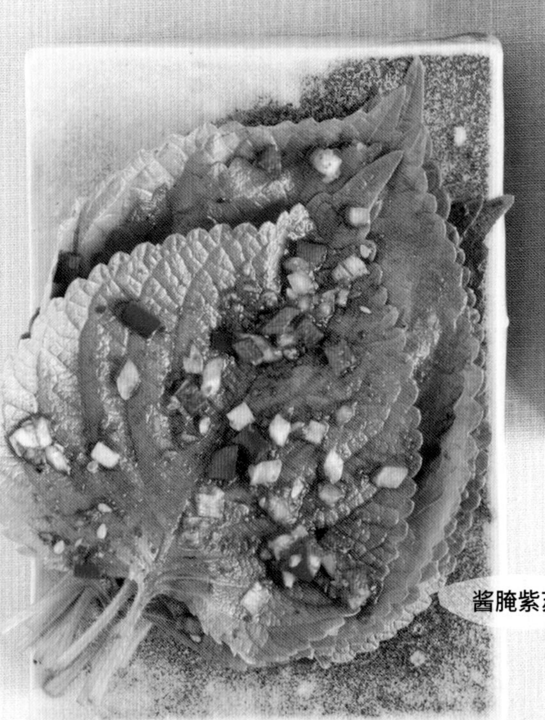

酱腌紫苏叶

Tips

紫苏叶的保存方法

紫苏叶极易干枯，保存时若水分不足，会从根部开始发黑。保存紫苏叶时，无须清洗，用厨房纸包好以避免水分蒸发，再用保鲜膜缠裹后置于冷藏室果蔬间，可保存 3～4 天。

1 凉拌紫苏叶

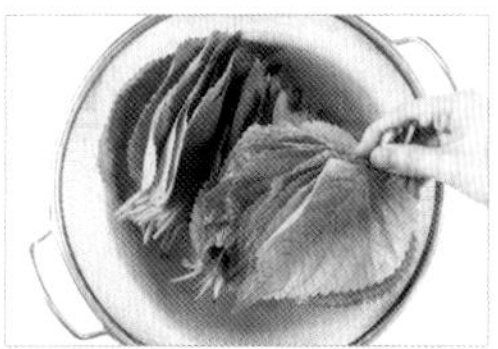

①将紫苏叶用流水一片一片洗净，捏住叶梗，将水控干。

②摘掉叶梗，将紫苏叶从长边对半切开，再切成3cm宽的大小。

③将紫苏叶放入热盐水（5杯水+1大匙盐）中焯1分30秒（紫苏叶芽焯1分钟），用冷水冲洗后控干水分。

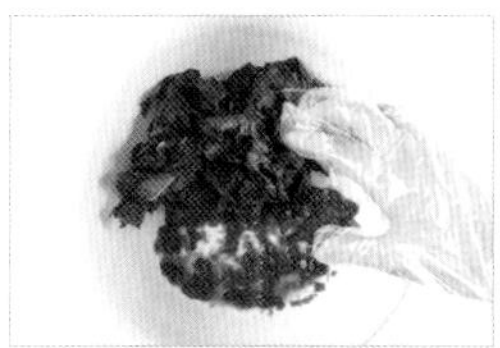

④在大碗中加入调味料，调制成汁，放入紫苏叶，用手抓拌均匀。

⑤将锅烧热，将步骤④中拌好的紫苏叶下锅，加入小鳀鱼和5大匙水，小火炒5分钟（紫苏叶芽炒3分钟）。

⑥改中火炒3分钟（紫苏叶芽炒2分钟），加入芝麻和芝麻油，再炒30秒。

2 蒸紫苏叶

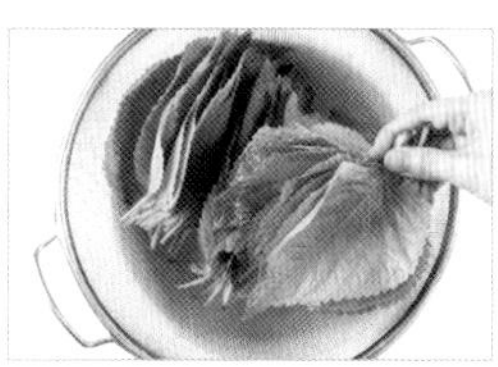

①将紫苏叶用流水一片一片洗净，捏住叶梗，将水控干。

②将红辣椒从长边对半剖开，去籽，切成3cm长的细丝。

③热锅中加入小鳀鱼，开中火炒3分钟，盛入碗中，静置冷却。

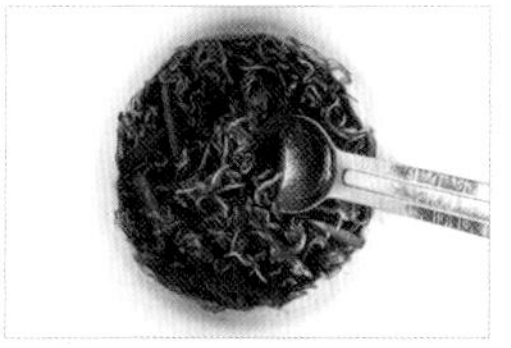

④在大碗中加入调味料、步骤③中炒好的小鳀鱼、红辣椒，调制成汁。

⑤取一只耐高温深盘，每次放入2片紫苏叶，取½小匙步骤④中的调味汁，均匀涂抹在紫苏叶表面，叠层放置。

→ 叠放时，将紫苏叶的叶梗朝向错开，方便拿取。

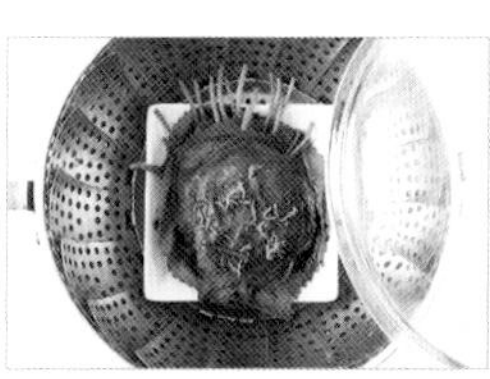

⑥将步骤⑤中装有紫苏叶的耐高温深盘置于蒸笼中，盖上盖子，开中火蒸1分30秒，关火后焖2分钟。

准备食材

凉拌紫苏叶

10～15分钟

- □紫苏叶75片（150g，紫苏叶芽亦可）
- □小鳀鱼1小匙
- □水5大匙
- □芝麻1大匙
- □芝麻油½大匙

调味料

- □白砂糖⅓小匙
- □葱末1½小匙
- □蒜末1小匙
- □韩式酱油1½小匙
- □食用油1大匙

蒸紫苏叶

20～25分钟

可冷藏3～5天

- □紫苏叶40片（80g）
- □小鳀鱼½杯（20g，可省略）
- □红辣椒1个（可省略）

调味料

- □酿造酱油2大匙
- □料酒1大匙
- □水1大匙
- □紫苏籽油2大匙
- □白砂糖1小匙
- □辣椒粉1小匙
- □葱末2小匙
- □蒜末1小匙
- □低聚糖1小匙

准备食材

酱腌紫苏叶

20～25分钟

可冷藏3～5天

- □紫苏叶50张（100g）
- □洋葱¼个（50g）
- □红辣椒1个
- □大葱（葱白）10cm 1根

调味料

- □辣椒粉1大匙
- □蒜末1大匙
- □酿造酱油2大匙
- □水3大匙
- □低聚糖1大匙
- □芝麻½小匙
- □芝麻油½小匙

3 酱腌紫苏叶

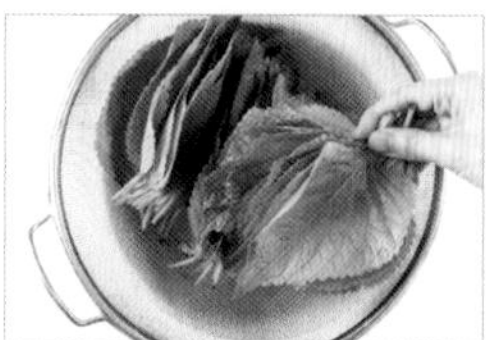

①将紫苏叶用流水一片一片洗净，捏住叶梗，控干水分。

水分要尽量控干才能更入味。

②将洋葱、红辣椒、大葱切小块。

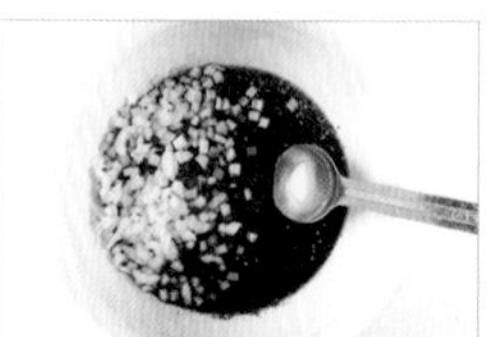

③在大碗中加入调味料、洋葱、红辣椒、大葱，混合均匀，调制成汁。

④将步骤③中的调味汁推至碗的一侧，在没有调味汁的一侧放3片紫苏叶，取⅔大匙调味汁，均匀涂抹在紫苏叶表面。

若每片紫苏叶都涂抹调味汁，最后成品则会过咸，建议每2～3片涂抹一次调味汁即可。

⑤在步骤④中已涂好调味汁的紫苏叶上叠放3片紫苏叶，取⅔大匙调味汁，均匀涂抹在紫苏叶表面，叠层放置。

叠放时，将紫苏叶的叶梗朝向错开，方便拿取。

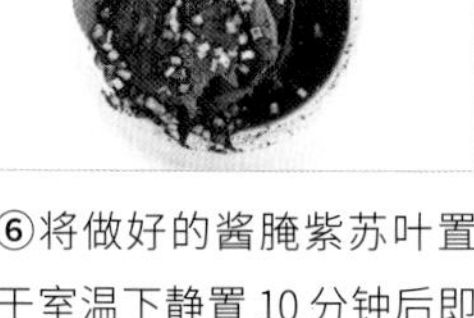

⑥将做好的酱腌紫苏叶置于室温下静置10分钟后即可食用。也可冷藏保存，食用时再取出。

西蓝花小菜

西蓝花拌豆腐
金枪鱼炒西蓝花
蒜炒西蓝花

西蓝花拌豆腐

金枪鱼炒西蓝花

蒜炒西蓝花

西蓝花的处理方法

处理西蓝花时，如果从头部下刀，容易把连在一起的花簇切碎。应从根部下刀，然后用手掰开，这样既容易分离，也方便清理。西蓝花处理完毕后，剩下的花梗不要丢掉，削去外皮，稍焯片刻后可蘸酸辣酱食用。或切成薄片，与肉或菜炒着吃，口感爽脆。

微波炉加热法

西蓝花洗净后，切成方便食用的大小，装入保鲜袋，加 1 大匙盐。在保鲜袋表面戳 3～4 个孔，放入微波炉（700W）加热 2 分钟左右。通过微波炉加热，不仅可以快熟，还能有效防止营养流失，能带来不一样的口感。

准备食材

西蓝花拌豆腐

⏱15～20分钟

☐西蓝花1棵（200g）
☐豆腐（炖汤用，大块）⅔块（200g）

调味料

☐鱼露（玉筋鱼或鳀鱼）½大匙
☐芝麻油1大匙
☐盐½小匙
☐蒜末1小匙

处理食材 焯西蓝花

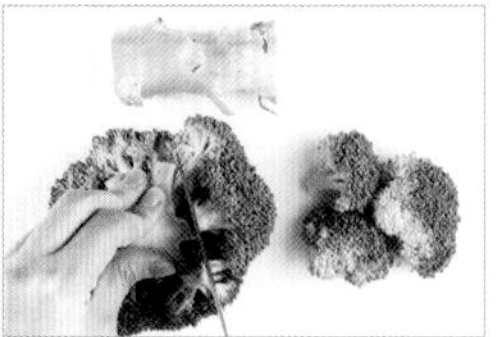

①将西蓝花切成长2cm的小朵。

→ 西蓝花梗口感清脆有甜味，建议不要丢弃，可切薄后使用。

②放入热盐水（5杯水+1小匙盐）中焯1分钟。

→ 用热盐水焯可以保持西蓝花的鲜绿色泽，稍焯片刻后立即用冷水冲洗，可以避免西蓝花变色和减少营养成分的流失。

③将西蓝花捞出后浸泡在冷水中，再用笊篱捞出，控干水分。

→ 冷水浸泡过久会导致西蓝花所含有的水溶性维生素损失。

→ 用厨房纸或干净的抹布包裹西蓝花后晃动片刻，一定程度上可去除花簇中残留的水分。

★制作西蓝花拌豆腐时，焯豆腐用的水无须倒掉，可再用来焯西蓝花。

1 西蓝花拌豆腐

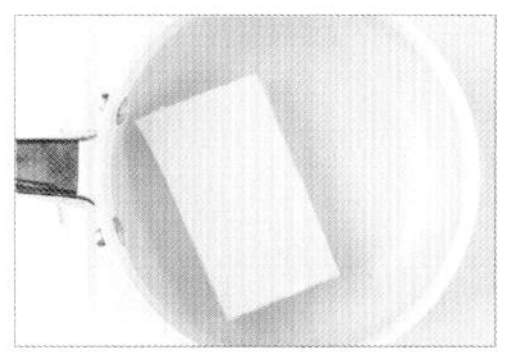

①将整块豆腐放入热盐水（5杯水+1小匙盐）中，焯1分钟后捞出冷却。

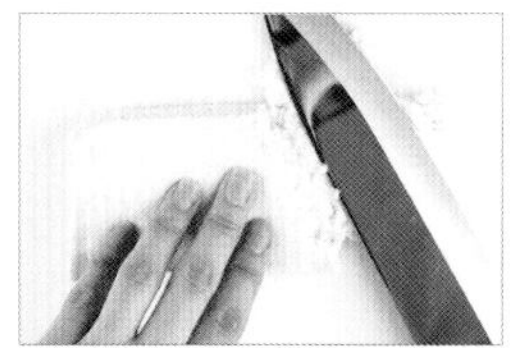

②用刀身将焯好的豆腐细细碾碎，用棉布（或汤料袋）包裹后挤出水分。

→ 完全控干水分，才能更入味。

③将调味料混合均匀，制成调味汁。

→ 没有鱼露时，可用等量的酿造酱油加入少量白砂糖代替，但缺少鱼露特有的醇香。

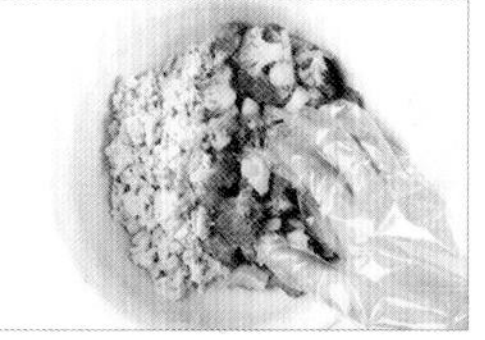

④将焯好的西蓝花和豆腐碎放入大碗中，抓拌均匀。

⑤在步骤④的大碗中倒入一半的调味汁，抓拌片刻，再将剩余的调味汁倒入，抓拌均匀。

2 金枪鱼炒西蓝花

①金枪鱼控油。

②热锅内加入1大匙植物油，放入大蒜，开小火炒2分钟。

③加入鱼露，调至中火，倒入焯好的西蓝花翻炒1分钟，装盘。

→ 没有鱼露时，可用等量的酿造酱油加入少量白砂糖代替，但缺少鱼露特有的醇香。

④步骤③的锅中再加入1大匙食用油，倒入金枪鱼炒30秒，再加入料酒炒30秒。将炒好的金枪鱼倒入装盘的西蓝花中，轻轻拌匀。

3 蒜炒西蓝花

①将大蒜对半切开。

②热锅内倒入食用油，加入大蒜，用中小火炒5分钟，放入焯好的西蓝花，轻轻翻炒。

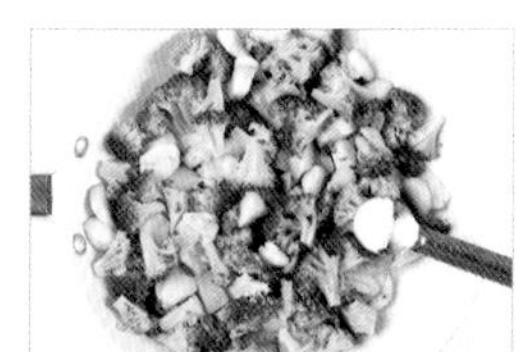

③加入鱼露和盐，改大火快速翻炒30秒，撒上芝麻。

→ 没有鱼露时，可用等量的酿造酱油加入少量白砂糖代替，但缺少鱼露特有的醇香。

准备食材

金枪鱼炒西蓝花

15～20分钟

- □西蓝花1棵（200g）
- □金枪鱼罐头（中等大小）1罐（165g）
- □大蒜5粒（25g）
- □食用油2大匙
- □鱼露（玉筋鱼或鳀鱼）1½小匙
- □料酒1½大匙
- □芝麻油1小匙

蒜炒西蓝花

15～20分钟

- □西蓝花1棵（200g）
- □大蒜20粒（100g）
- □食用油3大匙
- □鱼露（玉筋鱼或鳀鱼）⅔大匙
- □盐⅓小匙（按个人口味增减）
- □黑芝麻½小匙

凉拌黄瓜

家常凉拌黄瓜
酸辣酱拌黄瓜
酱油醋拌黄瓜
韭菜大酱拌黄瓜

+Recipe

酸辣酱拌黄瓜中加入鱿鱼

3杯热水中加入1大匙清酒，放入处理好的鱿鱼（1条，240g，处理方法见175页）。焯水后，将鱿鱼切成方便食用的大小。在已完成的酸辣酱拌黄瓜中加入鱿鱼、1小匙食醋、1小匙酿造酱油、1小匙芝麻油，抓拌均匀。

酸辣酱拌黄瓜中加入干明太鱼丝或鱿鱼丝

干明太鱼丝（50g）或鱿鱼丝（50g）冲洗后控干水分，切成方便食用的大小，放入已完成的酸辣酱拌黄瓜中，抓拌均匀。

凉拌黄瓜中加入洋葱

洋葱（¼个，50g）切丝，浸泡在冷水中去除辣味后，捞出控干，倒入盛有凉拌黄瓜的大碗中，轻轻拌匀即可。

1 家常凉拌黄瓜、酸辣酱拌黄瓜、酱油醋拌黄瓜

①用刀将黄瓜表面的刺刮掉，再用流水洗净。

②将头尾去除，切成厚约0.3cm的圆片。

→ 黄瓜切得太薄凉拌时卖相不好；切得太厚则不易腌入味。因此尽量按照上述厚度切。

③在黄瓜上撒盐，腌5分钟后控干水分。

→ 盐腌时间不宜过长，否则口感会像腌黄瓜一样软韧。

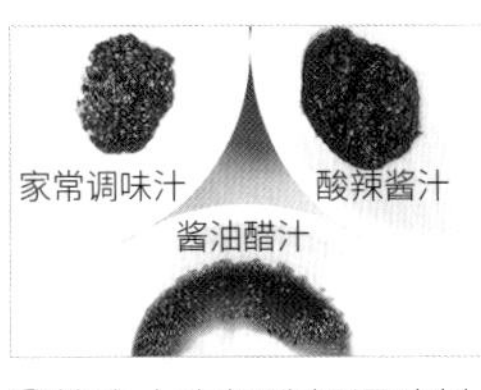

④按个人喜好选择调味料，混合均匀，调制成汁。

⑤将切好的黄瓜倒入步骤④盛有调味汁的大碗中，用手抓拌后静置2～3分钟使其入味，最后装盘。

→ 黄瓜会慢慢出水从而使料理味道变淡，最后装盘时可以将剩余的调味汁倒入拌匀。

2 韭菜大酱拌黄瓜

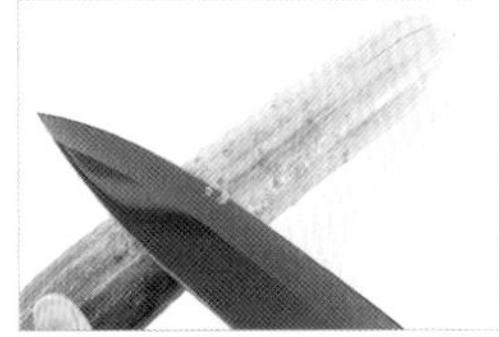

①用刀将黄瓜表面的刺刮掉，再用流水洗净。

②将头尾去除，切成厚约0.5cm的圆片。

③摘掉韭菜蔫叶，用流水洗净后控干水分，切成2cm长的小段。

④在大碗中加入调味料，混合均匀，调制成汁。倒入黄瓜片拌匀，加入韭菜，轻拌片刻。

→ 韭菜久拌会有产生辣味，建议调味汁在最后放入，轻拌片刻即可。

准备食材

凉拌黄瓜

⏱ 10～15分钟

- □黄瓜1根（稍大一些，白黄瓜或绿黄瓜皆可，200g）
- □盐1小匙（腌黄瓜用）

选择1　家常调味汁

- □芝麻1小匙
- □白砂糖1小匙
- □盐⅓～½小匙（按个人口味增减）
- □辣椒粉1小匙
- □食醋1小匙

选择2　酸辣酱汁

- □葱末1大匙
- □辣椒酱2大匙
- □芝麻1小匙
- □白砂糖1小匙
- □辣椒粉1小匙
- □蒜末1小匙
- □食醋2小匙
- □芝麻油1小匙

选择3　酱油醋汁

- □芝麻1小匙
- □白砂糖1小匙
- □食醋1小匙
- □酿造酱油½～1小匙（按个人口味增减）

韭菜大酱拌黄瓜

⏱ 15～20分钟

- □黄瓜1根（稍大一些，白黄瓜或绿黄瓜皆可，200g）
- □韭菜1把（50g）

调味料

- □芝麻1大匙
- □低聚糖（或青梅）1大匙
- □大酱1½大匙
- □芝麻油1大匙
- □蒜末1小匙
- □水1小匙

炒黄瓜

香菇炒黄瓜
小炒黄瓜
黄瓜炒牛肉

香菇炒黄瓜

小炒黄瓜

黄瓜炒牛肉

不同用途的黄瓜的挑选方法

大刺瓜 表皮呈深绿色，皮薄刺多。口感较甜，多用于冷汤或冷盘。

白黄瓜 呈浅绿色，又叫“朝鲜黄瓜”。口感清脆，多用于制作腌黄瓜、黄瓜泡菜、酸黄瓜等可长期存放的腌制料理。

绿黄瓜 呈深绿色，多用于炒菜、凉拌。籽较多，削皮去籽后切丝，用于做冷盘。

处理食材 **腌黄瓜**

①用刀将黄瓜表面的刺刮掉，再用流水洗净。

②将头尾去除，从中间切开后，切斜成0.5cm厚的片状。也可以先切成4等份，再切成8等份。

③在黄瓜上撒盐，腌5分钟后用流水冲洗干净，捞出并控干水分，再用厨房纸按压，吸干水分。

1 香菇炒黄瓜

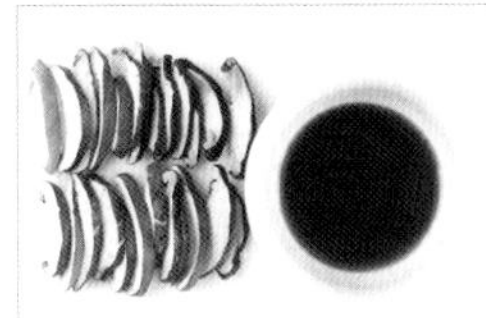

①香菇去蒂，按形状切片。调味汁混合均匀。

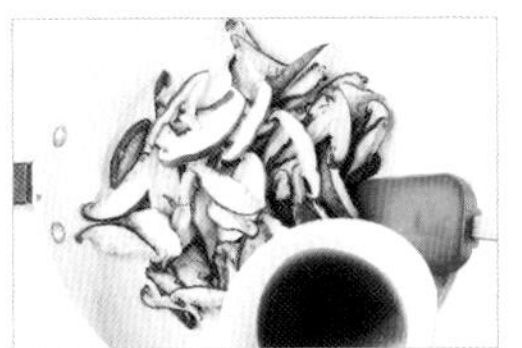

②热锅内倒入食用油，放入香菇，开中火炒30秒，加入调味汁，改大火翻炒2分30秒。

③倒入腌好的黄瓜，翻炒1分钟后关火，加入芝麻和芝麻油，拌匀。

2 小炒黄瓜

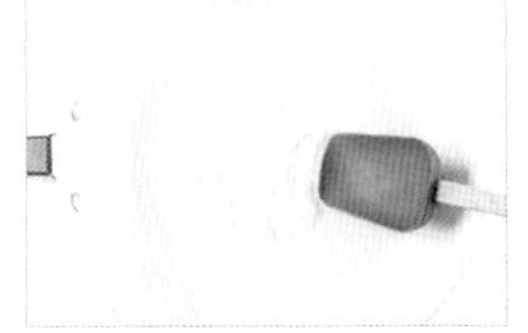

①在热锅内倒入食用油，放入蒜末，用中小火炒30秒。

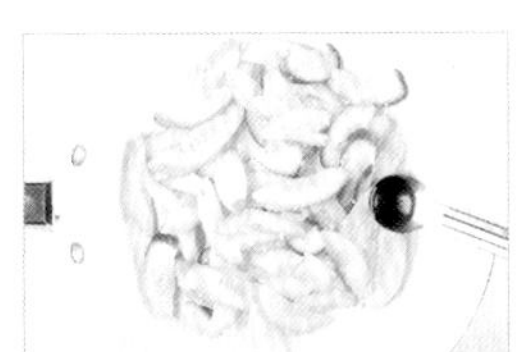

②倒入腌好的黄瓜，改中火翻炒1分30秒后关火，加入芝麻和芝麻油，拌匀。

3 黄瓜炒牛肉

①在牛肉中加入各种调味料，抓拌片刻。

②热锅内倒入食用油，放入腌好的黄瓜，开中火翻炒1分钟，装盘冷却。

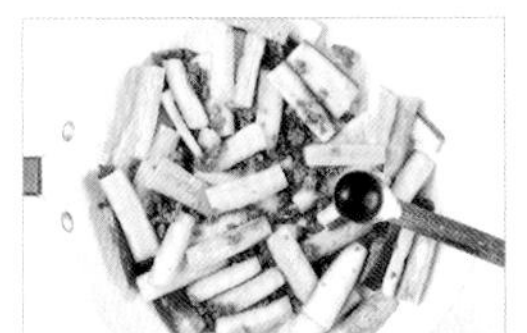

③牛肉下锅炒1分钟，倒入步骤②的黄瓜，炒15秒后关火，加入芝麻和芝麻油，拌匀。

准备食材

腌黄瓜

□黄瓜1～2根（200～400g）
□盐1～2小匙
★黄瓜的分量对应盐量，腌制时间不变。

香菇炒黄瓜

10～15分钟

□腌黄瓜1份（200g）
□香菇4～5朵（120g）
□食用油1大匙
□芝麻1小匙
□芝麻油1小匙

调味料

□白砂糖½大匙
□酿造酱油1大匙
□蒜末1小匙
□胡椒粉少许
□水⅓杯

小炒黄瓜

10～15分钟

□腌黄瓜1份（200g）
□食用油2小匙
□蒜末1小匙
□芝麻1小匙
□芝麻油½小匙

黄瓜炒牛肉

10～15分钟

□腌黄瓜2份（400g）
□牛肉末100g
□食用油1大匙
□芝麻1小匙
□芝麻油½小匙

牛肉调味料

□酿造酱油1大匙
□白砂糖1½小匙
□蒜末½小匙
□芝麻油1小匙
□胡椒粉少许

炒、凉拌西葫芦

炒西葫芦
凉拌西葫芦

炒西葫芦

凉拌西葫芦

炒西葫芦中加入干虾或蘑菇

干虾（50g）或蘑菇（100g）切成方便食用的大小，在炒西葫芦步骤④中，和西葫芦一同放入锅中翻炒。放蘑菇的时候，可以加入⅓小匙的盐（按个人口味增减）。

西葫芦保持爽脆口感的方法

用盐稍腌一下，可使西葫芦颜色鲜亮且保持爽脆口感。西葫芦炒熟后，迅速装盘冷却。

1 炒西葫芦

①将西葫芦沿长边切开，再切成 0.5cm 厚的月牙形。洋葱切丝。

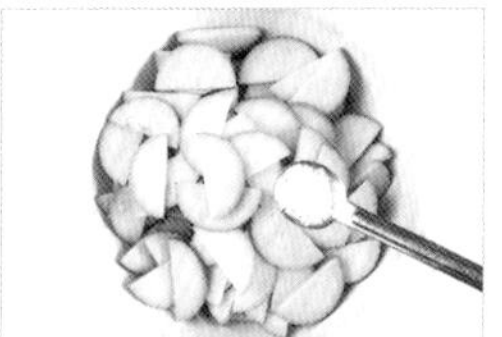

②西葫芦撒盐，腌 10 分钟后用厨房纸按压吸水。

③锅内倒入食用油，放入洋葱，用中火炒 1 分钟。

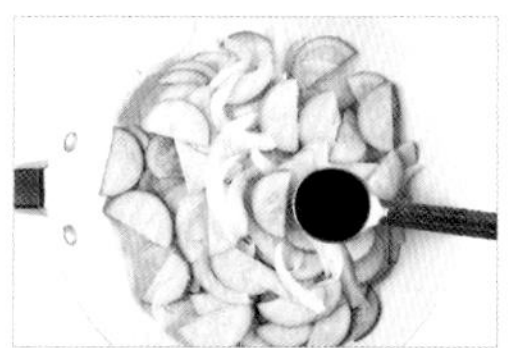

④西葫芦下锅，翻炒 2 分钟，加入酿造酱油和低聚糖，再炒 2 分 30 秒。

⑤加入芝麻和芝麻油，拌匀。

2 凉拌西葫芦

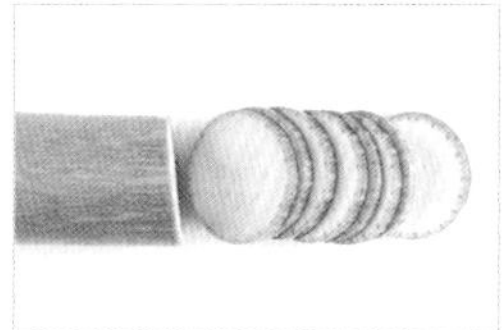

①将西葫芦切成 0.5cm 厚的圆片。

②西葫芦撒盐，腌 10 分钟后用厨房纸按压吸水。

③大碗中加入调味料，混合均匀调制成汁。

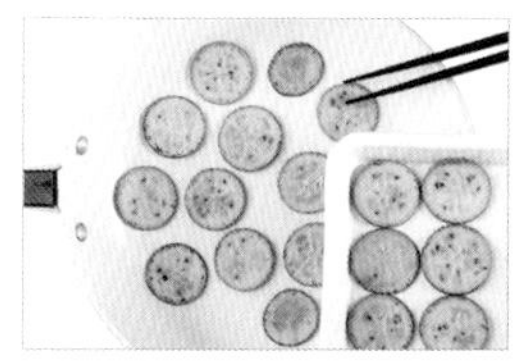

④热锅内倒入紫苏籽油，放入西葫芦，用中火将两面各煎 30 秒，煎至两面微黄后，用筷子夹出装入宽盘。

→ 根据锅的大小分 2～3 次煎完。

⑤煎好的西葫芦冷却后，在食用之前加入步骤③的调味汁，轻轻抓拌。

→ 也可将西葫芦摆整齐，直接淋上调味汁。

准备食材

炒西葫芦

20～25 分钟

- □西葫芦 1 根（270g）
- □洋葱 ½ 个（100g）
- □盐 ½ 小匙（腌西葫芦用）
- □食用油 ½ 大匙
- □酿造酱油 1 大匙（按个人口味增减）
- □低聚糖 1 大匙
- □芝麻 1 小匙
- □芝麻油⅓小匙

凉拌西葫芦

20～25 分钟

- □西葫芦 1 根（270g）
- □盐 ½ 小匙（腌西葫芦用）
- □紫苏籽油 1 大匙

调味料

- □酿造酱油 ½ 大匙
- □芝麻⅓小匙
- □辣椒粉 ½ 小匙
- □葱末 ½ 小匙
- □蒜末⅓小匙
- □芝麻油 1 小匙

凉拌茄子

家常凉拌茄子
凉拌辣茄子

Tips

茄子的挑选及保存方法

表面紫色鲜明、有光泽的茄子较好，个头大、呈淡紫色的则是熟过了的茄子，口感不佳。若存放温度过低，会使茄子失去鲜亮的色泽，若在 2 天内食用完毕的话，可用报纸包裹置于室温下存放。室温较高时，将茄子装入保鲜袋，放入冰箱新鲜果蔬间，可保存 3～4 天。

处理食材 料理茄子

蒸熟

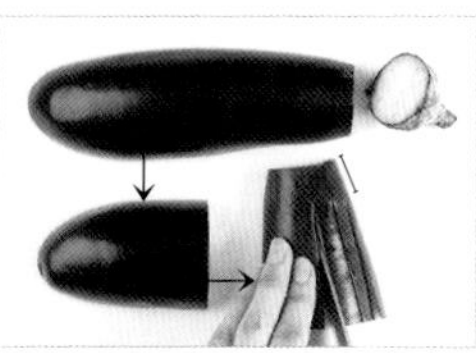

①切掉茄蒂，将茄子先从长边对切，再切半。在茄身划刀，间距为 0.7cm 左右，尾端留 2cm 不要切到底。

②将茄子放入蒸锅，茄皮朝下茄肉朝上，盖上锅盖，中小火蒸 4 分钟。

→ 若茄皮朝上茄肉朝下，锅内水蒸气直接接触茄肉，会使茄肉软烂。

③将蒸好的茄子放在托盘上，依旧茄皮朝下茄肉朝上。待自然冷却后，撕成方便食用的大小。

→ 若担心凉拌后茄子出水，可先用手轻轻将茄子中的水分挤出。

煎熟

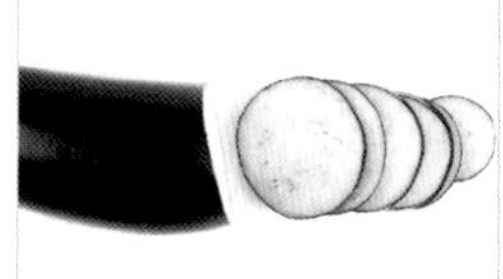

①切掉茄蒂，将茄子切成圆片。

→ 如茄片切得过厚，口感会较硬。

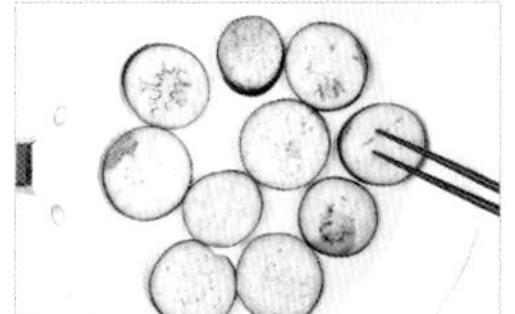

②热锅中放入茄子，开小火两面煎烤 3 分 30 秒～ 4 分钟。

→ 煎至两面均无水分即可。

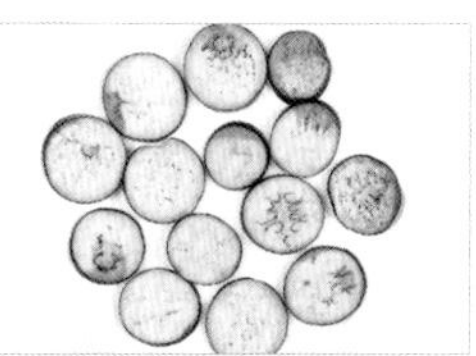

③在宽盘中铺上厨房纸，将茄子放在盘中冷却，注意不要叠放。

微波炉加热

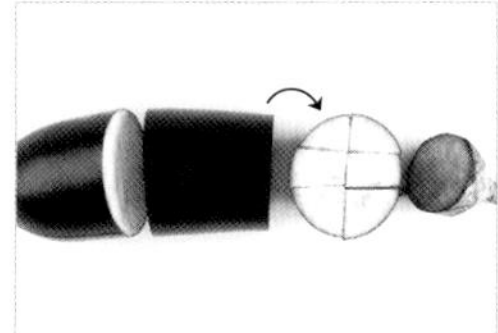

①切掉茄蒂，将茄子切成长约 5cm 的块状，再如图所示，将每块茄子切成 6 小块。

②在盘内铺上厨房纸，茄皮朝下置于盘中，包上保鲜膜，放入微波炉（700w）中加热 3 分 30 秒。

③去掉保鲜膜，常温冷却。

制作 凉拌熟茄子

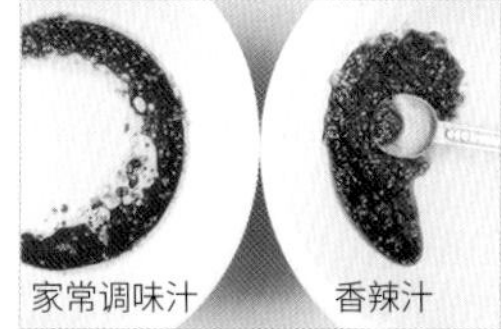

①按个人喜好选择调味料，放入大碗中混合均匀，调制成汁。

②将熟茄子放入步骤①中盛有调味汁的大碗中，抓拌均匀。

准备食材

⏱ 15 ～ 20 分钟

- □茄子 1 个（150g）

选择 1　家常调味汁

- □芝麻 1 小匙
- □白砂糖 ½ 小匙
- □韩式酱油 1 小匙（按个人口味增减）
- □芝麻油 1½ 小匙

选择 2　香辣汁

- □芝麻 1 小匙
- □白砂糖 ½ 小匙
- □辣椒粉 1 小匙
- □葱末 1 小匙
- □蒜末 1 小匙
- □食醋 1 小匙
- □韩式酱油 1 小匙（按个人口味增减）
- □芝麻油 1½ 小匙

炒茄子

辣酱炒茄子

小炒茄子

1 辣酱炒茄子

①切掉茄蒂，将茄子沿短边切成长约 5cm 的块状，再将每块茄子横切成 6 小条。

②大葱切斜片，蒜切片。

③将调味料混合均匀，调制成汁。

④热锅中加入食用油，放入大蒜，用中小火炒 30 秒，倒入茄子翻炒 2 分钟至茄子微黄。

⑤加入大葱和调味汁，翻炒 1 分钟后，加入芝麻和芝麻油拌匀。

2 小炒茄子

①切掉茄蒂，将茄子沿短边切成长约 5cm 的块状，再将每块茄子切成 6 小条。

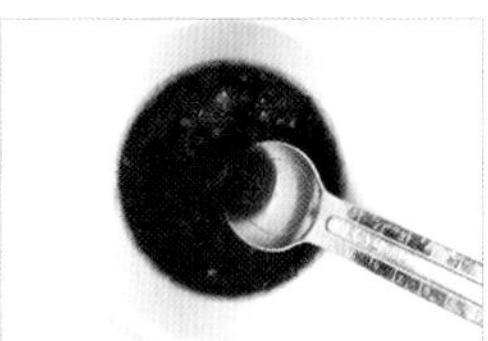

②将调味料混合均匀，调制成汁。

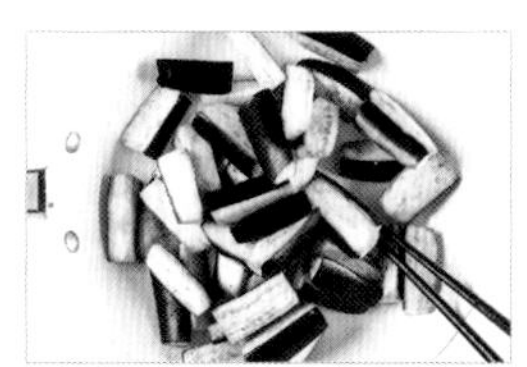

③热锅中放入茄子，用中火翻炒 2 分钟。

④步骤③的锅中加入食用油翻炒 1 分钟，加入调味汁再翻炒 1 分钟，最后加入芝麻拌匀。

准备食材

辣酱炒茄子

10 ～ 15 分钟

- □茄子 2 个（300g）
- □大葱（葱白）15cm
- □大蒜 2 粒（10g）
- □食用油 3 大匙
- □芝麻 1 小匙
- □芝麻油 1 小匙

调味料

- □酿造酱油 1 大匙
- □料酒 1 大匙
- □辣椒酱 1 大匙
- □白砂糖 1 小匙

小炒茄子

10 ～ 15 分钟

- □茄子 2 个（300g）
- □食用油 2 大匙
- □芝麻 1 小匙

调味料

- □葱末 1 大匙
- □酿造酱油 1½ 大匙
- □白砂糖 1 小匙
- □蒜末 1 小匙
- □芝麻油 1 小匙

凉拌萝卜

生拌萝卜丝
醋拌萝卜丝

Tips

让萝卜爽脆可口的腌法

拌萝卜丝做好后会慢慢出水，建议先将萝卜腌制一下，控干水分后再拌。腌萝卜的盐和糖的最佳配比为1∶2，这样腌出来的萝卜不仅爽脆，口感也好。

1 生拌萝卜丝

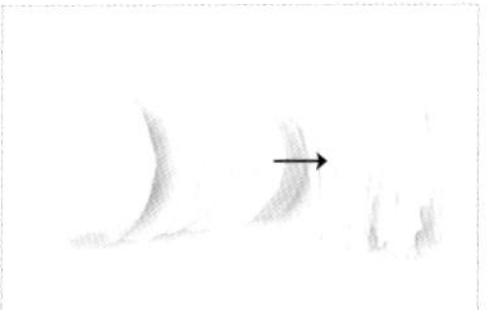

①萝卜去皮，将侧边切掉一部分以使萝卜可以平放在砧板上。将萝卜切成0.5cm厚的片状，再切成0.5cm厚的丝状。

②在萝卜上撒盐，腌5分钟后用水冲洗，控干水分。

③在大碗中加入调味料，调制成汁。放入腌好的萝卜丝，抓拌均匀。

2 醋拌萝卜丝

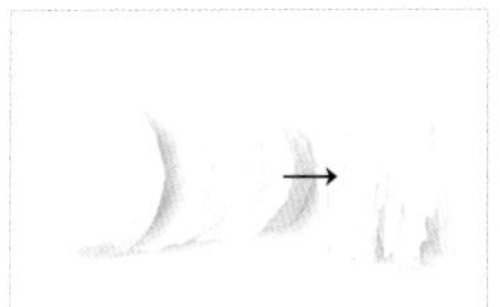

①萝卜去皮，将侧边切掉一部分以使萝卜可以平放在砧板上。将萝卜切成0.5cm厚的片状，再切成0.5cm厚的丝状。

②在萝卜上撒盐和糖，腌制10分钟。

➔ *如图所示，用手弯折萝卜丝，可轻易打弯但不会折断即为腌好。*

③将腌好的萝卜控干水分，加入辣椒粉，搅拌使其入味。

④在步骤③的大碗中加入葱末、蒜末、食醋、芝麻，最后加入盐调味，轻轻抓拌均匀。

准备食材

生拌萝卜丝

⏱ 15～20分钟

可冷藏3～4日

- □直径10cm、厚约2cm的萝卜1块（200g）
- □盐1小匙（腌萝卜用）

调味料

- □葱末1大匙
- □白砂糖1小匙
- □盐½小匙
- □辣椒粉2小匙
- □蒜末1小匙

醋拌萝卜丝

⏱ 20～25分钟

可冷藏4～5日

- □直径10cm、厚约3cm的萝卜1块（300g）
- □白砂糖2小匙（腌萝卜用）
- □盐1小匙（腌萝卜用）
- □辣椒粉1小匙
- □葱末½小匙
- □蒜末½小匙
- □食醋2小匙
- □芝麻少许
- □盐½小匙（按个人口味增减）

萝卜葱丝沙拉、拌炒萝卜丝

萝卜葱丝沙拉
拌炒萝卜丝

Tips

萝卜不同部位的料理方法

带叶的萝卜上端最甜，越往下辣味越重，可根据不同用途选择不同的料理方法。带叶的萝卜上端部分通常用来做生拌、腌制等生食料理；中间部分适合做汤类或酱炖类料理；根部辛辣味重，适宜做腌制或炒制料理。萝卜叶中含有大量的维生素 C，炒制、炖制、晒干炖汤皆可。

1 萝卜葱丝沙拉

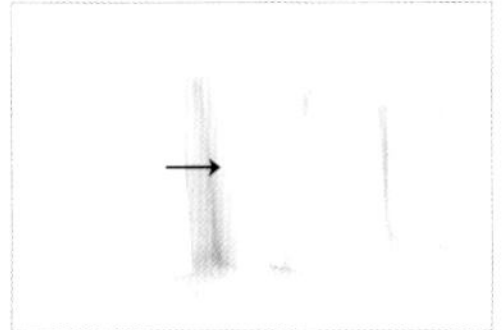
①削去萝卜外皮，切成1.5cm×5cm的长方形薄片。

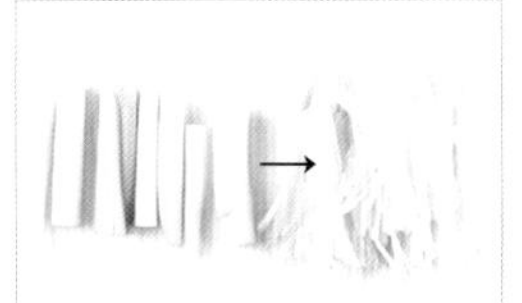
②将大葱切成5cm长的葱段，依次从长边对切，去掉葱心后切成葱丝。

③将萝卜丝和葱丝浸泡在冰水中，15分钟后用厨房纸按压吸水。

④在大碗中加入调味料，制成调味汁。放入萝卜丝和葱丝，抓拌均匀。

2 拌炒萝卜丝

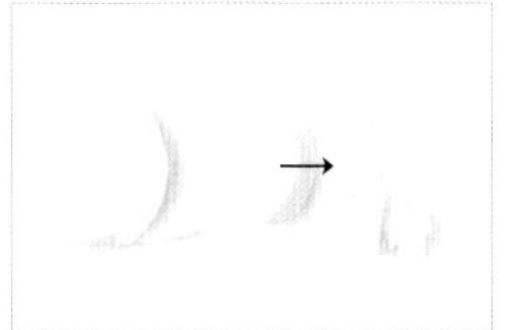
①削去萝卜外皮，侧边切掉一部分以使萝卜可以平放在砧板上。将萝卜切成0.5cm的厚片，再切成0.5cm宽的丝。

②在热锅内加入1大匙紫苏籽油，放入蒜末和萝卜丝，用中小火炒2分钟。

③加5大匙水后盖上锅盖焖3分钟。打开锅盖，加入白砂糖、韩式酱油、盐，翻炒1分钟。

→ 萝卜切得太厚不易熟，可多加1～2大匙水，再焖1～2分钟。

→ 取1⅓小匙虾酱替代白砂糖和盐，味道更加醇香浓郁。

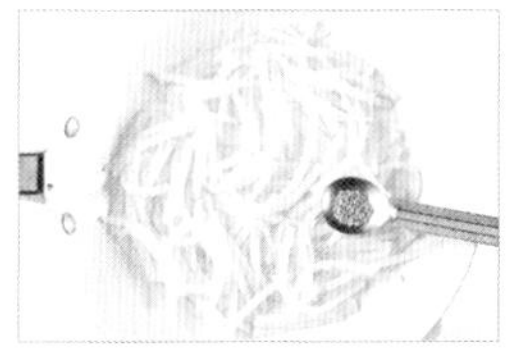
④加入1小匙芝麻和紫苏籽油，拌匀。

准备食材

萝卜葱丝沙拉

20～25分钟

- □直径10cm、厚约2cm的萝卜1块（200g）
- □大葱（葱白）20cm 2段

调味料

- □食醋1大匙
- □酿造酱油2大匙
- □食用油1½大匙
- □白砂糖1½～2小匙（按个人口味增减）
- □芝麻油1小匙

拌炒萝卜丝

15～20分钟

- □直径10cm、厚约2cm的萝卜1块（200g）
- □紫苏籽油1大匙+1小匙
- □蒜末1小匙
- □水5大匙
- □白砂糖⅓小匙
- □韩式酱油½小匙
- □盐少许（按个人口味增减）
- □芝麻½小匙

炒土豆丝

+Recipe

在炒土豆丝中加入洋葱

洋葱（¼个，50g）切细丝，与土豆丝一起炒，用½小匙酿造酱油替代步骤④中的盐，可以使这道菜的色泽微黄，卖相更好。可根据个人口味加入少量胡椒粉。

处理食材 去除土豆的淀粉

①将土豆洗净后用刮皮器削去外皮。

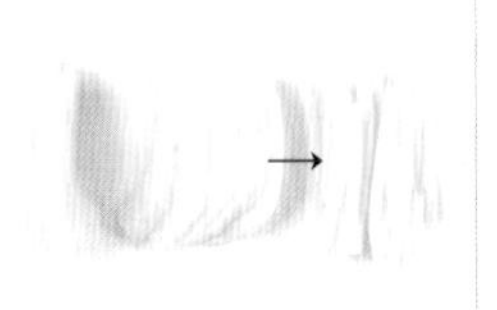

②将土豆先切成 0.5cm 厚的片状，再切成 0.5cm 厚的丝状。

→ 土豆丝太薄或太厚，在翻炒时都容易折断。

③用流水轻轻冲洗后浸泡在盐水（2 杯水 +1 大匙盐）中 5～10 分钟，捞出控干。

→ 用冷水冲洗可去除土豆表面的淀粉，在翻炒时不会粘锅。

→ 盐水浸泡过的土豆不仅入味，还更加紧实，不易折断。

制作 炒土豆丝

①青阳辣椒对半纵切去籽，切成 5cm 长的细丝。

②烧热不粘锅（带锅盖），倒入食用油，将土豆丝下锅，用中火炒 1 分钟。

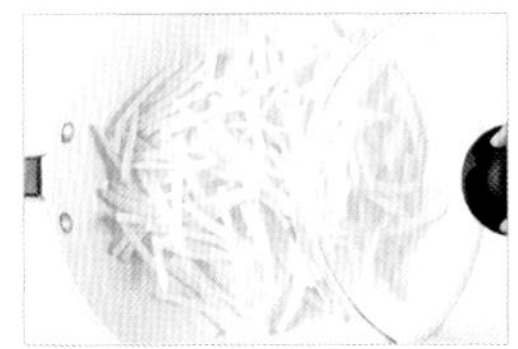

③加 1 大匙水，改小火，盖上锅盖焖 4 分钟。

→ 焖制过程中不时掂一下锅，防止糊锅。

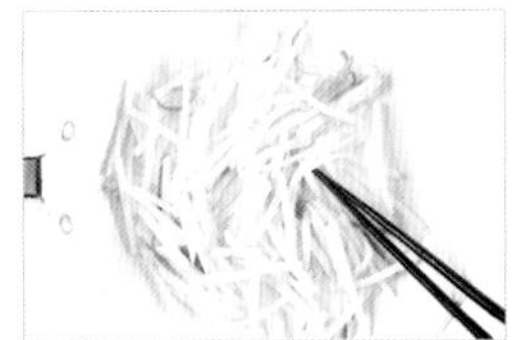

④打开锅盖，放入青阳辣椒和盐，用中火轻轻翻炒 1 分钟。

→ 青阳辣椒太早放入的话容易炒老，在最后放入轻炒片刻即可。

准备食材

炒土豆丝

25～30 分钟

- □土豆 1 个（200g）
- □青阳辣椒（一种韩国产的辣椒）2 个（或甜椒 ½ 个，也可省略）
- □食用油 1½ 大匙
- □水 1 大匙
- □盐 ¼ 小匙（按个人口味增减）

风味炒土豆片

鳀鱼炒土豆片
金枪鱼炒土豆片

Tips

土豆的挑选方法和存放方法

挑选土豆时，应选择表皮无斑痕、紧实且带泥的，这样的土豆更新鲜。长芽或颜色过青的土豆有毒性，切勿选购。如存放在阳光直射的地方，会更容易发芽，因此带泥的土豆须用箱子或袋子装好，放置在阴凉处。冷藏保存时，需用冷水洗净控干，再用保鲜袋或保鲜膜密封，放入果蔬间冷藏。

处理食材 去除土豆的淀粉

①将土豆洗净，用刮皮器削去外皮。

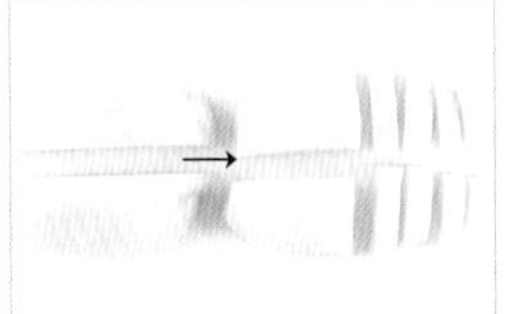

②将土豆切十字分成4等份，再切成0.5cm厚的片状。

③用流水轻轻冲洗，捞出控干。

→ 冷水冲洗即可去除土豆表面的淀粉，在翻炒时才不会糊锅。

1 鳀鱼炒土豆片

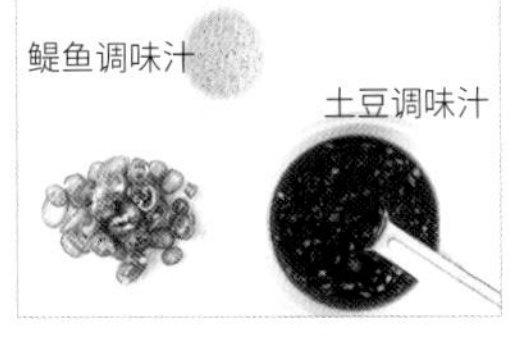

①青阳辣椒切碎，与调味料混合，制成鳀鱼调味汁和土豆调味汁。

②鳀鱼下锅，用中小火炒1分钟，去除腥味后装盘。

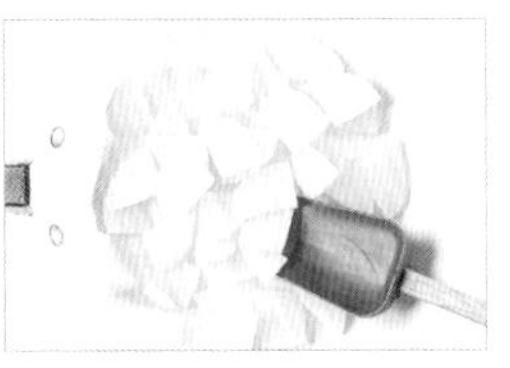

③将步骤②中的平底锅用厨房纸擦拭干净，中火热锅，倒入食用油，放入土豆片，翻炒2分钟至表面半透明。

④倒入土豆调味汁，改中小火炖3分30秒～4分钟，至土豆熟透且调味汁基本熬干。

⑤加入小鳀鱼、青阳辣椒、鳀鱼调味汁，炒1分钟至水分基本熬干。

2 金枪鱼炒土豆片

①青辣椒切碎，金枪鱼装入笊篱，控油。将调味料混合均匀，调制成汁。

②热锅内倒入食用油，放入葱末和蒜末，用小火炒30秒。

③放入土豆和调味汁，改用中火翻炒3分钟，加入金枪鱼、青阳辣椒，再翻炒1～2分钟。

→ 土豆粘锅的话，可加入1大匙水。

准备食材

鳀鱼炒土豆片

🕐 20～25分钟

- □土豆1个（200g）
- □小鳀鱼约½杯（20g）
- □青阳辣椒（或青椒）2个
- □食用油2大匙

土豆调味汁

- □白砂糖½大匙
- □葱末½大匙
- □酿造酱油1大匙
- □蒜末1小匙
- □芝麻油½小匙
- □水杯

鳀鱼调味汁

- □清酒1大匙
- □低聚糖½大匙
- □芝麻油½小匙
- □胡椒粉少许

金枪鱼炒土豆片

🕐 20～25分钟

- □土豆1个（200g）
- □金枪鱼罐头1罐（100g）
- □青阳辣椒（或青椒）2个（可省略）
- □食用油2大匙
- □葱末2小匙
- □蒜末1小匙

调味料

- □酿造酱油1大匙
- □低聚糖½大匙
- □盐少许（按个人口味增减）
- □胡椒粉少许（按个人口味增减）

桔梗菜

凉拌桔梗
炒桔梗

凉拌桔梗中加入鱿鱼

3杯热水中加入1大匙清酒，放入处理好的鱿鱼（1条，约240g，处理方法见175页）。鱿鱼焯水后切成方便食用的大小。在已完成的凉拌桔梗中加入鱿鱼、1小匙食醋、1小匙酿造酱油、1小匙芝麻油，抓拌均匀。

凉拌桔梗中加入干明太鱼丝或鱿鱼丝

干明太鱼丝（50g）或鱿鱼丝（50g）用水冲洗后控干水分，切成方便食用的大小，放入已完成的凉拌桔梗中，抓拌均匀。

凉拌桔梗中加入萝卜

萝卜（直径10cm、厚1cm的1块，50g）切丝，用½小匙白砂糖和1小匙盐腌制5分钟，用水冲洗干净，控干水分，放入已完成的凉拌桔梗中拌匀即可。

整根桔梗的料理方法

未削皮的整根桔梗要先去除根须，洗净后用小刀削去外皮。将带泥的桔梗放入冷冻室冷冻20分钟更容易削皮。

凉拌桔梗

炒桔梗

处理食材 去除桔梗的涩味

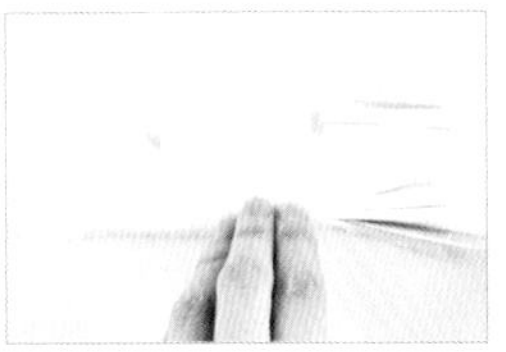

①从桔梗较厚的尾端下刀，如图所示，切成4cm长、0.5cm厚的长条。

→ 桔梗较大较粗时，可先切成0.5cm厚的片，再切成条。

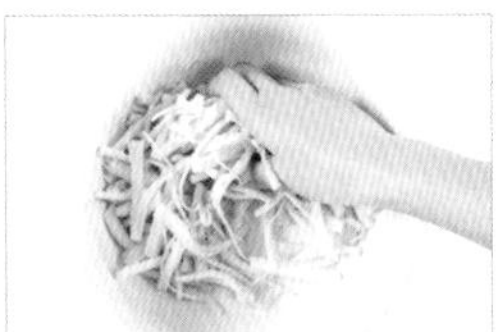

②将切好的桔梗放入大碗中，加入2大匙盐，用手抓拌2分钟，用冷水冲洗2～3遍。

③将桔梗浸泡在足量的冷水中，静置1小时以上，然后取1根尝味。感觉不到苦味时，即可捞出并控干水分。

→ 料理前一晚用水浸泡后置于冷藏室存放效果更好。

1 凉拌桔梗

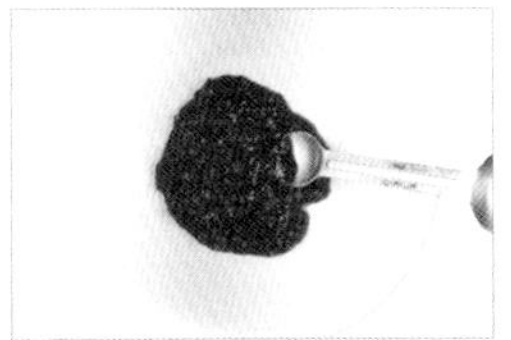

①在大碗中加入调味料，制成调味汁。

②将处理好的桔梗倒入步骤①中盛有调味汁的大碗中，抓拌均匀。

2 炒桔梗

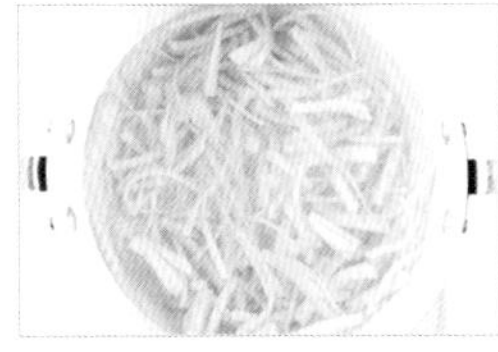

①将切好的桔梗放入热盐水（4杯水+1大匙盐）中焯2分钟，再用冷水冲洗片刻，捞出控干。

②在大碗中加入调味料，制成调味汁。放入步骤①中焯好的桔梗，用手抓拌片刻。

③在热锅内加入食用油，将步骤②中拌好的桔梗下锅，用小火翻炒2分钟。

④加3大匙水，盖上锅盖，焖2分钟后打开，改中火翻炒1分30秒。

⑤关火，静置冷却后，加入芝麻和芝麻油，拌匀。

准备食材

凉拌桔梗

10～15分钟

- □桔梗（去皮）2把（200g）

调味料

- □葱末1大匙
- □辣椒酱2大匙
- □芝麻1小匙
- □白砂糖1小匙
- □辣椒粉1小匙
- □蒜末1小匙
- □食醋2小匙
- □芝麻油1小匙

炒桔梗

10～15分钟

- □桔梗（去皮）2把（200g）
- □食用油（或紫苏籽油）1大匙
- □水3大匙
- □芝麻1小匙
- □芝麻油1小匙

调味料

- □白砂糖⅓小匙
- □盐1小匙
- □葱末2小匙
- □蒜末½小匙
- □韩式酱油½小匙

炒蘑菇

香辣炒菌菇
小炒平菇
辣炒香菇

菌菇的处理方法

种植菌菇几乎不使用农药，因此只需用湿毛巾轻轻擦拭，将肉眼看得到的异物去除后即可料理。菌菇吸水后，不仅容易软烂，还不易入味，因此不建议用水洗，特别是容易出水的炒菜。

1 香辣炒菌菇

①去蒂，平菇撕条，香菇切片。

②洋葱切丝，小葱切末。

③在大碗中加入调味料，制成调味汁。放入菌菇抓拌均匀。

④在热锅内倒入食用油，放入洋葱，用中火炒 30 秒。

⑤将步骤③中拌好的蘑菇下锅，翻炒 4 分钟后关火，加入小葱和芝麻油，拌匀。

2 小炒平菇

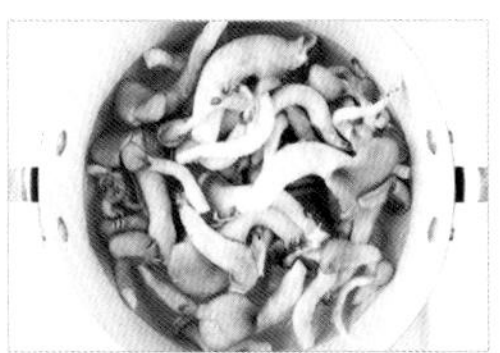

①平菇去蒂，撕成方便食用的大小，用 3 杯热水焯 1 分钟，再过冷水冲洗并控干水分。

②在大碗中加入调味料，制成调味汁。放入焯好的平菇，抓拌均匀。

③在热锅内倒入食用油，将步骤②中拌好的平菇下锅，用中小火炒 5 分钟。

3 辣炒香菇

①香菇去蒂，用 3 杯热水焯 2 分钟，再装盘冷却。

→ 干香菇用温糖水（3 杯水 +1 小匙白砂糖）浸泡 30～60 分钟，控干水分后使用。

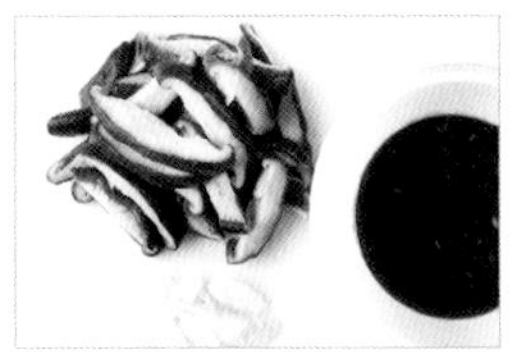

②将焯好的香菇控干并切片。大葱切斜片。混匀调味汁。

③在热锅内倒入紫苏籽油和食用油，香菇片下锅，用中大火炒 1 分钟。加入调味汁，改中小火翻炒 1 分 30 秒后装盘，撒上大葱。

准备食材

香辣炒菌菇

15～20 分钟

- □平菇 5 把（250g）
- □香菇 3 把（60g）
- □洋葱 ¼ 个（50g）
- □小葱 1 根（10g，可省略）
- □食用油 1 大匙
- □芝麻油 1 小匙

调味料

- □辣椒粉 1 大匙
- □料酒 ½ 大匙
- □辣椒酱 1 大匙
- □白砂糖 1⅓ 小匙
- □盐 ½ 小匙
- □蒜末 ½ 小匙
- □酿造酱油 1½ 小匙

小炒平菇

15～20 分钟

- □平菇 5 把（250g）
- □食用油 1 小匙

调味料

- □葱末 1 大匙
- □盐 ⅓ 小匙
- □蒜末 1 小匙
- □芝麻油 1 小匙

辣炒香菇

15～20 分钟

- □香菇 5～6 把（120g）
- □大葱（葱白）5cm
- □紫苏籽油 1 小匙
- □食用油 1 小匙

调味料

- □低聚糖 1 大匙
- □葱末 2 小匙
- □酿造酱油 2 小匙
- □辣椒酱 2 小匙

烤、凉拌紫菜

佐饭紫菜
凉拌紫菜
烤紫菜佐山蒜酱

佐饭紫菜

凉拌紫菜

烤紫菜佐山蒜酱

Tips

佐饭紫菜的保存方法

想要佐饭紫菜保持酥脆口感，可将除湿剂与佐饭紫菜一同装入保鲜盒存放。除湿剂可有效吸附水分，使紫菜保持酥脆。

1 佐饭紫菜

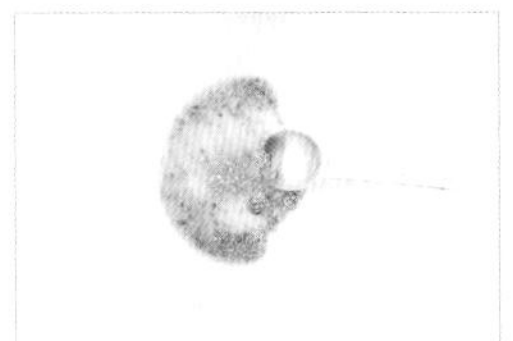

①在大碗中加入调味料，制成调味汁。

②将紫菜装入保鲜袋，掰成 2～3cm 见方的小块，倒入步骤①中的调味汁，抓拌均匀。

→ 久置受潮的紫菜可置于热锅中，两面各烤 3～5 秒后再敲碎。

③在热锅内倒入步骤②中拌好的紫菜，用中火炒 2～3 分钟。

2 凉拌紫菜

①将紫菜置于热锅上，每次放 1 片，用中小火将两面微烤，装入保鲜袋细细碾碎。

②将小葱切末，调味料混合均匀，制成调味汁。

③在大碗中放入紫菜和芝麻油，抓拌均匀后加入小葱和调味汁，拌匀后撒上芝麻。

3 烤紫菜佐山蒜酱

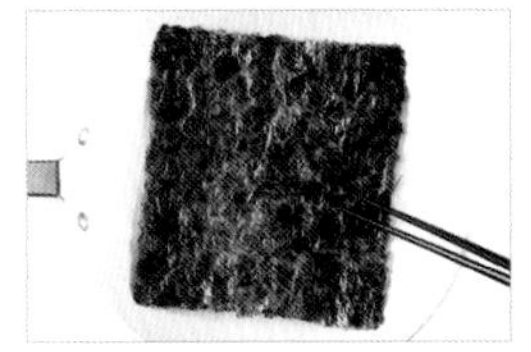

①将紫菜置于热锅上，用小火烤制，每次 1 片，两面各烤 1 分钟～1 分 30 秒。烤至紫菜泛青后，切成方便食用的大小。

→ 后烤的紫菜可适量缩短烤制时间或关火，用余温烤制。

②山蒜摘掉蔫叶，剥掉球根外皮，用指尖轻轻刮去根部的黑色部分，用流水简单清洗后切碎。

③调好山蒜酱，搭配烤紫菜食用。

准备食材

佐饭紫菜

⏱ 10～15 分钟

□紫菜包饭用紫菜（A4 纸大小）5 片

调味料

□芝麻 1 小匙
□白砂糖 1⅓ 小匙
□盐 ⅔ 小匙
□芝麻油 1½ 大匙

凉拌紫菜

⏱ 10～15 分钟

□干紫菜（A4 纸大小）10 片
□小葱 4 根（40g）
□芝麻油 1 大匙
□芝麻 ½ 小匙

调味料

□酿造酱油 1 大匙
□料酒 2 大匙
□水 3 大匙
□低聚糖 1½ 大匙
□盐 ¼ 小匙
□蒜末 1 小匙

烤紫菜佐山蒜酱

⏱ 10～15 分钟

□紫菜（A4 纸大小）5 片

山蒜酱

□山蒜 ½ 把（25g）
□酿造酱油 2 大匙
□芝麻 1 小匙
□白砂糖 1 小匙
□辣椒粉 ½ 小匙
□芝麻油 2 小匙

凉拌、炒海带

- 醋拌海带黄瓜
- 醋拌海带杏鲍菇
- 炒海带丝

醋拌海带黄瓜

醋拌海带杏鲍菇

Tips

去除海带丝腥味的方法

将盐渍海带丝置于冷水中浸泡可有效去除盐分。多换几次水，可去除大部分异味。腥味过重时，可在热水中加入适量盐和清酒，稍焯片刻后使用。

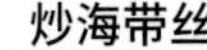

炒海带丝

处理食材 干海带泡发后焯水

①在大碗中加入足量水，将海带浸泡 15 分钟。

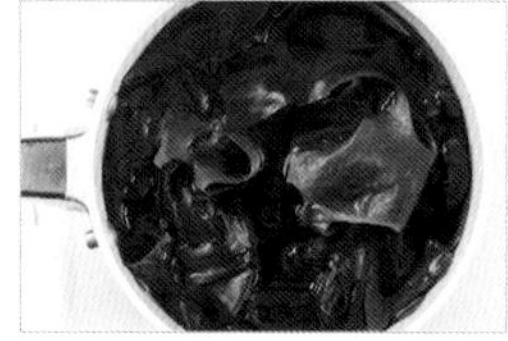
②将海带用热水焯 50 秒。

③将焯好的海带放入冷水中清洗至不再有泡沫，控干水分。

1 醋拌海带黄瓜

①在大碗中加入调味料，制成调味汁。放入焯好的海带抓拌片刻，腌制 10 分钟。

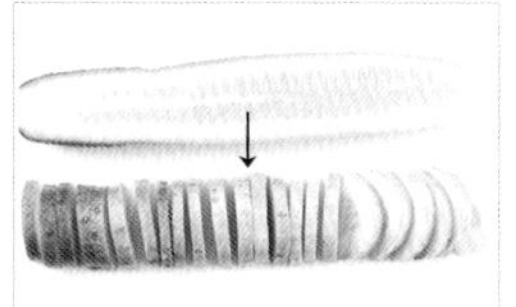
②将黄瓜沿长边切成两半，再切成 0.5cm 厚的月牙形。加入盐和 1 大匙水，腌制 5 分钟，稍控下水。

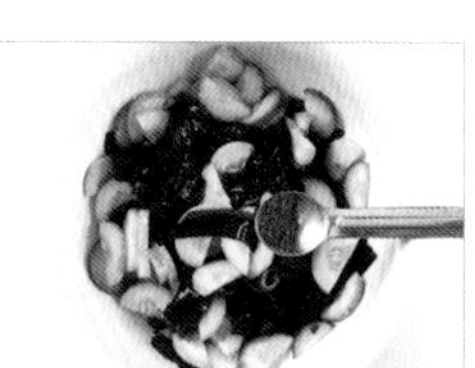
③将腌好的黄瓜倒入步骤①中盛有调味汁的大碗中，抓拌片刻，加入辣椒粉，轻轻拌匀。

2 醋拌海带杏鲍菇

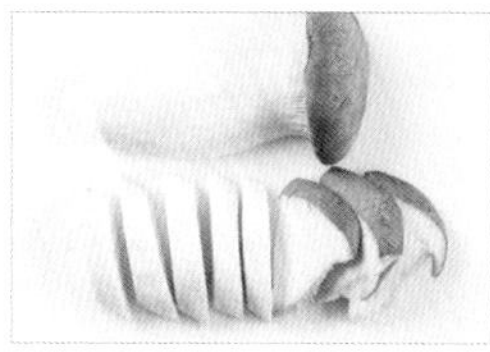
①杏鲍菇先纵切，再斜切成 1cm 厚的片状。洋葱切丝，红辣椒从长边切开，去籽，再切成 3cm 长的细丝。

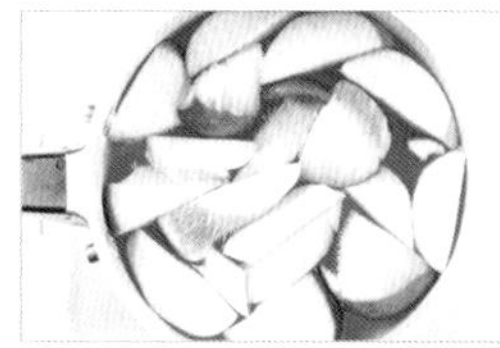
②将杏鲍菇用热水焯 1 分钟，过冷水冲洗，控干水分。

③在大碗中加入调味料，制成调味汁。放入焯好的海带、杏鲍菇、洋葱、红辣椒，抓拌均匀。

3 炒海带丝

①将盐渍海带丝用流水冲洗干净，再用足量的水浸泡 30 分钟，去除盐分。用冷水搓洗 2～3 遍，控干水分，切成 5cm 长的细丝。

②在热锅内倒入食用油，放入蒜末，用中小火炒 30 秒，加入海带丝，翻炒 5 分钟。

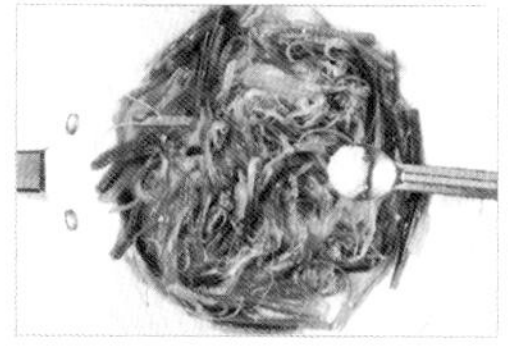
③加 6 大匙水和盐，盖上锅盖，烹煮 2～3 分钟。

→ 烹煮过程中不时揺下锅，防止糊锅。

准备食材

醋拌海带黄瓜

35～40 分钟

- □干海带 ¼ 杯（10g，或生海带 100g）
- □黄瓜 1 根（200g）
- □盐 ½ 小匙
- □水 1 大匙
- □辣椒粉 ½ 小匙（可省略）

调味料

- □白砂糖 1½ 大匙（按个人口味增减）
- □食醋 2½ 大匙（按个人口味增减）
- □盐 1½ 小匙（按个人口味增减）
- □蒜末 ½ 小匙

醋拌海带杏鲍菇

20～25 分钟

- □干海带 ½ 杯（20g，或生海带 200g）
- □杏鲍菇 1 个（80g）
- □洋葱 ¼ 个（50g）
- □红辣椒 1 个

调味料

- □食醋 3½ 大匙
- □低聚糖 ½ 大匙
- □辣椒酱 3½ 大匙
- □白糖 2 小匙（按个人口味增减）
- □蒜末 ½ 小匙

炒海带丝

15～20 分钟（+ 去除盐分的时间 30 分钟）

- □盐渍海带丝 1 杯（110g）
- □食用油 2 大匙
- □蒜末 1 小匙
- □水 6 大匙
- □盐 ½ 小匙

拌凉粉

水芹拌绿豆凉粉
紫菜拌绿豆凉粉
拌橡子凉粉

Tips

凉粉的保存方法

在保鲜盒内盛少量水，放入凉粉，或用浸了水的干净薄棉布裹好凉粉，放入保鲜盒内冷藏保存。下次使用时，用热水稍焯即可，注意焯水过久会失去弹性。焯水时，将凉粉分成4等份，焯至中心温热即可。

处理食材 焯凉粉

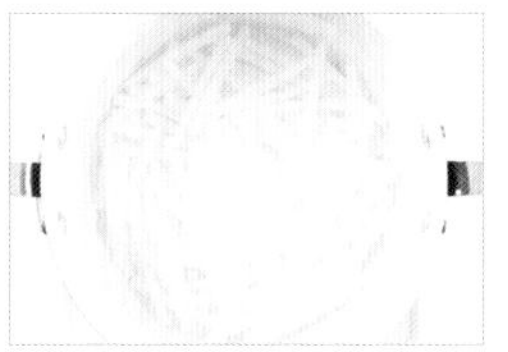

①将凉粉切成 7cm 长的细丝，放入热水中焯 30 秒至透明。

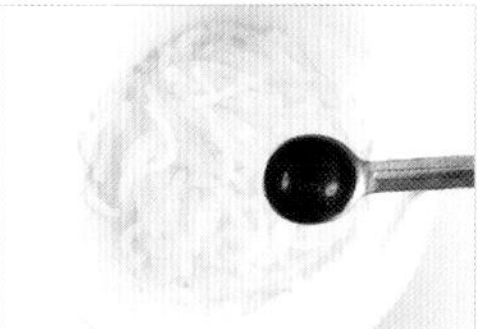

②捞出并控干水分，加入 1 大匙芝麻油，搅拌均匀，静置冷却。

★ 制作水芹拌凉粉时，焯凉粉的水不要倒掉，可再用来焯水芹。

1 水芹拌绿豆凉粉

①水芹摘掉蔫叶，用流水洗净，切成 5cm 长的小段。

②用焯凉粉的水焯芹菜 15 ～ 30 秒，过凉水冲洗，控干水分。

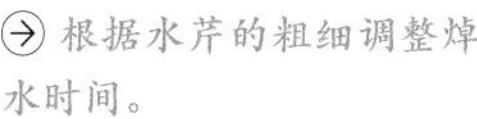

根据水芹的粗细调整焯水时间。

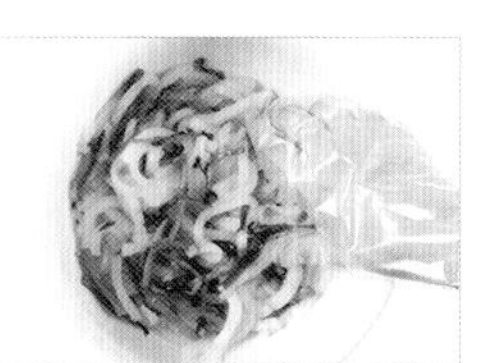

③在大碗中放入焯好的凉粉、水芹、芝麻、盐，轻轻抓拌均匀。

2 紫菜拌绿豆凉粉

①将紫菜装入保鲜袋，用手捏碎。

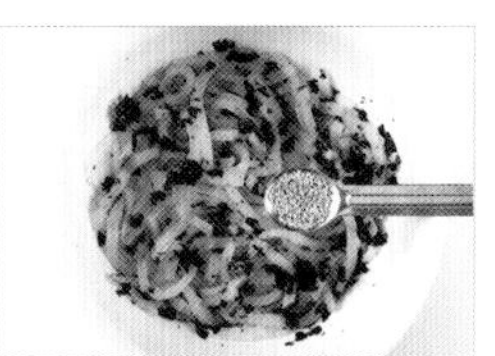

②在大碗中放入焯好的凉粉和盐，稍微混合后加入紫菜和芝麻，轻轻抓拌。

3 拌橡子凉粉

①将橡子凉粉切成方便食用的大小。

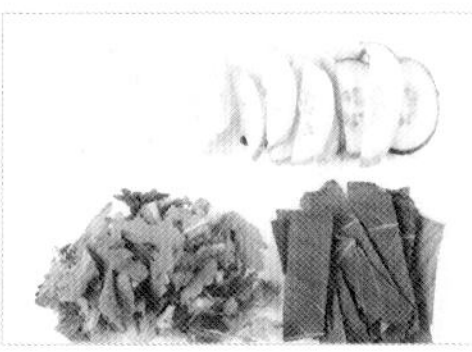

②将黄瓜先从长边对半切开，再斜切成片。洋葱切丝，艾蒿切成 4cm 长的小段，紫苏叶从长边对半切开，再切成 2cm 宽的片状。

③在大碗中加入调味料，制成调味汁。食用前将所有材料放入，轻轻抓拌均匀。

准备食材

水芹拌绿豆凉粉

10 ～ 15 分钟

- □绿豆凉粉 350g
- □水芹 1 把（50g）
- □芝麻油 1 大匙
- □芝麻 1 小匙
- □盐 ½ 小匙（按个人口味增减）

紫菜拌绿豆凉粉

10 ～ 15 分钟

- □绿豆凉粉 350g
- □调味紫菜（A4 纸大小）1 片
- □芝麻油 1 大匙
- □盐 ⅓ 小匙（按个人口味增减）
- □芝麻 1 小匙

拌橡子凉粉

10 ～ 15 分钟

- □橡子凉粉 1 块（400g）
- □黄瓜 1 根（200g）
- □洋葱 ¼ 个（50g）
- □艾蒿 8 棵
- □紫苏叶 3 片（6g，按个人口味增减）

调味料

- □白砂糖 1 大匙
- □紫苏粉 1 大匙（按个人口味增减）
- □辣椒粉 1½ 大匙
- □葱末 1 大匙
- □蒜末 ⅓ 大匙
- □酿造酱油 3 大匙
- □紫苏籽油（或芝麻油）2 大匙

集中攻略 1　4 种代表性春季食材的挑选方法与烹调方法

春季食材通常都含有大量的维生素 C 和无机物，在容易倦怠的春天食用，有助于缓解春困、恢复元气。春菜嫩的时候最好吃，越老纤维质越多，口感也就越韧。

接下来将为大家详细介绍春季食材的挑选方法与处理方法，请尽情享受食材的香气与滋味吧。

山蒜

1 挑选

优质山蒜球根粗、须根小、根部白色部分短，叶与根茎颜色鲜明，触感柔软湿润。

2 烹调

山蒜可放入大酱汤中炖煮，也可凉拌。

可将山蒜切碎，与调味料混合成山蒜酱汁，搭配烤紫菜食用味道鲜美。煮肉汤时，可用山蒜替代大葱或蒜，切成细末放入即可。

3 处理

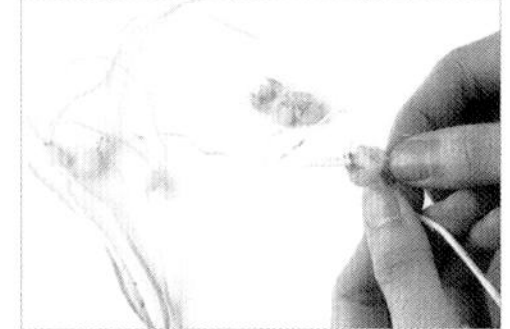

①将山蒜摘掉蔫叶，剥除球根外皮。

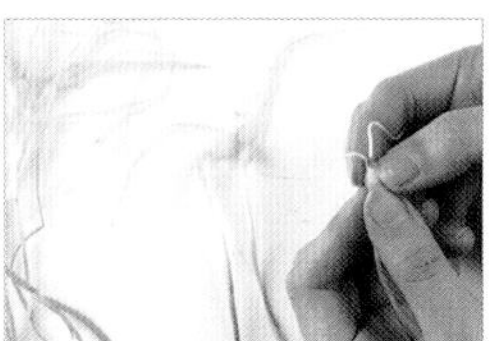

②用指尖将根部的黑色部分轻轻掐掉，再用流水冲洗。

→ 山蒜和韭菜一样，组织较为脆弱，须用流水轻轻洗净。

③用刀面将球根较粗的部分压碎，再分成 2 等份，切成适宜的长度。

凉拌山蒜

10 ～ 15 分钟

山蒜 1 把（50g）

调味料 食醋 1 大匙、白砂糖 1½ 小匙、辣椒粉 1 小匙、酿造酱油 1 小匙、芝麻油 ½ 小匙、盐少许

① 将山蒜处理干净，切成 5cm 长的小段。

② 在大碗中加入调味料，制成调味汁。放入山蒜，轻拌均匀。

大酱拌荠菜

15 分钟

荠菜 5 把（100g）、大酱 2 小匙、芝麻少许（可省略）

调味料 蛋黄酱 1 大匙、蒜末 1½ 小匙、食醋 1½ 小匙、低聚糖 1½ 小匙

① 荠菜处理干净后，用热盐水（4 杯水 +1 小匙盐）焯 15 秒，过冷水冲洗并控干水分。

② 将荠菜和大酱放入大碗中抓拌均匀。

③ 混合调味料，制成调味汁，倒入步骤②的大碗中，拌匀后撒上芝麻。

荠菜

1 挑选

选择根部不过粗、叶子呈深绿色且香味浓郁的荠菜。

2 烹调

荠菜适合用辣椒酱或大酱调味，用大酱凉拌不仅可以去除荠菜的苦涩味，还能补充蛋白质。荠菜汤可以有效改善食欲不振。

3 处理

①将荠菜摘掉蔫叶，浸泡在水中，轻轻洗去根部的泥。

②用小刀将根茎之间残留的泥土刮掉。

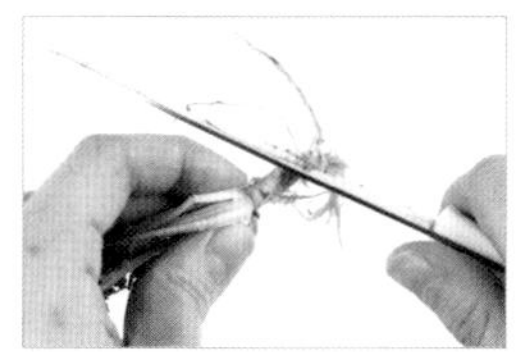

③用小刀将须根和泥土刮掉，过冷水冲洗。较大的荠菜可以切成 2 ～ 3 等份。

春白菜

1 挑选

优质春白菜菜叶新鲜不发蔫，没有虫咬的洞。叶片大、菜心黄的春白菜口感更香甜。

2 烹调

春白菜适合用加入鱼露（玉筋鱼或鳀鱼）的调味汁简单拌匀后生吃，也可以作为包饭菜，搭配包饭酱食用。较硬的菜叶可以用盐稍稍腌制后食用。

3 处理

①春白菜去根，一片片撕下。

②用流水洗净，捞出控干。较大的叶片可以先从长边对切，再切成方便食用的大小。

山蒜拌春白菜

10 分钟

春白菜 ½ 棵（150g）、山蒜 ½ 把（25g）

调味料 芝麻 ½ 大匙、辣椒粉 1 大匙、蒜末 ½ 大匙、鱼露（玉筋鱼或鳀鱼，或用酿造酱油代替）1 大匙、白砂糖 1 小匙、芝麻油 1 小匙

① 将春白菜一片片撕好，再对半切开；山蒜料理干净后切成 7cm 长的小段。

② 将调味料混合，制成调味汁。

③ 在大碗中放入春白菜、山蒜、调味汁，抓拌均匀。

短果茴芹

挑选

挑选时要检查叶片是否呈深绿色、是否有虫咬的洞，以及是否有蔫叶。

烹调

可用调味料简单拌匀以保留短果茴芹特有的香气，也可作为包肉菜。

处理

①摘掉蔫叶，去掉根部和硬茎。

②用热水焯 20～30 秒，过冷水冲洗并控干水分。

凉拌茴芹

15～20 分钟

短果茴芹 1 把（50g）

调味料 食醋 ½ 大匙、芝麻 ½ 小匙、白砂糖 1 小匙、辣椒粉 1 小匙、蒜末 ½ 小匙、酿造酱油 1 小匙、辣椒酱 1 小匙

① 将短果茴芹处理干净，用流水清洗后切成 5～6cm 的小段，捞出控干。

② 在大碗中加入调味料混匀，放入茴芹，抓拌均匀。

凉拌焯水茴芹

15～20 分钟

短果茴芹 2 把（100g）

调味料 芝麻 ½ 小匙、盐 ¼ 小匙（按个人口味增减）、葱末 1 小匙、蒜末 ½ 小匙、芝麻油 2 小匙

① 将短果茴芹处理干净，用热盐水（5 杯水 +1 小匙盐）焯 20 秒。

② 用冷水冲洗后控干水分，切成方便食用的大小。

→ 若水分未被完全控干，拌菜味道会偏淡。

③ 在大碗中加入调味料混匀，放入茴芹，抓拌均匀。

→ 拌匀后，静置 5 分钟，待完全入味后再食用。

集中攻略 2　4 种代表性干菜的泡发方法与烹调方法

干菜富含维生素、膳食纤维等多种营养成分，吃起来别有一番风味。但干货食材处理起来比较麻烦，烹饪方法也多不为人所知。接下来就为大家详细介绍如何处理干菜和以干菜为食材的代表性料理，希望大家能尽情享用美味的干菜。

西葫芦干

挑选

将西葫芦洗净，置于阳光下晒干。西葫芦干浓缩了鲜西葫芦的营养成分，且含有丰富的维生素 D。表皮呈深绿色的干西葫芦日晒时间长，营养丰富。

泡发（以 20g 西葫芦干为准）

①将西葫芦干过冷水冲洗，再用热糖水（5 杯热水 +1 大匙白砂糖）浸泡 30 ～ 40 分钟。

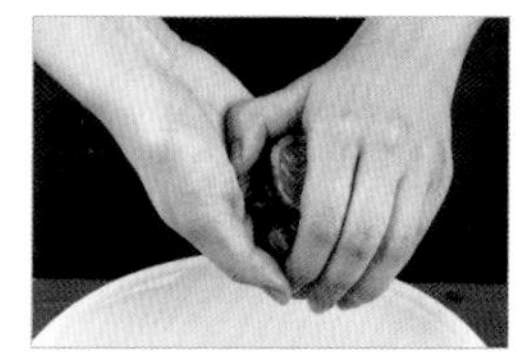

②双手握住泡发的西葫芦干，挤干水分。

3 确认泡发状态

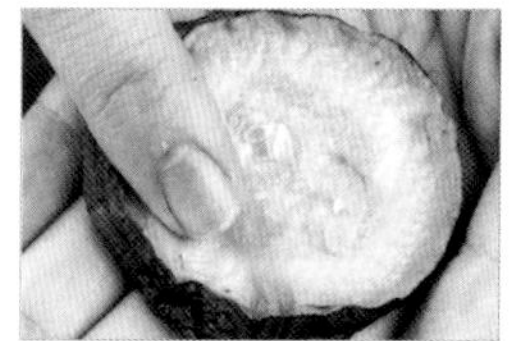

①泡发适度

用指尖按压边缘（表皮）时，如有压痕，表示充分泡发。

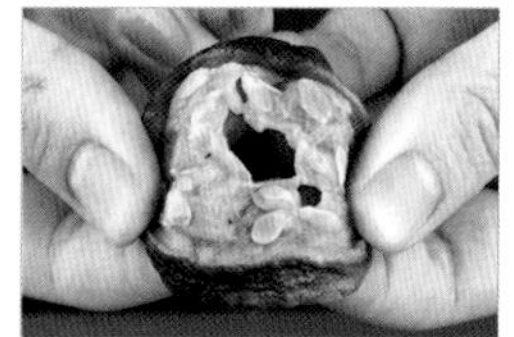

②泡发过度

中间部分开裂表示浸泡过久。另外，西葫芦干厚度各有不同，建议确认泡发状态时，多检查几枚。

→ 干茄子、干香菇也可采用相同方法处理。

炒西葫芦干

⏱ 30 分钟（+ 泡发时间 30 ～ 40 分钟）

西葫芦干 100g（泡发的西葫芦干 250g）、芝麻油 ½ 大匙、食用油 ½ 大匙、芝麻 1 大匙、紫苏籽油 1 大匙

昆布高汤 昆布 5cm×5cm 两张、水⅔杯

调味料 葱末 1 大匙、蒜末⅔大匙、韩式酱油 2 大匙、芝麻油 ½ 大匙、白砂糖 ½ 小匙、鱼露（玉筋鱼或鳀鱼）½ 小匙

① 将泡发的西葫芦干挤掉水分，用调味料拌匀。
② 在锅内放入昆布高汤，用中火煮沸后再煮 3 分钟，将昆布捞出。
③ 用中火热锅 20 秒，加入芝麻油和食用油，倒入西葫芦干，炒 1 分 30 秒。
④ 倒入昆布高汤（½ 杯），盖上锅盖，用中小火烹煮 7 分钟。烹煮过程中不时用锅铲翻炒一下。放入芝麻和紫苏籽油再炒 30 秒。

干萝卜缨

1 挑选

干萝卜缨富含维生素、矿物质和膳食纤维，呈淡青色。置于通风处风干的萝卜缨营养价值更高。

2 泡发（以 50g 萝卜缨干为准）

①将干萝卜缨用流水洗净，在温水（4 杯热水 +2 杯冷水）中浸泡 6 小时。将泡好的萝卜缨倒入大锅中，加入 12 杯水，开猛火煮至沸腾，盖上锅盖，煮 30 ～ 40 分钟。煮制过程中，不时开盖用锅铲翻搅。将锅从火上端下来，静置 12 ～ 24 小时。

➔ 夏季室内温度较高时，干萝卜缨易变质，建议冷却后置于冷藏室保存。

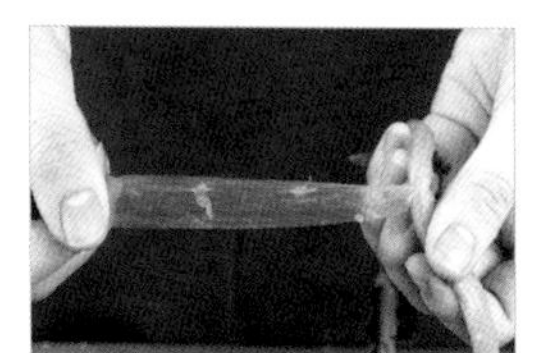

②用冷水将步骤①中的萝卜缨冲洗 2 ～ 3 遍，直至水变清。剥去表面的纤维后将萝卜缨团成团，稍稍挤压水分，无须完全控干。

➔ 干萝卜缨需多冲洗几遍才能去除其特有的味道，剥去纤维质才能更加柔软。泡发后，可保留部分水分，无须完全控干，这样更易入味，口感也更柔和。

3 确认泡发状态

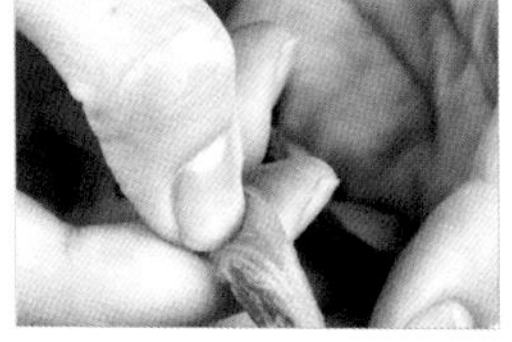

①泡发适度

在泡发第①步的煮制过程中取出一点萝卜缨，用指尖按压根茎时若有压痕或咀嚼时口感不硬，则为泡发状态。

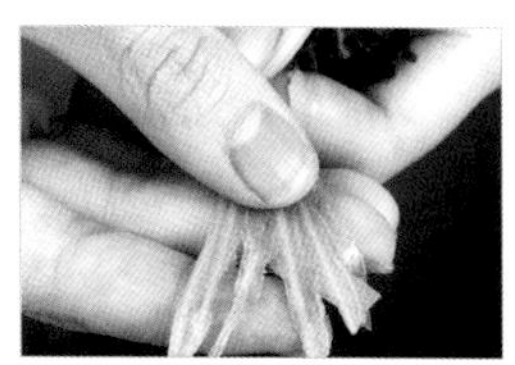

②泡发过度

按压根茎时，萝卜缨软烂，表示泡过头，口感较差。

大酱炖干萝卜缨

⏱ 50 ～ 55 分钟（+ 泡发 18 ～ 30 小时）

干萝卜缨 50g（泡发的萝卜缨 260g）、大葱（葱白）10cm、红辣椒 1 个（可省略）、汤用鳀鱼 15 条（15g）、紫苏粉 2 大匙

昆布高汤 昆布 5cm×5cm 3 张、温水 4 杯（3 杯热水 +1 杯冷水）

调味料 蒜末 1½ 大匙、韩式酱油 1 大匙、大酱 3 大匙、芝麻油 ½ 大匙、白砂糖 1 小匙、椒粉 1 小匙

① 泡发萝卜缨，稍稍控水后切成 5cm 长的小段，大葱和红辣椒切斜片。汤用鳀鱼去除头和内脏。

② 将昆布和温水倒入大碗中，10 分钟后捞出昆布。

③ 在大碗中加入调味料混匀，制成调味汁后再放入萝卜缨，抓拌均匀后腌 10 分钟。

④ 在锅中放入步骤③中拌好的萝卜缨、汤用鳀鱼、昆布高汤，用大火煮至沸腾后盖上锅盖，改小火焖煮 30 分钟。焖煮过程中不时开盖搅拌，使调味料更加入味。

⑤ 加入紫苏粉拌匀，再加入大葱和红辣椒，盖上锅盖，改小火煮 2 分钟。

干蕨菜

挑选

优质干蕨菜呈深栗色，根茎较粗、不皱瘪，香气浓郁。

泡发（以 30g 干蕨菜为准）

①干蕨菜用冷水冲洗干净后放入锅中，加 8 杯水后用大火煮至沸腾，改小火再煮 20 ～ 30 分钟，捞出控干。用冷水将煮好的蕨菜冲洗 2 ～ 3 遍，直至洗出的水变清。

→ 用等量的淘米水替代清水，可有效去除异味。

②将蕨菜在足量冷水中浸泡 6 ～ 12 小时，可有效去除异味。捏住蕨菜较硬的一头并撕除，再将蕨菜团成团并挤干水分。

→ 夏天或室内温度较高时，蕨菜容易变质，建议置于冷藏室存放。

3 确认泡发状态

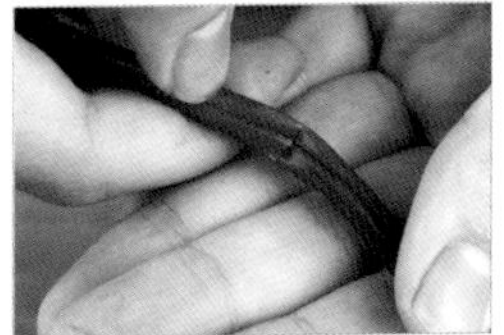

①泡发适度

在泡发第①步的煮制过程中取出一点蕨菜，用指尖按压根茎时若有压痕或咀嚼时口感不硬，则为泡发状态。

②泡发过度

按压根茎时感觉蕨菜软烂，表示泡发过头，口感较差。

拌蕨菜

⏱ 20 ～ 25 分钟（+ 泡发 6 ～ 12 小时）

干蕨菜 30g（泡发蕨菜 210g）、食用油（或紫苏籽油）1 大匙、水 3 大匙、芝麻 1 小匙、芝麻油 1 大匙

调味料 白砂糖 ½ 小匙、葱末 1 大匙、蒜末 ⅓ 大匙、韩式酱油 2 小匙

① 蕨菜泡发后挤干水分，切成 4cm 长的小段，加入调味料，拌匀。

② 在热锅中倒入食用油，放入蕨菜，用中火炒 2 分钟后加 3 大匙水，盖上锅盖煮 2 分钟。

③ 打开锅盖，改中火翻炒 1 分 30 秒后关火，待冷却后加入芝麻和芝麻油拌匀。

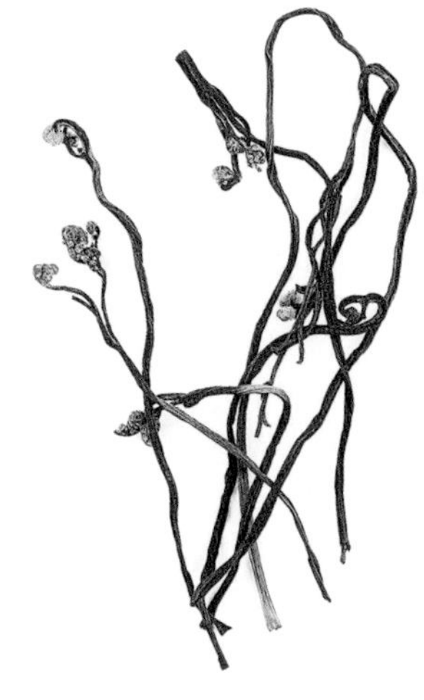

干马蹄菜

挑选

每年正月十五，韩国人的饭桌上绝对少不了香气四溢的马蹄菜。购买干马蹄菜前，先确认有无霉菌，不要买根茎过细、颜色泛黑的，要选择粗细均匀的。

泡发（以 50g 干马蹄菜为准）

①干马蹄菜用冷水冲洗干净后放入锅中，加 8 杯水后用大火煮至沸腾，盖上锅盖，改小火再煮 30 ～ 40 分钟。

用冷水将煮好的马蹄菜冲洗 2 ～ 3 遍，直至洗出的水变清。

②将马蹄菜在足量的水中浸泡 6 ～ 12 小时，可有效去除马蹄菜特有的气味。按压根茎，将坚硬的部分剪掉并摘去烂叶。

两手将马蹄菜团成团，轻轻挤出水分，无须完全控干。

→ 夏天或室内温度较高，马蹄菜易变质，建议置于冷藏室保存。泡发后，可保留部分水分，无须完全控干，这样能更入味，口感也更柔和。

确认泡发状态

①泡发适度

在泡发第①步的煮制过程中取出一点马蹄菜，用冷水冲洗干净，若按压根茎时很容易折断或咀嚼时口感不硬，则表示泡好。

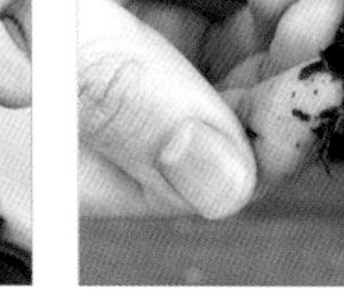

②泡发过度

按压菜叶时，如菜叶软烂则表示泡发过度。干山蓟菜和干辣椒叶也可用相同方法处理。注意，干山蓟菜需煮 30 ～ 40 分钟，干辣椒叶则需 15 ～ 25 分钟。

炒马蹄菜

45 分钟（+ 泡发 6 ～ 12 小时）

干马蹄菜 50g（泡发的马蹄菜 250g）、紫苏籽油 2 大匙、紫苏粉 3 大匙

昆布高汤 昆布 5cm×5cm、水 1 杯

调味料 葱末 1 大匙、蒜末 ½ 大匙、韩式酱油 1 大匙、紫苏籽油 1 大匙、鱼露（玉筋鱼或鳀鱼）½ 小匙

① 锅内倒入昆布高汤材料，煮至沸腾后再用中火煮 3 分钟，捞出昆布。

② 将泡发的马蹄菜稍稍控水，切成 6cm 长的小段，用调味料拌匀。

③ 中火热锅 20 秒，加入 ½ 大匙紫苏籽油，马蹄菜下锅，翻炒 2 分 30 秒。

④ 加入 ¾ 杯昆布汤，改中小火翻炒 3 分 30 秒，再加入紫苏粉和紫苏籽油 1½ 大匙，再炒 30 秒。

→ 马蹄菜口感较硬的话，可以再加入昆布高汤或清水各 1 匙，翻炒片刻。

酱炖菜和佐餐小菜 开始料理前请先阅读这里！

1 酱炖菜的美味秘诀

① 挑选做酱炖菜用的锅子时，应选择锅底厚而平、涂层较好的锅，这样在文火煨炖时食材才不会粘锅。另外，锅底不宜过宽或过窄。如锅底过宽，在食材入味前水分就已蒸发殆尽，料理时长和风味均会发生变化；锅底过窄则会造成食材堆叠，不利于均匀入味。

② 火候的调节是制作酱炖菜时相当重要的一环。火候调节好了，食材才不会糊锅并且光泽诱人。如果全程用小火煨炖，食材很难入味，也不易煮透。因此，应先用大火煮开，再改用小火煨炖。

③ 酱炖菜的重点在于调味料和食材的相互调和，调味料渗透食材，食材的味道和营养融入调味料。刚开始调味时，应调淡一些，因为经过小火煨炖，汤汁熬干，味道自然变咸。

④ 炖煮较硬的食材时，应加入足量的水将食材炖熟。如水量过少，食材还未熟透便已粘锅，但水量也不宜过多，否则食材易被煮得过烂。

⑤ 肉类食材应先控油再炖，这样汤汁的味道和香气更为纯粹。

⑥ 在肉类或鱼类上划几道刀，炖煮时更容易入味。

⑦ 如食材熟透的时间不同，要先煮最难熟的食材，再按顺序炖煮，这样能降低失败率。

⑧ 炖煮时，通常要盖上锅盖。但如果想要料理颜色更加鲜明或想要除去食材异味，则需要打开锅盖。盖上锅盖时须用文火煨炖，否则食材尚未入味，汤汁便已熬干。

⑨ 炖煮时，如果只放酱油调味，会使料理颜色过深。建议用酱油和盐一同调味，这样能使料理色泽更加诱人。

⑩ 低聚糖、糖稀、芝麻油等用于上色的调味料建议最后放入。过早放入的话，虽能快速提升汤汁浓度，却不易使食材入味。

2 几款适用于酱炖菜的调味汁

①大酱汁

以 500g 鲜鱼为准

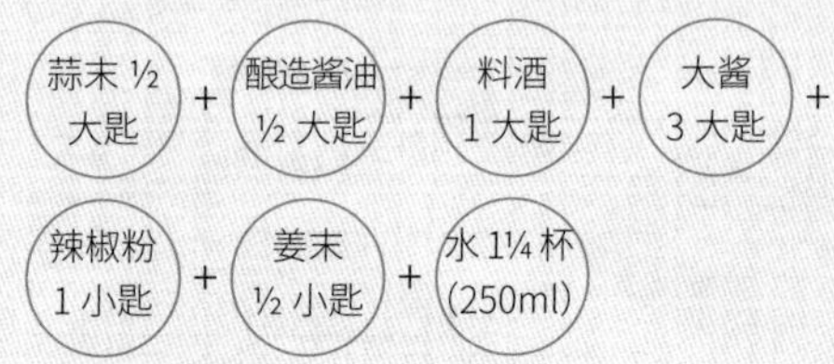

②辣酱汁

以 200g 鲜鱼为准

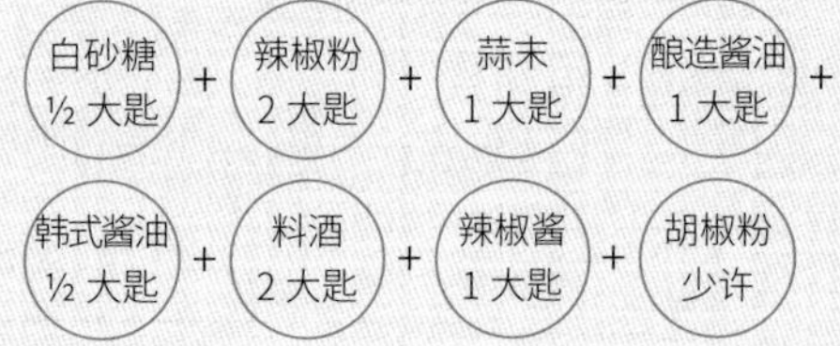

③酱油调味汁

以 350g 鲜鱼为准

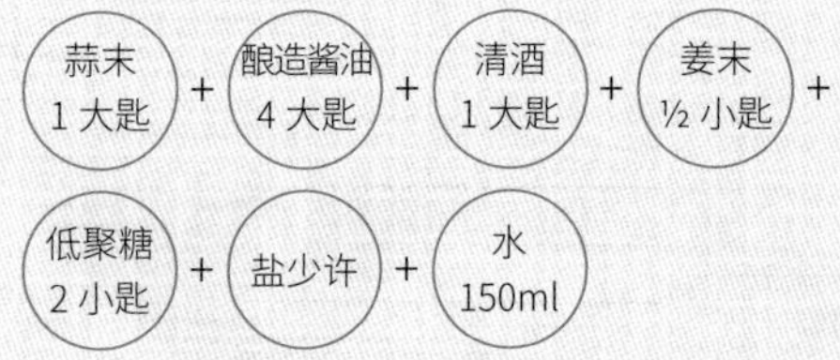

3 征服极易失败的炖鱼

① 在鱼身肉厚的部位划刀，不仅可以使鱼肉快速炖熟，还可以使食材更加入味。在料理过程中用勺子将调味汁淋至鱼身，也有助于提味上色。

② 鱼肉肉质柔软，炖煮时易碎，料理时请勿翻搅。担心鱼肉粘锅的话，可在炖制过程中不时掂下锅。

③ 在锅底铺足量的萝卜、土豆、洋葱等食材，再将鱼块和调味料下锅，可有效防止鱼肉粘锅。

④ 萝卜、土豆等辅料食材切大块炖制时，可先用热水稍焯后再炖，也可以先与部分调味汁一同下锅，这样做能在快速入味的同时有效缩短料理时间。

⑤ 炖鱼时，务必要确认锅盖与锅是否匹配。锅盖与锅要严丝合缝才能使食材彻底熟透。

⑥ 在酱炖调味汁中加入清酒或料酒可有效去除腥味，增加料理的风味。

⑦ 鱼肉炖制时间过长会使蛋白质凝固，造成肉质强烈紧缩，而酱油中的盐分也会产生脱水作用，致使鱼肉肉质稀松。建议将料理时长控制在 15 ～ 20 分钟。

▲ 炖鱼料理中放入萝卜或土豆时请注意

与鱼肉一起炖煮时，萝卜或土豆应切薄片。切大块炖制时，可先用热水稍焯后再炖，也可以先与部分调味汁一同下锅煮，这样能在快速入味的同时，有效缩短料理时间。

4 提前准备，炖鱼更方便

① 将鱼块（1 条的量）洗净，用厨房纸吸干水分，加入 1 大匙盐、1 大匙蒜末、1 大匙姜末、2 大匙清酒、少许胡椒粉，略微搅拌，腌 10 分钟。

② 将萝卜（300g）切成 1cm 厚的扇形，大葱（15cm）切末，青阳辣椒（1 根）切斜片。将萝卜片放入热盐水（3 杯水 +1 大匙盐）中焯 5 分钟，控干水分。

③ 在大碗内加入 2 大匙辣椒粉、1 大匙蒜末、3 大匙酿造酱油、2 大匙清酒、1 大匙辣椒酱、1 小匙白砂糖、少许胡椒粉。将焯好的萝卜片、葱末放入大碗中拌匀。放入鱼块，稍拌片刻后装入保鲜袋，置于冷藏室 30 分钟后再冷冻保存。

④ 将装有鱼块的冷冻袋在室温下放置 30 分钟，解冻后放入锅内，加 1 杯水，大火煮开，盖上锅盖后改中小火炖 25 分钟。炖煮过程中，可不时掂下锅，以防止鱼肉粘锅。打开锅盖，淋上汤汁，再炖 5 分钟即可。

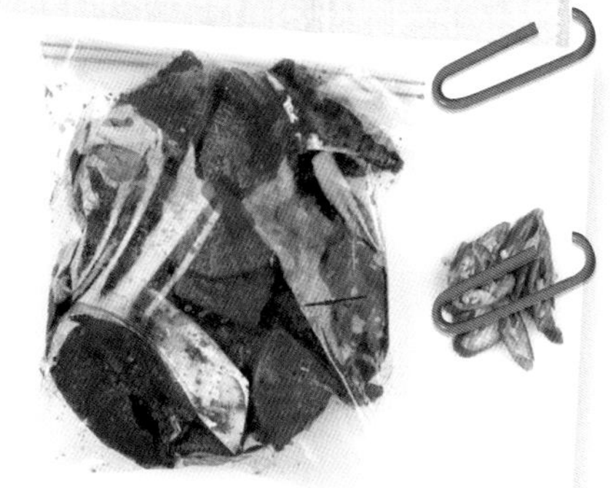

▼ 制作炖鱼冷冻袋

将焯好的萝卜片与鱼块用调味汁腌过，置于冷藏室 30 分钟后再冷冻。这样在忙碌时，可直接取出炖煮。

烧豆腐

酱烧豆腐
辣酱烧豆腐
洋葱烧豆腐

Tips

烧豆腐的美味秘诀

①建议将豆腐切成1～1.5cm厚。切太薄的话，一来会大量出水，二来翻面时易碎。

②在豆腐上撒盐，静置10分钟，这样不仅能使豆腐入味，还可以去除水分，使豆腐更加紧实。

③考虑到调味汁在炖制过程中会蒸发，可加适量的水，再加入适量料酒，从而使味道更加香醇。

处理食材 **腌豆腐**

①将豆腐对半切开，再切成 1cm 厚的片状。

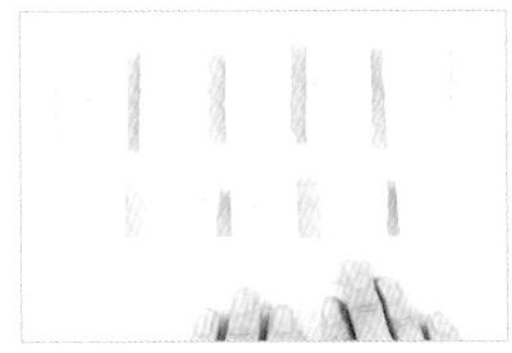

②将豆腐在盘中摊开，撒盐腌制 10 分钟，再用厨房纸擦干。

1 酱烧豆腐、辣酱烧豆腐

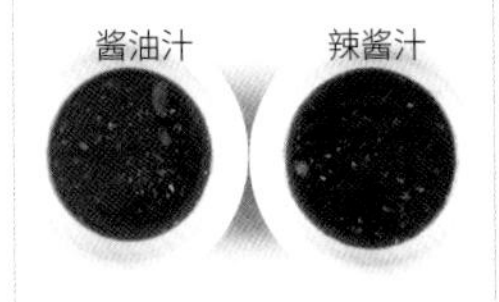

①按个人喜好选择调味汁。

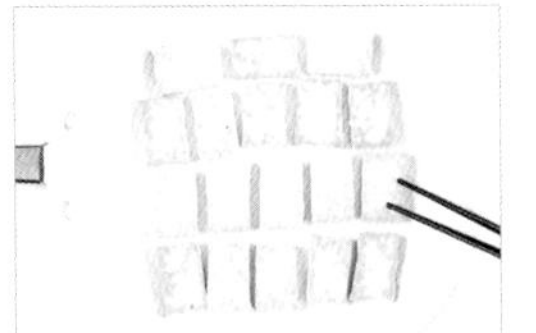

②在热锅内倒入食用油，将腌好的豆腐下锅，用中火将两面各煎 3 分钟至豆腐表面微黄。

→ 煎制过程中不时掂下锅，以防豆腐粘连。根据锅底的厚度调节煎制时间。

③将调味汁均匀倒入锅中，改小火炖 2 分钟后关火，加入芝麻和芝麻油。

→ 炖制过程中，将豆腐翻面一次。

2 洋葱烧豆腐

①将洋葱切成 1cm 宽的丝，混合调味料。

②在热锅内加入鳀鱼，用小火炒 1 分钟，装入滤网，滤掉碎渣。

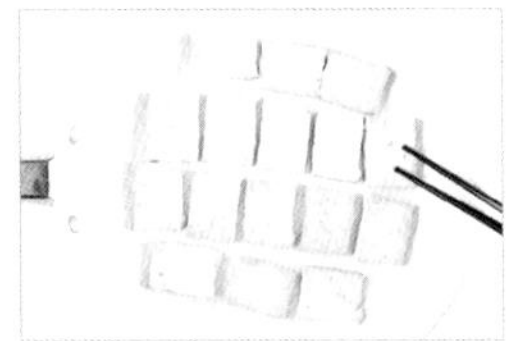

③用厨房纸将步骤②中的平底锅擦净，倒入紫苏籽油，将腌好的豆腐下锅，用大火将两面各煎 1 分钟，装盘。

→ 根据锅的大小，分 2～3 次煎完。

④步骤③的锅底铺一半的洋葱丝，倒入鳀鱼，将豆腐块夹入锅中，注意保持一定间距。将剩下的洋葱丝铺在豆腐上，淋上调味汁，用大火煮开。

⑤大火煮开后，盖上锅盖改中火煮 5 分钟，打开锅盖，淋入剩余的调味汁，最后炖 5 分钟至汤汁浓稠。

→ 炖制过程中不时掂下锅，以防豆腐粘锅。

准备食材

酱烧豆腐

25～30 分钟
可冷藏 3～4 天

☐豆腐（煎制用，大块）1 块（300g）
☐盐 ½ 小匙（腌豆腐用）
☐食用油 1 大匙
☐芝麻 1 小匙
☐芝麻油 1 小匙

选择 1 酱油汁

☐白砂糖 ½ 大匙
☐酿造酱油 2 大匙
☐料酒 1 大匙
☐水 1 大匙
☐蒜末 1 小匙

选择 2 辣酱汁

☐酿造酱油 1 大匙
☐料酒 1 大匙
☐水 2 大匙
☐辣椒酱 1 大匙
☐白砂糖 1 小匙
☐辣椒粉 1 小匙
☐蒜末 1 小匙

洋葱烧豆腐

25～30 分钟
可冷藏 3～4 天

☐豆腐（煎制用）1 块（300g）
☐盐 ½ 小匙（腌豆腐用）
☐洋葱 1 个（200g）
☐鳀鱼(炒制用)½ 杯（20g）
☐紫苏籽油 1 大匙

调味料

☐辣椒粉 1 大匙
☐蒜末 1 大匙
☐酿造酱油 1½ 大匙
☐料酒 1 大匙
☐紫苏籽油 1 大匙
☐白砂糖 1 小匙
☐辣椒酱 2 小匙
☐水 1 杯（200ml）

酱土豆

酱油炖土豆
辣酱炖土豆
酱小土豆

+Recipe

酱土豆中加入青椒或甜椒

青椒（2 根）切碎，甜椒（½ 个，50g）切成 1cm 见方的小块，在步骤⑥即将完成的前 1 分钟放入，轻轻翻炒片刻即可。

+Tips

酱小土豆的美味秘诀

①小土豆用柔软的洗碗布或刷子清洗干净，炖制时才不会掉皮。

②炖制前将小土豆焯水，可有效去除其特有的麻味。

③开小火慢炖至小土豆表皮干皱，可使小土豆充分入味，口感绵软有嚼劲。

1 酱油炖土豆·辣酱炖土豆

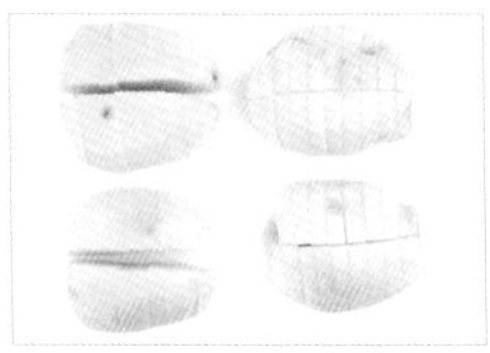

①将土豆去皮，切成4等份，再切成1cm厚的片状。

⊕ 如土豆个头较小，只需对半切开，再切成1cm厚的片状。

②将步骤①中切好的土豆片用冷水洗净，放入盐水（2杯水+1大匙盐）中浸泡5～10分钟，捞出控干。

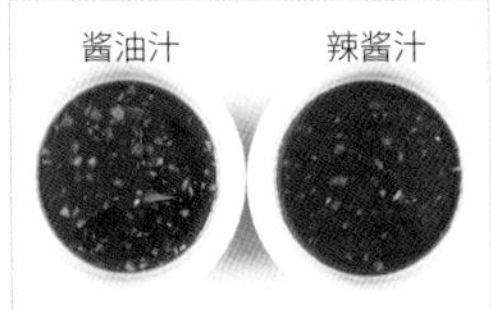

③按个人喜好选择调味汁。

④选一只涂层较好的锅子（直径20cm），用中火热锅，再倒入食用油，将土豆片下锅，翻炒2分钟。

⑤在锅内淋入调味汁，大火煮开后改中小火，盖上锅盖烹煮6分钟。

⑥打开锅盖，调至中火，轻轻翻搅，再炖2分钟至汤汁剩余少许时关火，加入芝麻和芝麻油，拌匀。

2 酱小土豆

①将小土豆用柔软的洗碗布（或料理刷）清理干净，用刀将发芽的部分剜去。将个头较大的小土豆切成两半。

②在锅内倒入足量的水，以浸没小土豆为宜。加入1大匙盐，大火煮开后，改中火煮5分钟。煮好后，用冷水冲洗片刻，捞出控干。

③将步骤②中的锅子擦干，倒入食用油，放入煮好的小土豆，用大火翻炒2分钟。

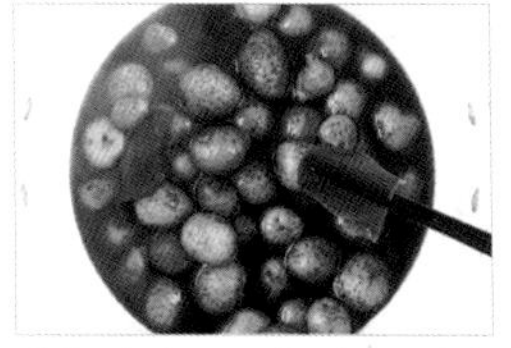

④锅内加3½杯水、昆布和调味汁，大火煮开，改中火煮10分钟，捞出昆布。

⊕ 也可将昆布切丝，在步骤⑥中放入。

⑤改小火炖35～40分钟，待汤汁剩⅓杯，加入低聚糖，调至中火，翻炒2分钟。

⊕ 炖制30分钟后，若汤汁即将熬干，可加入½杯水和1小匙酿造酱油继续炖制。

⑥关火，加入芝麻和芝麻油，拌匀。

准备食材

酱油炖土豆

⏲25～30分钟

可冷藏3～4天

- □土豆2个（400g）
- □食用油1大匙
- □芝麻½小匙
- □芝麻油1小匙

选择1　酱油调味汁

- □白砂糖1大匙
- □酿造酱油2⅓大匙
- □葱末2小匙
- □蒜末1小匙
- □水½杯（100ml）

选择2　辣酱汁

- □白砂糖1大匙
- □酿造酱油1⅓大匙
- □辣椒酱1大匙
- □辣椒粉½小匙（可省略）
- □葱末2小匙
- □蒜末1小匙
- □水½杯（100ml）

酱小土豆

⏲1小时～1小时5分钟

可冷藏7天

- □小土豆（直径2～3cm）
- □约25个（700g）
- □食用油1小匙
- □水3½杯（700ml）
- □昆布5cm×5cm大小的2片
- □低聚糖3大匙
- □芝麻1小匙（可省略）
- □芝麻油1小匙

调味料

- □白砂糖3大匙
- □酿造酱油4大匙
- □清酒1大匙

酱豆子、酱坚果

酱核桃豆子
酱豆子
酱坚果

酱豆久置也不发硬的秘诀

将豆子充分浸泡的环节至关重要，时间充裕的话，可提前将豆子浸泡一夜。另外，在豆子尚未炖熟时加入酱油会使豆子硬如石头，因此要等豆子快炖熟时再放入调味汁。

1 酱核桃豆子

①洗净黑豆，用足量的水浸泡 2～3 小时。

②将核桃用热水焯 30 秒，去除杂质后捞出，过冷水冲洗，控干水分。

③选一只厚底锅，倒入泡好的豆子和 2 杯水，大火煮开后，盖上锅盖，改用中火煮 10 分钟至锅内水量剩余一半。

⊕ *若水量不足，可每次加 ½ 杯量水继续煮。*

④在锅内加入核桃、酿造酱油和白砂糖，改小火炖 5～7 分钟，不时翻搅，直至锅内汤汁剩余 5 大匙左右。

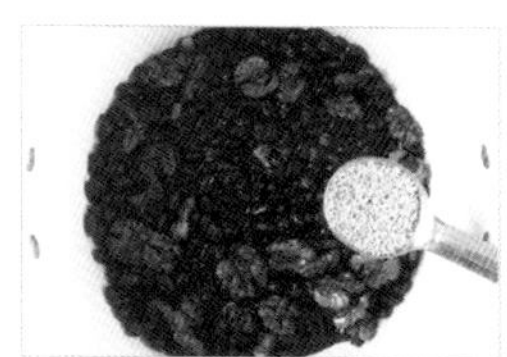

⑤关火，低聚糖分两次加入，每次 2 大匙，搅拌均匀，再加入芝麻拌匀。

2 酱豆子

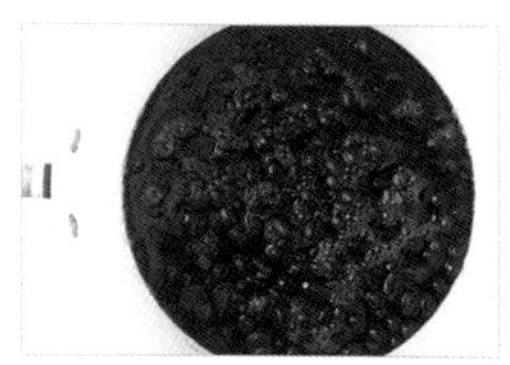

①洗净黑豆，用足量的水浸泡 2～3 小时。选一只厚底锅，倒入泡好的豆子和 3 杯水，大火煮开。

②煮开后盖上锅盖，改用中火煮 20 分钟。待锅内水量剩余 1 杯时，放入调味料，盖上锅盖，再煮 10 分钟。

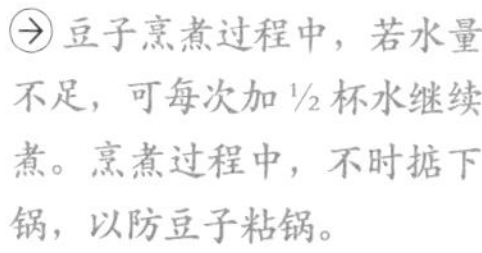

⊕ *豆子烹煮过程中，若水量不足，可每次加 ½ 杯水继续煮。烹煮过程中，不时摇下锅，以防豆子粘锅。*

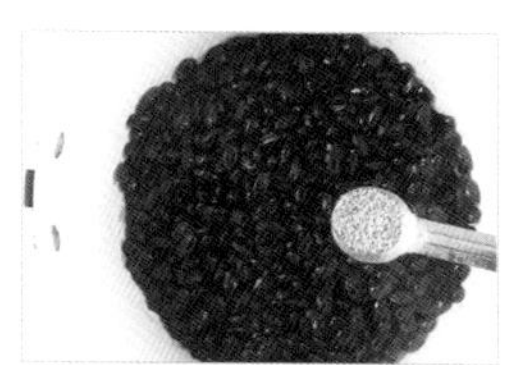

③加入低聚糖，翻搅均匀，再炖 1 分钟，关火。加入芝麻和芝麻油，拌匀。

3 酱坚果

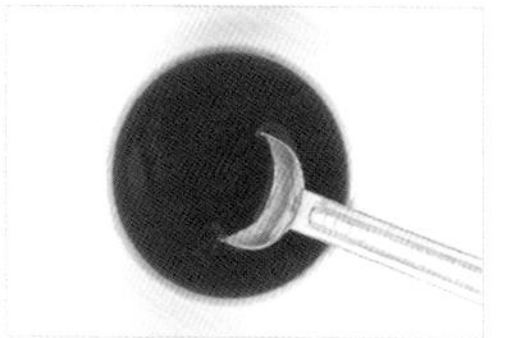

①将调味料混合均匀，制成调味汁。

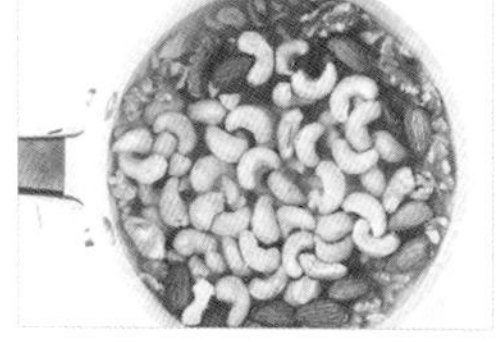

②将坚果用热水焯 30 秒，去除杂质后捞出，过冷水冲洗，控干水分。

③在热锅内倒入坚果，用中小火翻炒 3 分钟，淋入调味料，再炒 3 分钟后关火，加入芝麻油拌匀。

准备食材

酱核桃豆子

⏱ 35～40 分钟
(+ 泡豆子 2～3 小时)
可冷藏 15 天

- □黑豆（霜降豆）1⅓杯（200g）
- □核桃（或杏仁、碧根果、腰果等）约 1 杯（100g）
- □水 2 杯（400ml）
- □酿造酱油 ½ 杯（100ml）
- □白砂糖 2 大匙
- □低聚糖 4 大匙
- □芝麻 1 大匙

酱豆子

⏱ 35～40 分钟
(+ 泡豆子 2～3 小时)
可冷藏 15 天

- □黑豆（霜降豆）1⅓杯（200g）
- □水 3 杯（600ml）
- □低聚糖 2 大匙
- □芝麻 1 小匙
- □芝麻油 1 大匙

调味料

- □白砂糖 1 大匙
- □酿造酱油 4½ 大匙
- □料酒 2 大匙

酱坚果

⏱ 15～20 分钟
可冷藏 7 天

- □坚果（核桃、杏仁、腰果等）2 杯（240g）
- □芝麻油 1 小匙

调味料

- □酿造酱油 2 大匙
- □水 1 大匙
- □低聚糖 1 大匙
- □白砂糖 1 小匙

酱肉

酱萝卜鹌鹑蛋
酱牛肉
酱猪肉
酱鸡肉

+Recipe

酱肉中加入鹌鹑蛋或鸡蛋

鹌鹑蛋（15个，150g）或鸡蛋（3个，150g）煮熟剥皮。在步骤③中小火煨炖17分钟后，放入鹌鹑蛋或鸡蛋，再炖8分钟即可。

酱肉中加入尖椒

尖椒（15～20根，100g）去蒂，用流水洗净后控干水分。在步骤③中用中火煨炖20分钟，放入尖椒，再炖5分钟即可。

+Tips

酱肉的保存方法

将酱肉撕成方便食用的条状，装入保鲜盒，在盒内倒入调好的酱汁，密封后冷藏保存。这样一来，肉条吸饱了酱汁，口感极佳。加热后食用口感更为柔嫩。

1 酱萝卜鹌鹑蛋

①萝卜去皮，切成2cm见方的小块。

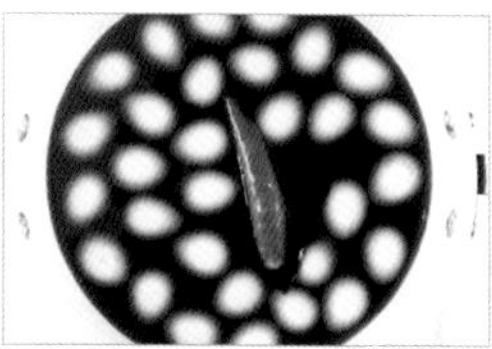

②取一只厚底锅，放入鹌鹑蛋、青阳辣椒、昆布和调味料，大火煮开。

➔ 用厚底锅炖煮可以使调味料均匀地渗入鹌鹑蛋和萝卜。

③沸腾后再煮5分钟，盖上锅盖，改小火煮15分钟。打开锅盖，倒入萝卜块，再盖上锅盖，最后炖煮10分钟。

2 酱肉

①按个人喜好准备整块的牛肉、猪肉或鸡肉，切成5cm宽的块状。

➔ 鸡胸肉或里脊肉整块料理即可，无须切块。

②将肉用热水焯3分钟后捞出，过冷水冲洗，控干水分。

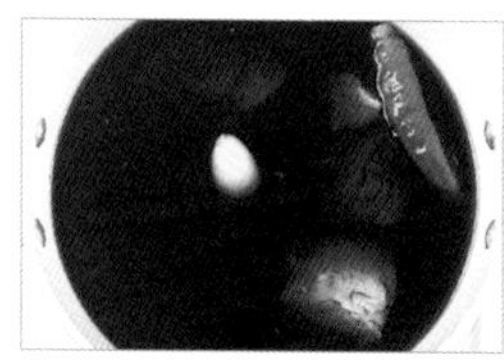

③锅内放入焯好的肉块、青阳辣椒、蒜粒、生姜和调味料，大火煮开后，改中火煨炖25分钟。

准备食材

酱萝卜鹌鹑蛋

30～35分钟

可冷藏7天

□市售熟鹌鹑蛋30个（300g）
□直径10cm、厚3cm的萝卜1块（300g）
□青阳辣椒1根（可省略）
□昆布5cm×5cm 2片

调味料

□酿造酱油½杯（100ml）
□水2杯（400ml）
□白砂糖2大匙
□低聚糖2大匙

酱肉

30～35分钟

可冷藏7天

□牛肉、猪里脊肉、鸡里脊肉或鸡胸肉300g
□青阳辣椒1根
□蒜瓣7粒（35g）
□生姜（蒜粒大小）1颗（5g）

调味料

□酿造酱油¾杯（150ml）
□水3杯（600ml）
□白砂糖4大匙
□清酒2大匙
□胡椒粉少许

炖青花鱼

大酱炖青花鱼
泡菜炖青花鱼

大酱炖青花鱼

泡菜炖青花鱼

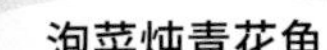

Tips

处理青花鱼的方法

如果购买的是尚未处理的青花鱼，去掉头部和鱼鳍后用流水洗净，再切成2～3大块。用加了少许盐的淘米水冲洗可有效去除腥味。另外，调味汁中的清水也可用淘米水代替。

1 大酱炖青花鱼

①土豆用刮皮器削去外皮，切成 0.7cm 厚的片状。

→ 土豆个头较大的话，可先对半切开，再切片。

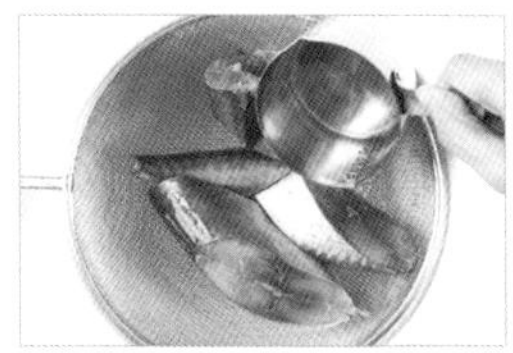

②处理好的青花鱼用流水冲洗片刻，切成 3cm 宽的块状，装入笊篱，用热水冲掉杂质。

③煮好的冬白菜用 5 杯热水焯 30 秒，过冷水冲洗后控干水分，切成 4cm 长的小段。

→ 生冬白菜须用热盐水（4 杯水 +½ 大匙盐）焯 5 分钟。

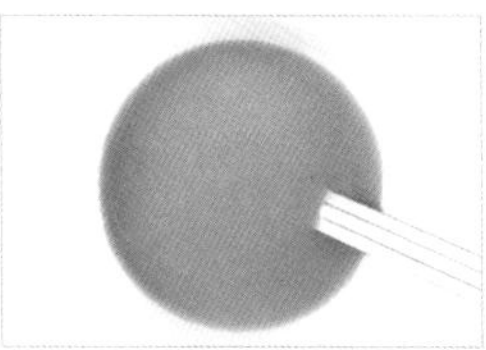

④将调味料混合均匀，制成调味汁。

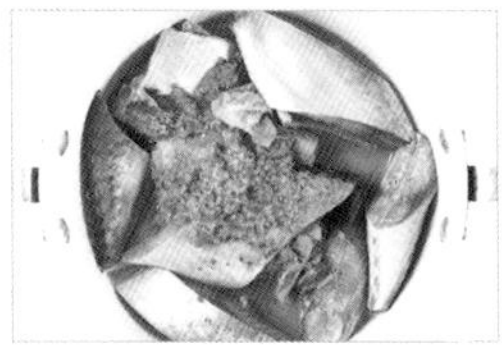

⑤锅内按顺序铺上土豆片、青花鱼块、冬白菜，淋上调味汁。

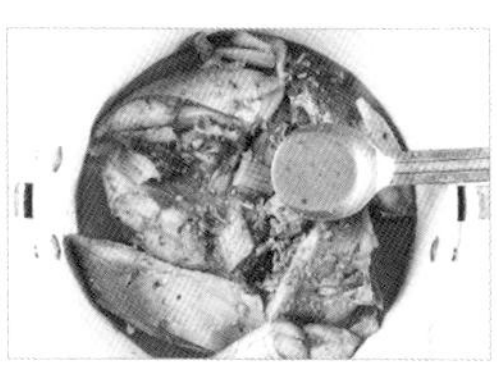

⑥盖上锅盖，开中火炖 8 分钟。打开锅盖，舀适量汤汁淋在食材上，再炖 5 分钟。

→ 炖制过程中，不时掂下锅以防粘锅。

→ 水不够时，可再加入 ¼ 杯水，以防糊锅。

2 泡菜炖青花鱼

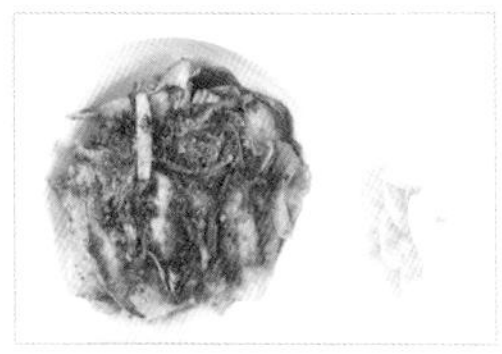

①将大葱切成 1cm 宽的斜片，泡菜切大块后装入大碗，倒入泡菜汁，拌匀。

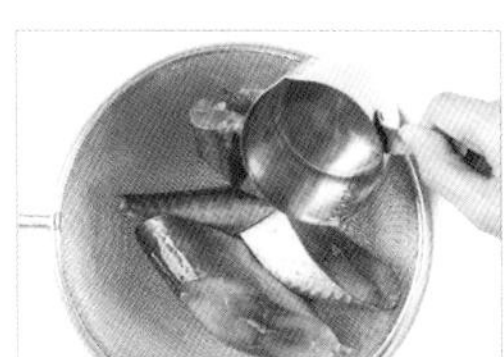

②处理好的青花鱼用流水冲洗片刻，切成 3cm 宽的块状，装入笊篱，用热水冲掉杂质。

③取一只带盖的深底锅（或宽底锅），加热后倒入食用油，泡菜下锅，用中火翻炒 3 分钟。

④在步骤③的锅中放入青花鱼块，加 1 杯水和姜末，煮 2 分钟。

⑤倒入泡菜汁，待锅内咕嘟咕嘟煮开后，盖上锅盖，改小火炖 15～20 分钟。

→ 炖煮过程中，不时掂下锅以防粘锅。水不够时，可再加入 ¼ 杯水。

⑥待汤汁快要熬干且泡菜已炖熟时，加入蒜末和葱片，再煮 1 分钟即可。

准备食材

大酱炖青花鱼

25～30 分钟

- □青花鱼 2 条（去掉鱼头，500g）
- □煮熟的冬白菜 100g
- □土豆 1 个（200g）

调味料

- □蒜末 ½ 大匙
- □酿造酱油 ½ 大匙
- □料酒 1 大匙
- □大酱 3 大匙
- □辣椒粉 1 小匙
- □姜末 ½ 小匙
- □水 1¼ 杯（250ml）

泡菜炖青花鱼

30～35 分钟

- □青花鱼 1 条（去掉鱼头，250g）
- □熟泡菜 2 杯（300g）
- □大葱（葱白）15cm
- □食用油 1 大匙
- □水 1 杯（200ml）
- □姜末 1 小匙
- □泡菜汁 ¼ 杯（50ml）
- □蒜末 1 大匙

泡菜调味汁

- □白砂糖 ¼ 大匙
- □辣椒粉 ½ 大匙
- □清酒 ½ 大匙
- □紫苏籽油 ½ 大匙
- □胡椒粉少许

炖鲅鱼

萝卜炖鲅鱼
照烧鲅鱼

萝卜炖鲅鱼

照烧鲅鱼

+Recipe

萝卜炖鲅鱼中加入土豆

土豆（1½ 个，300g）用刮皮器削去外皮，切成 1cm 厚的片状，可替代萝卜与鲅鱼一同炖煮。

1 萝卜炖鲅鱼

①处理好的鲅鱼用流水洗净，加入料酒腌10分钟，再用厨房纸吸干水分。

②萝卜削去外皮，以十字刀切成4等份，再切成1cm厚的片状。洋葱切成1cm厚的丝状。

③大葱切成3cm厚的斜片，青阳辣椒和红辣椒切成薄斜片，混合调味料，制成调味汁。

④锅内放入萝卜块和⅓分量的调味汁，大火煮开后改小火煮6～10分钟，至筷子可将萝卜戳透即可。

⑤锅内依次放入鲅鱼、洋葱丝和剩余的调味汁，煮10～12分钟，最后加入葱片、青阳辣椒片和红辣椒片煮1分钟。

→ 调味汁可在炖煮过程中分次放入。

2 照烧鲅鱼

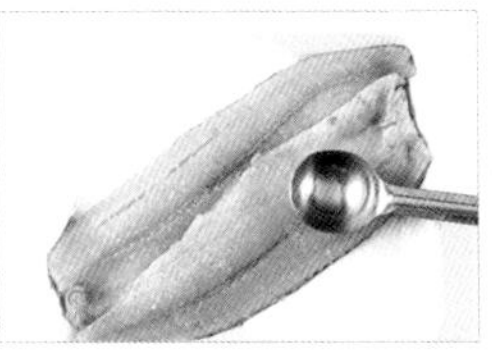

①处理好的鲅鱼用流水洗净，加入腌料腌10分钟，再用厨房纸吸干。

②尖椒去蒂，用叉子或牙签戳2～3个孔。将调味用的生姜切成薄片。

③热锅内倒入食用油，将鲅鱼下锅，鱼皮朝上鱼肉朝下，用中火煎6～7分钟后翻面再煎5分钟，直至肉质微黄。

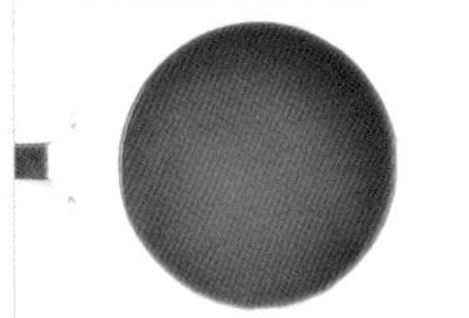

④另取一只平底锅，倒入照烧酱，用中火加热1～2分钟，使白砂糖溶化。

⑤将鲅鱼和尖椒放入步骤④的锅中，用料理刷（或勺子）将酱汁刷在鱼身上，炖5～6分钟至酱汁收干即可。

准备食材

萝卜炖鲅鱼

⏱ 50～55分钟

- □鲅鱼1条（300g）
- □清酒2大匙（用于腌制鲅鱼）
- □直径10cm、厚3cm的萝卜1块（300g）
- □洋葱⅓个（约65g）
- □大葱（葱绿）10cm 2段
- □青阳辣椒（或青辣椒）1根
- □红辣椒1根

调味料

- □青阳辣椒碎1根
- □白砂糖1大匙
- □辣椒粉1大匙
- □蒜末1大匙
- □酿造酱油4大匙
- □料酒3大匙
- □姜末1小匙
- □辣椒酱1小匙
- □水1杯（200ml）

照烧鲅鱼

⏱ 30～35分钟

- □鲅鱼1条（300g）
- □尖椒5根（约30g，可省略）
- □食用油1大匙

鲅鱼腌料

- □盐½小匙
- □清酒1小匙
- □胡椒粉少许

照烧酱

- □生姜（蒜粒大小）½块
- □白砂糖2大匙
- □酿造酱油3大匙
- □清酒3大匙
- □低聚糖1大匙

炖带鱼
炖鲽鱼

Tips

为什么要处理带鱼银鳞？

带鱼银鳞表面附着的“鸟嘌呤”不利于消化，也没有营养价值，且烹调时会使汤汁浑浊，因此建议去除银鳞。将刀背斜放，轻轻刮去银鳞。

炖带鱼

炖鲽鱼

1 炖带鱼

①带鱼初步处理后，用刀背将银鳞轻轻刮去，用流水洗净，加入腌料腌制10分钟。

②昆布用2½杯热水浸泡10分钟后捞出。

③土豆去皮，对半切开后切成1cm厚的片状。大葱与青阳辣椒切成1cm厚的斜片。

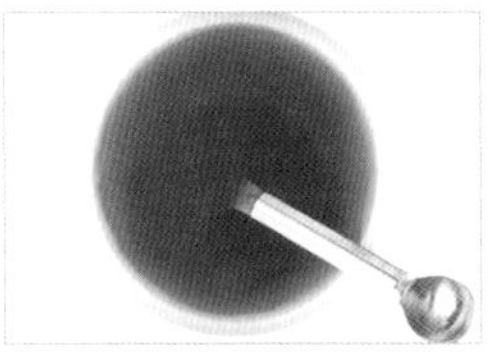

④步骤②中的昆布水加入调味料，制成调味汁。

→将调味料中的辣椒粉和辣椒酱省略，可以使味道清淡，口感咸香。

⑤锅内铺土豆片，放入带鱼，倒入步骤④中的调味汁，大火煮沸后盖上锅盖，改中火煮5分钟。

→炖煮过程中，不时掂下锅，以防土豆片粘锅。

⑥打开锅盖，用勺子舀适量汤汁淋在食材表面，改小火再煮10分钟，放入葱片和青阳辣椒片，最后再煮5分钟。

→煮的过程中，不时掂下锅，以防土豆片粘锅。

2 炖鲽鱼

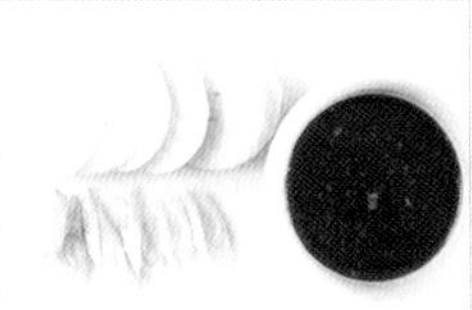

①洋葱切成0.5cm厚的圆片，大葱切斜片。混合调味料，制成调味汁。

②鲽鱼做初步处理后用刀背从头至尾轻轻刮去鱼鳞，用流水洗净。

③鱼身两面各划3～4刀。

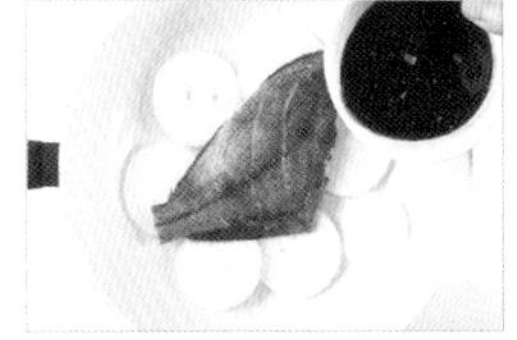

④取一只带盖的深锅（或宽底锅），铺洋葱片，放入鲽鱼，浇上调味汁。

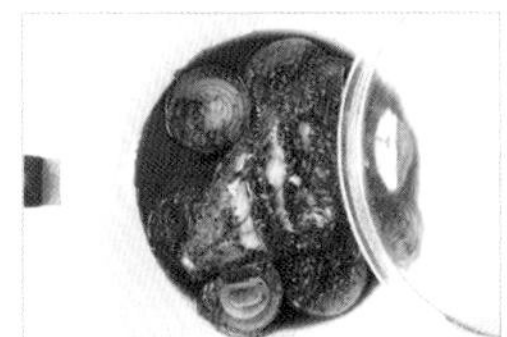

⑤盖上锅盖，用中火炖煮5分钟，改小火再炖5分钟。

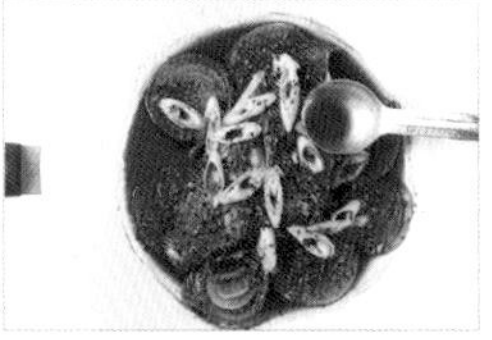

⑥打开锅盖，放入葱片，调至大火煮1分30秒，再改小火，用勺子舀适量汤汁淋在食材表面，炖3分钟。

→煮的过程中，不时掂下锅，以防洋葱片粘锅。

准备食材

炖带鱼

⏱ 45～50分钟

- □带鱼4～5块（1条，200g）
- □土豆2个（400g）
- □大葱（葱白）15cm
- □青阳辣椒1根

带鱼腌料

- □清酒1大匙
- □盐1小匙

- □昆布水
- □昆布5cm×5cm 2片
- □热水2½杯（500ml）

调味料

- □白砂糖½大匙
- □辣椒粉2大匙
- □蒜末1大匙
- □酿造酱油1大匙
- □韩式酱油½大匙
- □料酒2大匙
- □辣椒酱1大匙
- □胡椒粉少许

炖鲽鱼

⏱ 25～30分钟

- □鲽鱼1条（350g）
- □洋葱1½个（300g）
- □大葱（葱白）15cm

调味料

- □辣椒粉1大匙（可省略）
- □蒜末1大匙
- □酿造酱油4大匙
- □清酒1大匙
- □姜末½小匙
- □低聚糖2小匙（按个人口味增减）
- □盐少许
- □水½杯（100ml）

炒鳀鱼

辣酱炒鳀鱼
炒小鳀鱼
尖椒炒鳀鱼

辣酱炒鳀鱼

炒小鳀鱼

尖椒炒鳀鱼

炒小鳀鱼中加入坚果

在步骤②小鳀鱼下锅时，将核桃、杏仁、腰果等坚果（½ 杯，60g）一同放入锅中翻炒。

Tips

炒鳀鱼的注意事项

①先将鳀鱼下锅翻炒，可有效去除水分和腥味。但需注意，鳀鱼易碎，勿用大火猛炒。

②低聚糖须在关火后加入，这样才不会使调味汁凝固，鳀鱼也不会发硬。

1 辣酱炒鳀鱼

①热锅内放入鳀鱼，中小火炒2分钟后装入漏勺，抖掉碎屑。

②将调味料混合均匀，倒入锅中，用中小火熬煮。待调味汁边缘沸腾时，再熬1分30秒。

③鳀鱼下锅，翻炒1分钟后关火，加入芝麻和芝麻油，拌匀。

2 炒小鳀鱼

①热锅内放入小鳀鱼，小火炒1分30秒后装入漏勺，抖掉碎屑。

②用厨房纸擦净步骤①中的平底锅，小火热锅，倒入食用油，放入蒜末炒30秒后关火。锅内依次加入小鳀鱼、酿造酱油和料酒，混合均匀，再开中火翻炒1分钟。

③加入芝麻油拌匀后关火，加入低聚糖和芝麻再拌匀即可。

3 尖椒炒鳀鱼

①尖椒去蒂，用叉子或牙签戳2～3个孔。个头较大的尖椒可对半切开。

②热锅内放入鳀鱼，用中小火炒2分钟后装入漏勺，抖掉碎屑。

③步骤②中的平底锅用厨房纸擦净，小火热锅后倒入食用油，放入蒜末炒30秒。

④锅内放入鳀鱼、尖椒和料酒，转中火翻炒1分钟，加入芝麻油拌匀，关火。

⑤加入低聚糖和芝麻，拌匀即可。

准备食材

辣酱炒鳀鱼

10～15分钟

可冷藏7天

- □鳀鱼2杯（80g）
- □芝麻1小匙
- □芝麻油1小匙

调味料

- □辣椒粉1大匙
- □清酒1大匙
- □水4大匙
- □辣椒酱1大匙（按个人口味增减）
- □芝麻油½大匙
- □蒜末½小匙
- □低聚糖1小匙

炒小鳀鱼

10～15分钟

可冷藏7天

- □小鳀鱼1杯（50g）
- □食用油1大匙
- □蒜末½小匙
- □酿造酱油½小匙（按个人口味增减）
- □料酒2大匙
- □芝麻油1小匙
- □低聚糖1⅔大匙
- □芝麻1小匙

尖椒炒鳀鱼

10～15分钟

可冷藏7天

- □鳀鱼2杯（80g）
- □尖椒15～20根（100g）
- □食用油1大匙
- □蒜末1小匙
- □料酒2½大匙
- □芝麻油1小匙
- □低聚糖2大匙（按个人口味增减）
- □芝麻1小匙

鱿鱼丝小菜

酱炒鱿鱼丝
辣酱拌鱿鱼丝

+Recipe

用鱿鱼丝调味汁凉拌干明太鱼丝

干明太鱼丝（3⅓杯，100g）用热水泡发后控干水分，加入酱油或辣酱汁，用手抓拌均匀。

+Tips

辣酱汁中加入蛋黄酱

辣酱汁中加入1大匙蛋黄酱，不仅可以使酱汁有光泽，口感也更加柔和。加入蛋黄酱后，无须再加酿造酱油。

1 酱炒鱿鱼丝

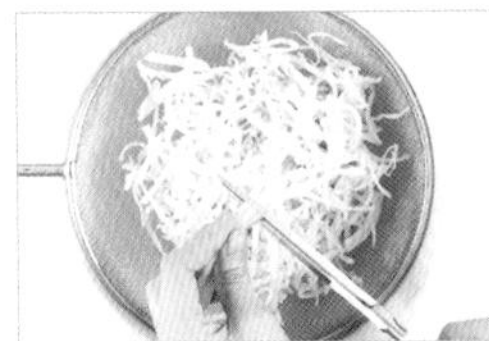

①将鱿鱼丝装入笊篱，抖掉碎屑，再剪成4cm长的小段。

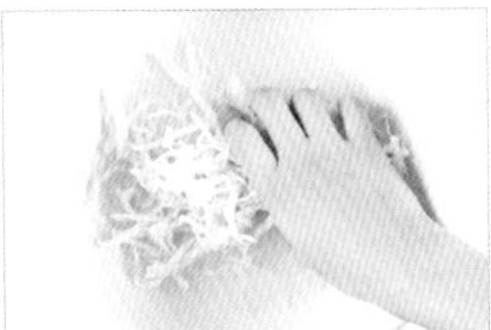

②大碗中加1杯水和清酒，放入鱿鱼丝抓洗片刻，用笊篱捞出，控干水分。

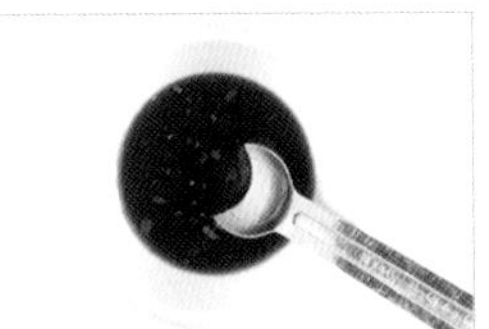

③将调味料混合均匀，制成调味汁。

④热锅内倒入食用油，放入步骤②中洗好的鱿鱼丝，开中火炒1分钟。

⑤倒入调味汁，均匀翻炒2分30秒，关火。

⑥加入低聚糖，用余温翻炒1分钟，再加入芝麻和芝麻油，拌匀即可。

2 辣酱拌鱿鱼丝

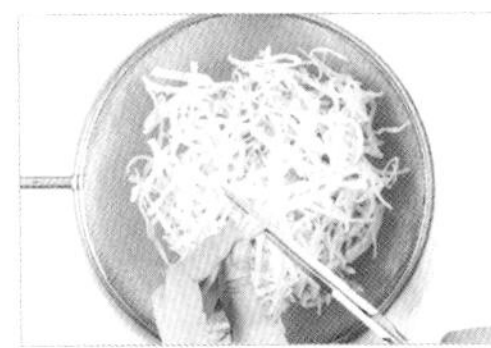

①将鱿鱼丝装入笊篱，抖掉碎屑，再剪成4cm长的小段。

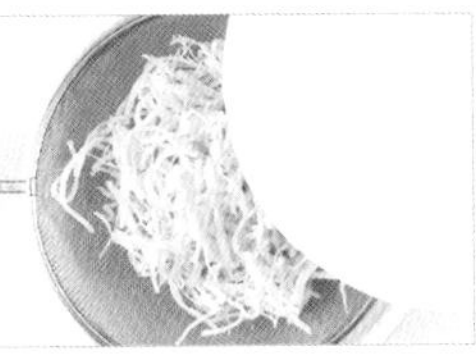

②将5杯热水浇入步骤①中装有鱿鱼丝的笊篱，控干水分。

→ 用热水浇洒可去除鱿鱼丝的咸味，去除杂质，使凉拌后的鱿鱼丝口感更加柔软。

③大碗中加入调味料，放入鱿鱼丝，抓拌均匀。

→ 热锅内加入1小匙食用油，将拌好的鱿鱼丝下锅，用中小火翻炒2分钟可使味道更香醇。

准备食材

酱炒鱿鱼丝

10～15分钟

可冷藏7天

- □鱿鱼丝约3杯（100g）
- □水1杯（200ml）
- □清酒1大匙
- □食用油½大匙
- □低聚糖½大匙
- □芝麻1小匙
- □芝麻油1小匙

调味料

- □酿造酱油1½大匙
- □料酒½大匙
- □水1½大匙
- □蒜末½小匙

辣酱拌鱿鱼丝

10～15分钟

可冷藏7天

- □鱿鱼丝约6杯（200g）

调味料

- □低聚糖1½大匙
- □辣椒酱2大匙
- □芝麻油1大匙
- □纯净水1大匙
- □芝麻1小匙
- □白砂糖1小匙
- □细辣椒粉2小匙
- □酿造酱油1小匙
- □清酒2小匙

炒干虾

酱炒干虾
辣酱炒坚果干虾

酱炒干虾中加入坚果

在步骤③干虾和调味料下锅时，将核桃、杏仁、腰果等坚果（½ 杯，60g）和 1 小匙酿造酱油一同放入锅中翻炒。

辣酱炒坚果干虾中加入蒜薹

蒜薹（6～8 根，100g）用流水洗净，切成 4～5cm 长的小段，用热盐水（2 杯水 +1 小匙盐）焯 1 分钟后过冷水冲洗，捞出并控干水分。步骤④干虾下锅时，将蒜薹和 2 小匙酿造酱油一同放入锅中翻炒。

1 酱炒干虾

①将调味料混合均匀，制成调味汁。

②在热锅内加入干虾，用中火炒 30 秒，装入笊篱，抖掉碎屑。

③步骤②中的平底锅用厨房纸吸干，中火热锅后，倒入食用油，放入干虾和调味料，翻炒 1 分钟后关火，撒上芝麻。

2 辣酱炒坚果干虾

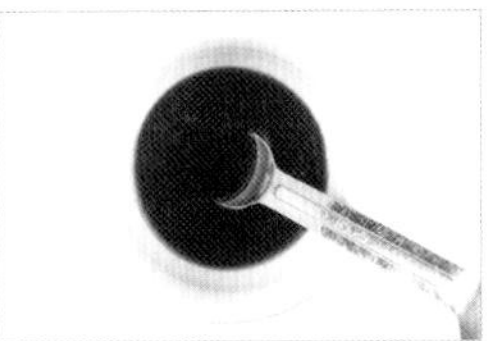

①将调味料混合均匀，制成调味汁。

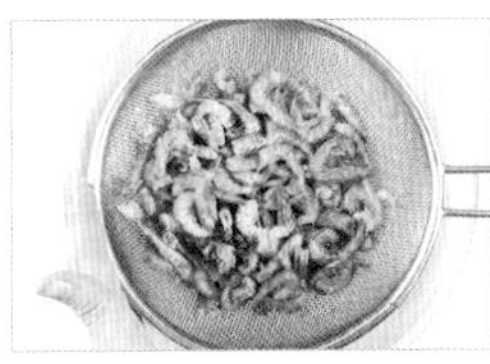

②在热锅内加入干虾，用中火炒 30 秒，装入笊篱，抖掉碎屑。

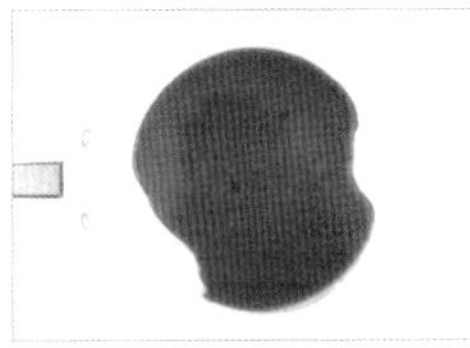

③步骤②中的平底锅用厨房纸擦净，倒入调味料，用中小火烧煮。待调味汁边缘沸腾后稍稍翻搅，再煮 30 秒。

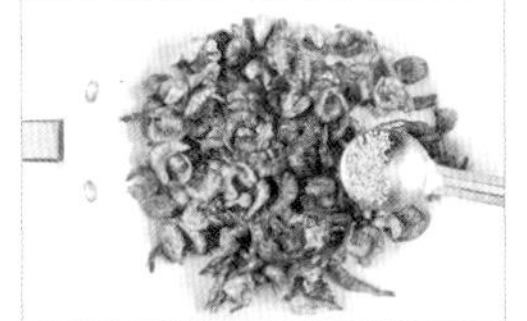

④锅内倒入干虾和坚果，谨防煳锅，翻炒 1 分钟后关火，撒上芝麻。

准备食材

酱炒干虾

15 ～ 20 分钟

可冷藏 7 天

- ☐去头干虾 2 杯（50g）
- ☐食用油 1 大匙
- ☐芝麻 1 小匙

调味料

- ☐酿造酱油 1 大匙
- ☐低聚糖 1½ 大匙
- ☐蒜末 1 小匙

辣酱炒坚果干虾

15 ～ 20 分钟

可冷藏 7 天

- ☐去头干虾 2 杯（50g）
- ☐坚果（核桃、杏仁、腰果等）½ 杯（60g）
- ☐芝麻 ½ 大匙（可省略）

调味料

- ☐白砂糖 ½ 大匙
- ☐酿造酱油 1 大匙
- ☐水 2 大匙
- ☐低聚糖 2 大匙
- ☐辣椒酱 1 大匙
- ☐芝麻油 ½ 大匙

炒鱼糕

辣酱炒鱼糕
酱炒鱼糕

辣酱炒鱼糕

酱炒鱼糕

做出美味鱼糕的秘诀

将鱼糕装入滤网，淋热水除腥，可使口感更加清爽。炒鱼糕时，可以加入甜椒、辣椒、蘑菇等蔬菜，或者用蚝油代替酱油。

1 辣酱炒鱼糕

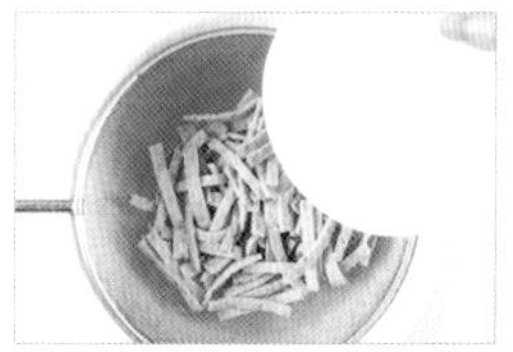

①将鱼糕切成1cm×4cm的条状，装入滤网，浇热水去除油腥。

②将大葱切成1cm×5cm的大小。

③将调味料混合均匀，制成调味汁。

④在热锅内倒入食用油，放入蒜末，用中小火炒30秒。

⑤将鱼糕下锅，翻炒30秒后加入调味汁炒2分钟，再加入葱丝炒30秒，关火，撒上芝麻拌匀。

2 酱炒鱼糕

①将鱼糕切成1cm×4cm的条状，装入滤网，浇热水去除油腥。

②洋葱切丝。

③将调味料混合均匀，制成调味汁。

④在锅内倒入食用油，放入蒜末，用中小火炒30秒。

⑤将鱼糕和洋葱丝下锅炒30秒，倒入调味汁，翻炒2分30秒即可。

准备食材

辣酱炒鱼糕

10～15分钟

可冷藏3～4天

- ☐鱼糕2片（140g）
- ☐大葱（葱白）15cm 3段
- ☐食用油1大匙
- ☐蒜末½小匙
- ☐芝麻1小匙

调味料

- ☐酿造酱油1大匙
- ☐辣椒酱1大匙
- ☐低聚糖1小匙
- ☐芝麻油½小匙
- ☐胡椒粉少许

酱炒鱼糕

10～15分钟

可冷藏3～4天

- ☐鱼糕2张片（140g）
- ☐洋葱1个（200g）
- ☐食用油1大匙
- ☐蒜末½小匙

调味料

- ☐酿造酱油1大匙
- ☐低聚糖1小匙
- ☐芝麻油½小匙
- ☐胡椒粉少许

集中攻略 3　2 种根茎类蔬菜的挑选方法和烹饪方法

根茎类蔬菜属弱碱性食物，含有丰富的纤维质，可有效清血、缓解便秘。特别是在秋末初冬时味道最好，且价格便宜，购买方便。然而，根茎类蔬菜料理起来相对麻烦，不免让许多料理新手望而却步。接下来将为大家详细介绍牛蒡、莲藕这两种具有代表性的根茎类蔬菜的挑选方法和烹饪方法，大家不妨亲自动手尝试一下。

牛蒡

挑选

柔软且易弯折的牛蒡富含膳食纤维，牛蒡上的泥土越多、皮越薄、须根越密，则越新鲜。牛蒡去皮后会立即变色，建议带泥保存，可用保鲜膜裹好后置于泡菜冰箱或一般冰箱存放。

烹调

牛蒡可薄薄切丝后用酸甜或香醇的酱汁凉拌，也可用于酱炖或汤类料理。

处理

①用刀背或刮皮器去掉外皮，再用流水清洗。

②按用途切成相应大小和形状。

→ 牛蒡靠近外皮的部分香气浓郁，味道更好，因此处理时，可以用洗碗布稍稍揉搓，保留部分外皮。

③料理前，先用醋水浸泡片刻，可防止褐变、去除麻味。

牛蒡炒胡萝卜

20～25 分钟

牛蒡 150g、胡萝卜 ½ 根（150g）、食用油 1 大匙、芝麻油 1 大匙、芝麻 1 小匙

调味料 白砂糖 1 大匙、酿造酱油 2 大匙、清酒 2 大匙、料酒 2 大匙

① 处理好的牛蒡切成 5cm 长的片状，萝卜切成同样大小。
② 将调味料混合均匀，制成调味汁。
③ 在热锅内倒入食用油，牛蒡片和胡萝卜片下锅，翻炒 2 分钟后倒入调味汁，炖煮 4 分钟。
④ 待汤汁快要熬干时，加入芝麻油拌匀，关火，撒上芝麻。

莲藕

挑选

挑选莲藕时，选择笔直且不过分粗大的。市售的去皮莲藕大多用漂白剂等药物处理过，尽量不要选购。

烹调

要长时间存放时，将莲藕去皮，装入保鲜袋冷冻保存。解冻时，用热水焯 2 分钟即可。可用来做酱炖或炒制料理。

3 处理

①用流水将表皮的淤泥洗净，用刮皮器去皮。

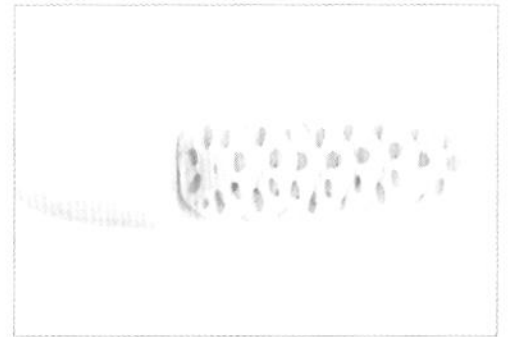

②切掉两端部分，按用途切成相应大小和形状。

③料理前，先用醋水浸泡片刻，可防止褐变。

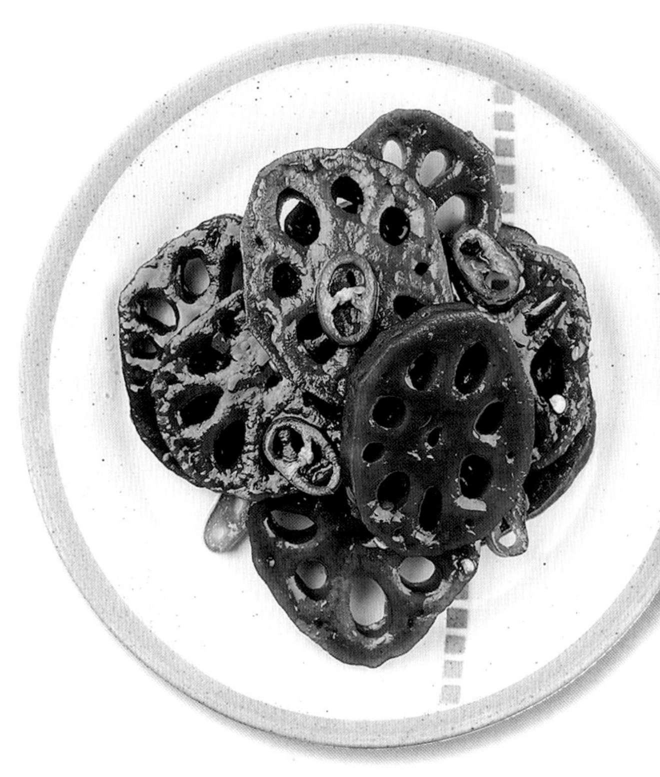

酱莲藕

35 ～ 40 分钟

莲藕 1 节（中等大小，300g）、青阳辣椒 ½ 根（可省略）、食用油 1 大匙、昆布 5cm×5cm、低聚糖 1 大匙

调味料 酿造酱油 4 大匙、料酒 1 大匙、低聚糖 1½ 大匙、水 1 杯

① 将处理好的莲藕切成 0.5cm 厚的片状，青阳辣椒切碎。

② 藕片用醋水（3 杯水 +1 大匙食醋）浸泡 5 分钟，再连同醋水一起倒入锅中，待煮沸后再煮 5 分钟，过冷水冲洗，捞出控干。

③ 在热锅内倒入食用油，藕片下锅，用中火翻炒 1 分钟，再加入昆布和调味料，改大火炖 5 分钟。

④ 调味汁煮沸后，改中火炖 8 分钟，再改用小火炖 2 分钟，捞出昆布。

→ 也可将昆布切丝，在第⑤步时放入。

⑤ 放入青阳辣椒碎，最后炖 2 ～ 3 分钟，待汤汁快要熬干时关火，加入低聚糖拌匀即可。

煎烤和煎饼 料理前请先阅读这里！

1 烤鱼和烤肉的美味秘诀

烤鱼

① 烤制前先用厨房纸将鱼身水分细细擦干，去除内脏，腥味便不会太重。

② 在鱼身划刀后再烤制可以快速逼出水分和油脂，使肉质更加酥脆。

③ 如担心不入味，可在鱼身撒 ½ 小匙粗盐后再烤制，有助于入味。

④ 用平底锅煎烤时，可在鱼身裹上面粉，这样一来不会溅油，二来口感更加酥脆。

⑤ 用平底锅煎烤时，为了保留鱼肉特有的鲜美，建议使用无香味的食用油。

⑥ 酱烤时，建议鱼肉烤至七成熟时，再涂抹酱汁。三文鱼或鲈鱼等油脂较多的鱼类可在烤制前用酱汁腌制片刻，之后再放入烤箱或烤架上烤制。

烤肉

① 用调味汁腌制时，排骨等较硬的部位腌制 8 ～ 24 小时，里脊部位腌制 2 ～ 3 小时，适合烤肉的部位腌制 30 分钟～ 1 小时，这样烤制出的料理才最好吃。如腌制时间过久，会导致肉汁大量流失，从而导致口感发柴变硬，请多加留意。

② 酱烤时，在平底锅内倒入少量食用油，待充分热锅后再烤制，这样肉汁便不会流失太多。

③ 烤肉时不要经常翻面，待表面有肉汁稍稍溢出时再翻面。

2 煎饼的美味秘诀

① 海鲜或肉类在煎烤前先腌一下会更美味，蔬菜则应先用盐腌过逼出水分后再煎，这样炸衣便不会轻易脱落。但如果盐过量或腌制时间过久，蔬菜中的水分会大量流失，从而导致煎饼瘪陷，卖相不佳，因此请按食谱中的盐量和腌制时间进行操作。

② 做煎饼时须掌握好火候，若热锅不充分或油未热便匆忙下锅，一来极易粘锅，二来煎饼发软、口感油腻。

③ 油量过多时，蛋糊会凝固鼓起，使煎饼整体凹凸不平，因此请按食谱规定的油量操作，并将油抹匀。

④ 将煎饼翻面前可先掂下锅，确认煎饼底面是否熟透，也可用锅铲翻面。

⑤ 做好的煎饼应摊开放置在托盘中，这样炸衣与食材才不会分离。待煎饼完全冷却之后，装入保鲜盒存放。

⑥ 按个人喜好制作面糊。

基本面糊：煎饼粉 1 杯 + 水 1 杯（200ml）

酥脆面糊：煎饼粉⅔杯 + 炸粉⅓杯 + 水 1 杯（200ml）
炸粉中含有低筋面粉，因此口感更加酥脆。

筋道面糊：煎饼粉⅔杯 + 糯米粉⅓杯 + 水 1 杯（200ml）
糯米粉可使面糊的口感更加筋道柔软。

⑦ 用冰水替代清水可使煎饼口感更加筋道；用昆布汤或鲣节汤替代，则可使煎饼香气四溢也更加美味。鳀鱼昆布汤相对来说味道较腥，并不推荐。

★若面粉是由小麦直接磨制而成，那么煎饼粉建议选用适合煎制料理的中筋面粉，再加入洋葱、大蒜、胡椒粉、盐等，味道会更好。将低筋面粉、中筋面粉、淀粉按 1：1：1 的比例混合，加入盐和胡椒粉调味，可替代煎饼粉使用。

3 吃剩煎饼的保存方法和加热方法

冷藏保存会使煎饼在水分流失的同时迅速发硬，且产生异味，最后不得不丢弃。建议用保鲜盒或保鲜袋装取后冷冻保存，且存放时间不超过 10 天。油多的食物重新加热食用时，随着水分蒸发，口感发涩，因此将煎饼置于室温下解冻后，放在不抹油的平底锅上稍稍加热，用厨房纸去除油分后再食用。

▲吃剩的煎饼最好冷冻保存！冷藏保存会使煎饼在水分流失的同时迅速发硬，且产生异味，建议用保鲜盒或保鲜袋装取后冷冻保存。

4 搭配煎饼食用的酱汁

①酱油醋

食醋 1 大匙 + 酿造酱油 1 大匙 + 白砂糖 1 小匙

②酸辣酱

辣椒酱 1 大匙 + 食醋 2 小匙 + 蜂蜜 1½ 小匙 + 芝麻油 1 小匙

③洋葱酱

洋葱 ½ 个(100g) + 青阳辣椒 ½ 根 + 酿造酱油 ¼ 杯(50ml) + 水 ½ 杯(100ml) + 白砂糖 1 小匙 倒入锅中，熬煮 5 分钟。

④山蒜酱

山蒜末 ½ 把(25g) + 酿造酱油 2 大匙 + 芝麻 1 小匙 + 白砂糖 1 小匙 + 辣椒粉 ½ 小匙 + 芝麻油 1 小匙

⑤青梅酱

酿造酱油 1 大匙 + 芝麻 ½ 小匙 + 青梅汁 1 小匙 + 水 1 小匙

▲搭配煎饼食用的调味汁 制作煎饼时，可按个人喜好调制味道清淡的酱油醋或醋辣酱搭配食用。

烤鱼

- 烤带鱼
- 烤鲽鱼
- 烤鲅鱼
- 烤秋刀鱼
- 烤多线鱼
- 烤黄花鱼
- 烤青花鱼
- 烤三文鱼

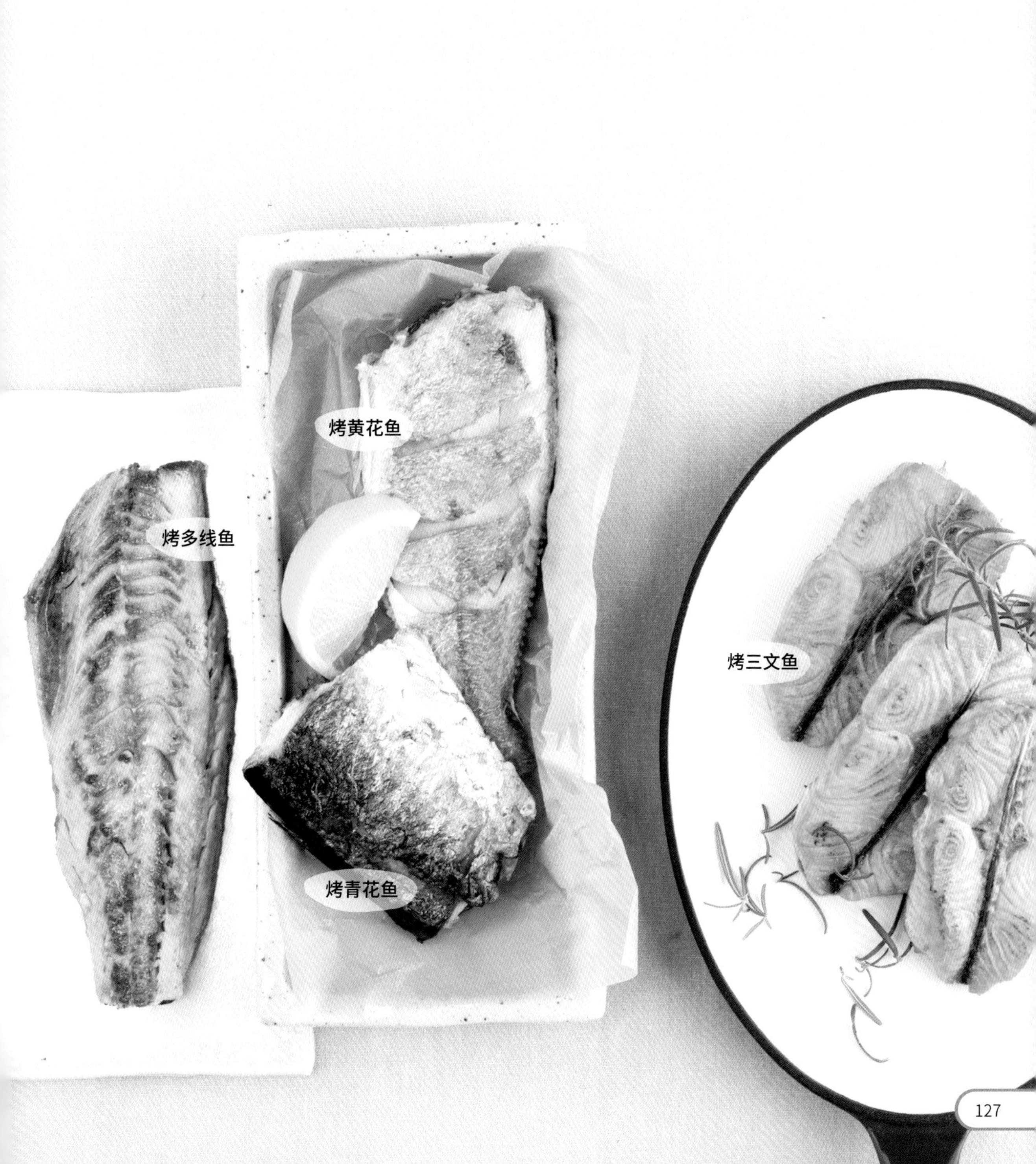
烤黄花鱼
烤多线鱼
烤三文鱼
烤青花鱼

处理食材 腌制鱼肉

①处理好的鱼肉用流水洗净，再用厨房纸擦干水分。

②鱼身划上3～4刀，可划×形，也可直接划斜刀。鲽鱼肉易碎，无须划刀。个头较大的鱼可先切成2～3块。

③将腌料均匀地洒在鱼身上，腌制10分钟后，用厨房纸吸干水分。

→ 在鱼身抹盐，可吸干鱼肉中的水分，使肉质更加紧实，但腌制时间过长会使水分大量流失从而走味，请按照食谱明示的腌制时间操作。

料理1 各种鱼肉的煎烤方法

带鱼 3块（150g）

热锅内倒入食用油，将带鱼下锅，用中火煎烤3分钟后，改中小火翻面煎5分钟，再次翻面煎1分钟，直至表皮微黄。

→鱼块较厚时，多煎1分钟。

鲽鱼 1条（170g）

热锅内倒入食用油，鱼背朝下，用中火煎烤2分钟，翻面再煎3分钟。改小火，再次翻面煎2分钟，直至表皮微黄。

→鱼块较厚时，多煎1分钟。

鲅鱼 1条（300g）

热锅内倒入食用油，鱼背朝下，用中火煎烤3分钟，改小火翻面煎4分钟，再次翻面煎2分钟，直至表皮微黄。

→鱼块较厚时，多煎1分钟。

秋刀鱼 1条（200g）

热锅内倒入食用油，将秋刀鱼下锅，用中火煎烤2分钟，翻面改小火煎3分钟，再次翻面煎2分钟。

→鱼块较厚时，多煎1分钟。

多线鱼 1条（400g）

热锅内倒入食用油，鱼背朝下，中火煎烤2分钟，再翻面煎3分钟。改小火，再次翻面煎3分钟，直至表皮微黄。

→鱼块较厚时，多煎1分钟。

黄花鱼 1条（150g）

热锅内倒入食用油，将黄花鱼下锅，中火煎烤2分钟，再改小火翻面煎3分钟，再次翻面煎2分钟至表皮微黄。

→鱼块较厚时，多煎1分钟。

+Tips

冷冻鱼肉的解冻法

处理冷冻鱼肉前，建议先放入冷藏室慢慢解冻。虽然耗费的时间久，但如果解冻时温差过大，一方面造成水分流失，另一方面味道和营养成分也会随之流失。解冻后，用厨房纸擦干，腌制后煎烤。

鱼肉不粘锅的秘诀

①将处理好的鱼肉洗净，用厨房纸擦干。

②选一只涂层较好的锅子，抹油之前先充分预热。锅未完全预热便将鱼肉下锅的话，鱼皮极易粘锅。

③煎烤时，待一面完全煎熟后再翻面，这样肉质紧实不易碎。

青花鱼 1 条（300g）

热锅内倒入食用油，鱼背朝下，用中火煎烤 3 分钟，改中小火翻面煎 5 分钟，再次翻面煎 2 分钟，直至表皮微黄。

→ 鱼块较厚时，多煎 1 分钟。

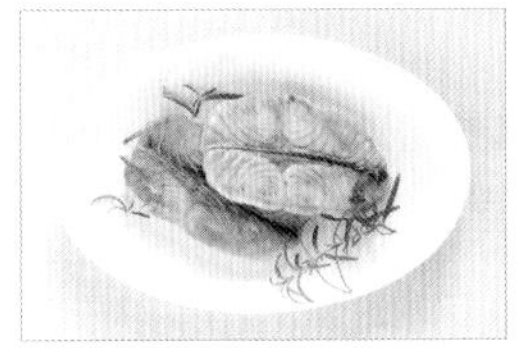

三文鱼 1 块（180g）

热锅内倒入食用油，将三文鱼下锅，用中火煎烤 3 分钟，再改小火翻面煎 4 分钟，再次翻面煎 2 分钟，直至表皮微黄。

→ 鱼块较厚时，多煎 1 分钟。

料理 2 其他煎烤方法（以 170g 鱼肉为准）

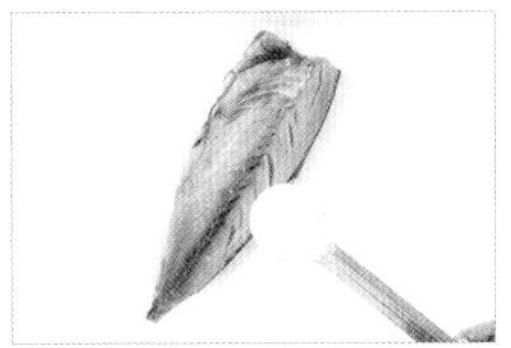

裹面粉（1 大匙）煎烤

将腌好的鱼肉控干水分，两面均匀裹上面粉，将多余的面粉抖落，静置 5 分钟，再按鱼的种类进行煎烤。

→ 面粉可吸附鱼肉的水分，这样在煎烤时不会溅油，鱼肉形状也能保持完整。

裹咖喱粉（2 小匙）+ 面粉（1 大匙）煎烤

取一只宽盘，将咖喱粉和面粉混合均匀，腌好的鱼肉控干水分，两面均匀裹粉。将多余的粉抖落，静置 5 分钟后按鱼的种类进行煎烤。

→ 裹咖喱粉煎烤可有效去除鱼肉的腥味，并带来浓郁的咖喱香气。

刷照烧酱（酿造酱油 1 小匙 + 料酒 1 小匙 + 低聚糖 1 小匙 + 胡椒粉少许）煎烤

鱼肉煎烤完成前 2～3 分钟，用料理刷将照烧酱在鱼身上涂抹均匀，转小火煎烤 2～3 分钟即可。

→ 烤制过程中，注意调节火候，防止酱汁烧焦。

准备食材

烤鱼

15～20 分钟

- □鱼肉（带鱼、鲽鱼、鲅鱼、秋刀鱼、多线鱼、黄花鱼、青花鱼、三文鱼）适量
- □食用油 1 大匙

腌料

- □清酒⅔大匙
- □盐⅔小匙
- □胡椒粉少许

调味烤鱼

酱汁烤鱼
辣酱烤鱼

酱汁烤鱼

辣酱烤鱼

酱汁不烧焦的方法

将鱼肉先烤一遍后再涂抹酱汁，然后用小火煎烤，这样烤制出的鱼肉不仅均匀熟透，酱汁也能充分入味。

调味烤鱼可以更美味

将小葱切碎或切丝，加入生姜、柠檬制成酱汁，搭配调味烤鱼食用，味道更好。

1 酱汁烤鱼

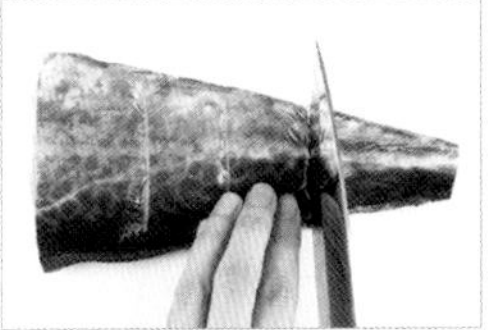

①将处理好的鱼肉用流水洗净，用厨房纸擦干，将鱼身划上几刀。

②将腌料均匀地洒上鱼身，10分钟后用厨房纸擦干水分。

③将调味料混合均匀，制成酱汁。

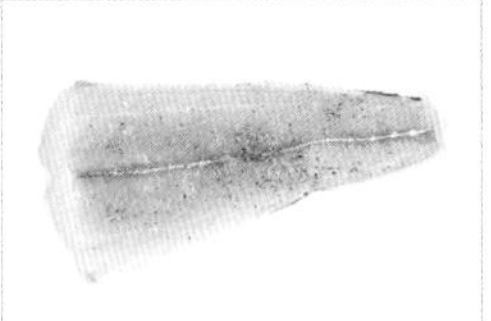

④在热锅内倒入食用油，鱼皮一面朝下，用中火煎1分钟。

⑤改中小火煎烤2分钟至表面微黄，再翻面煎3分钟。

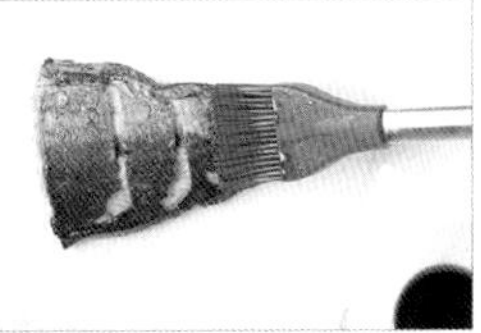

⑥用料理刷将酱汁均匀涂抹在步骤⑤中的鱼肉两面，改小火将两面各煎2分钟。

→ 注意调节火候，防止酱汁烧焦。

2 辣酱烤鱼

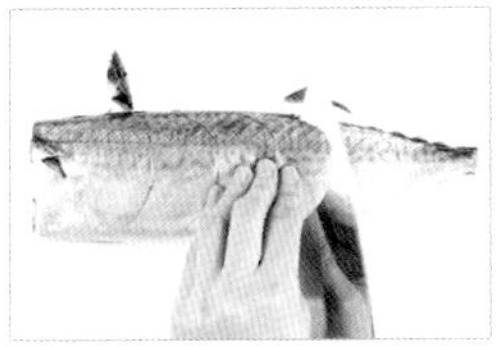

①将处理好的鱼肉用流水洗净，用厨房纸擦干，将鱼身划几刀。

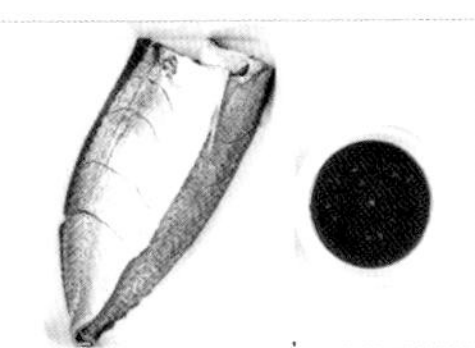

②将腌料均匀地洒上鱼身，10分钟后用厨房纸擦干水分。将调味料混合均匀，制成酱汁。

③盘中铺上淀粉，将鱼肉两面均匀裹上淀粉，抖掉多余的淀粉。

④在热锅内加入2大匙食用油，有鱼皮的一面朝下，用中大火煎烤1分30秒。

⑤调至中火，再加入1大匙食用油，将鱼肉翻面煎烤2分钟至表面微黄。再次翻面，煎1分钟，装盘。

⑥用厨房纸将步骤⑤中的平底锅擦净，倒入酱汁，开小火熬煮15秒，待酱汁边缘沸腾后，将鱼肉一面朝下煎烤1分钟后翻面，用料理刷将锅内剩余的酱汁均匀地涂抹在鱼肉上，再煎1分钟即可。

准备食材

酱汁烤鱼

30～35分钟

- □鱼肉（青花鱼、鲅鱼）150g
- □食用油1小匙

腌料

- □盐⅓小匙
- □胡椒粉¼小匙
- □清酒1小匙
- □调味料
- □酿造酱油1大匙
- □料酒1大匙（或清酒1大匙+白砂糖1小匙）

辣酱烤鱼

30～35分钟

- □鱼肉（青花鱼、鲅鱼）1条（300g）
- □面粉2大匙
- □食用油3大匙

腌料

- □清酒1大匙
- □盐⅓小匙
- □胡椒粉⅓小匙

调味料

- □酿造酱油1大匙
- □料酒1大匙
- □水4大匙
- □低聚糖1大匙
- □辣椒酱3大匙
- □白砂糖1小匙
- □蒜末1小匙

调味烤肉

大酱烤肉
辣酱烤肉
酱汁烤肉

Tips

调味烤肉的美味秘诀

可以用猪前腿肉或五花肉来制作烤肉，但最好的还是脂肪较少、肉质柔嫩的猪颈肉。将猪肉用酱料腌制一夜后再烹饪更鲜嫩更入味，口感更好。也可以将猪肉切小块，用酱料腌过后炒制。

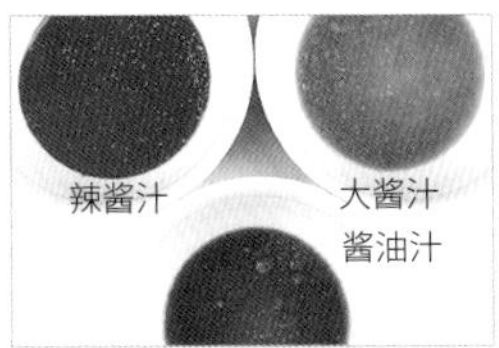

①按个人喜好选择调味汁。

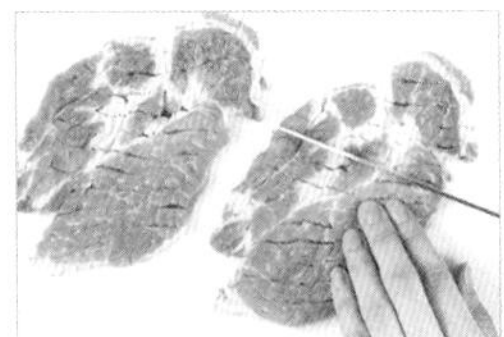

②在猪肉表面划几刀，间距 1cm 左右。

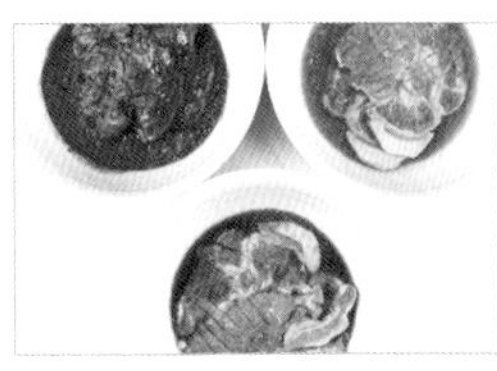

③将猪肉放入步骤①中装有调味汁的大碗中，抓拌片刻，腌制 30 分钟以上。

→ 用保鲜膜裹好置于冷藏室腌制一夜，味道更好。

④选一只带锅盖的平底锅，小火热锅，倒入食用油，用厨房纸涂抹均匀。将步骤③中腌好的猪肉下锅，用中火烤 1 分 30 秒。

→ 辣酱汁容易烧焦，注意调节火候。

⑤改小火，翻面烤 3 分钟，盖上锅盖，最后煎烤 2 分钟。

准备食材

调味烤肉

55～60 分钟

- □猪颈肉（0.5cm 厚）400g
- □食用油 1 大匙

选择 1　大酱汁

- □蒜末 1 大匙
- □酿造酱油 ½ 大匙
- □料酒 2 大匙
- □低聚糖 2 大匙
- □大酱 1½ 大匙
- □姜末 1 小匙
- □芝麻油 1 小匙

选择 2　辣酱汁

- □芝麻 1 大匙
- □白砂糖 1½ 大匙
- □辣椒粉 1 大匙
- □蒜末 1 大匙
- □酿造酱油 1 大匙
- □料酒 1 大匙
- □水 2 大匙
- □辣椒酱 3 大匙
- □芝麻油 1 大匙
- □胡椒粉少许

选择 3　酱油汁

- □白砂糖 1 大匙
- □酿造酱油 2 大匙
- □清酒 2 大匙
- □蒜末 1 大匙
- □姜末 1 小匙
- □芝麻油 1 小匙

香煎肉片

香煎鸡肉片
香煎猪肉片
香煎牛肉片

Tips

裹面衣时的注意事项

面粉或煎饼粉若裹得太厚，会造成蛋液不易挂糊，面衣易脱落。充分裹粉后，将多余的面粉抖落，尽可能裹得薄一些。

1 香煎鸡肉片

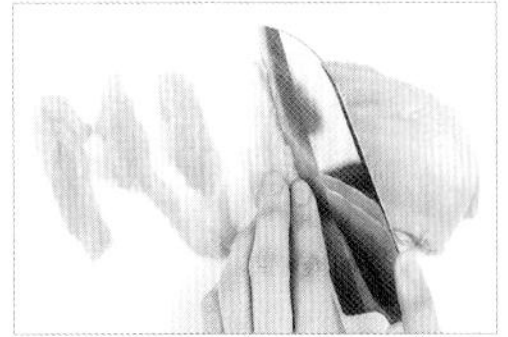
①左手按住鸡胸肉，右手持刀，将鸡肉切成0.5cm厚的斜片。

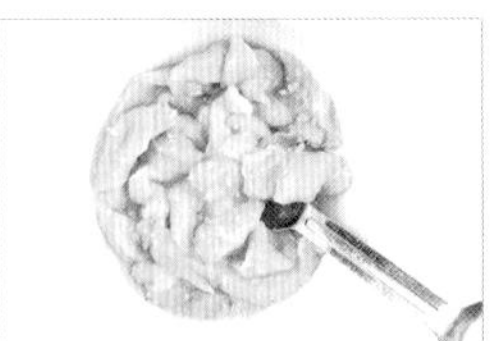
②将步骤①中切好的鸡胸肉片放入腌料中，静置10分钟。

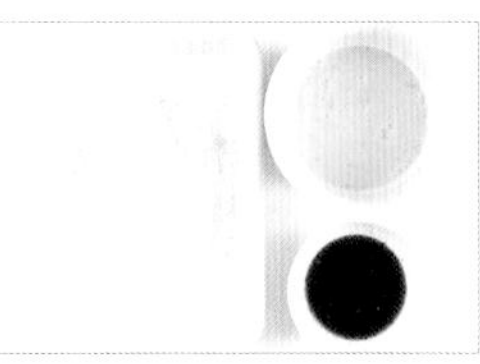
③在盘中铺煎饼粉，鸡蛋打散。另取一只碗，将调味料混合，制成调味汁。

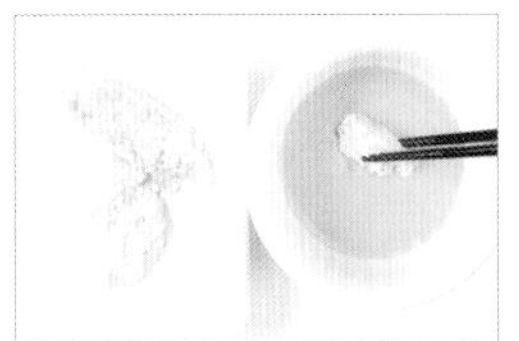
④将步骤②中腌好的鸡肉片两面均匀裹上煎饼粉，抖落多余的粉，挂上蛋糊。

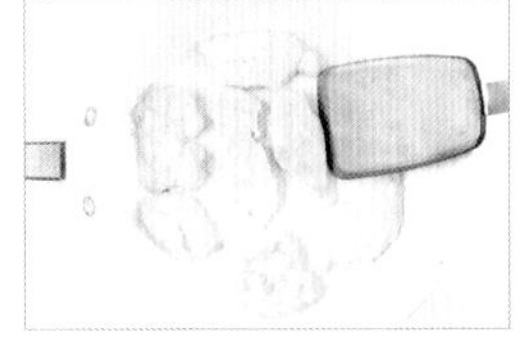
⑤在热锅内加入1大匙食用油，将挂好糊的肉片下锅，用中小火将两面各煎1分钟至表面微黄。搭配调味汁食用。

➔ 煎的过程中若油量不够，可再次加入。根据锅的大小，分2～3次煎完。

2 香煎猪肉片·香煎牛肉片

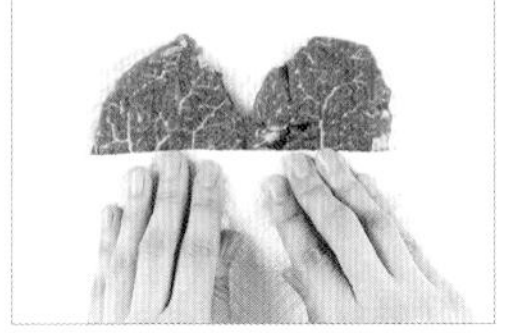
①将猪肉或牛肉用厨房纸擦干。

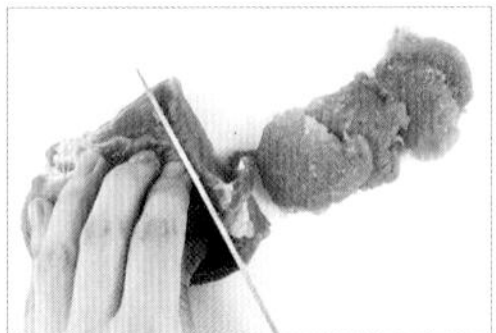
②-a 猪肉要切成薄片。

➔ 若购买的是切好的肉片，可省略此步骤。

②-b 牛肉，左手按住牛肉，右手持刀，将刀放平，逆着纹理切成薄片。

➔ 若购买的是切好的肉片，可省略此步骤。

③将腌料均匀地撒在肉片上。

④盘中铺面粉，将鸡蛋打散。把步骤③中腌好的肉片两面均匀沾裹面粉，将多余的面粉抖落，挂上蛋糊。

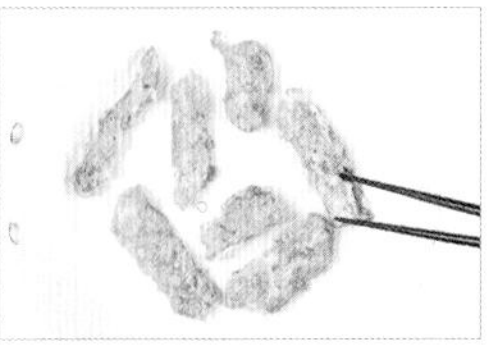
⑤在热锅内加入1大匙食用油，将挂好糊的肉片下锅，用中火煎（牛肉片煎1分30秒，猪肉片煎1分钟），翻面再煎1分钟即可。搭配调味汁食用。

➔ 煎的过程中若油量不够，可再次加入。根据锅的大小，分2～3次煎完。

准备食材

香煎鸡肉片

⏲ 25～30分钟

- □鸡胸肉2块（200g）
- □煎饼粉（或面粉）6大匙
- □鸡蛋2个
- □食用油2大匙

腌料

- □清酒1大匙
- □食用油（或橄榄油）1大匙
- □蒜末2小匙
- □盐少许
- □胡椒粉少许

调味汁

- □小葱末1根份（10g，可省略）
- □酿造酱油1½大匙
- □食醋1大匙
- □纯净水1大匙
- □白砂糖½小匙
- □辣椒粉½小匙（可省略）

香煎猪肉片·香煎牛肉片

⏲ 25～30分钟

- □牛里脊或猪里脊250g
- □面粉5大匙
- □鸡蛋2个
- □食用油2大匙

腌料

- □盐少许
- □胡椒粉少许

调味汁

- □小葱末1根份（10g，可省略）
- □酿造酱油1½大匙
- □食醋1大匙
- □纯净水1大匙
- □白砂糖½小匙
- □辣椒粉½小匙（可省略）

牡蛎煎饼

家常牡蛎煎饼
统营*式牡蛎煎饼

家常牡蛎煎饼

统营式牡蛎煎饼

如何清除牡蛎的腥味

牡蛎越用力清洗，腥味越重，须放在淡盐水中轻轻涮洗。袋装牡蛎清洗一遍即可，按克售卖的牡蛎须用淡盐水清洗2～3遍。

牡蛎的保存方法

想吃生牡蛎的话，将牡蛎浸泡在淡盐水（3杯水+2小匙盐）中，一同装入保鲜盒，置于冷藏室保存，可存放3～4天。需保存较长时间的话，则按一次食用的量分开，分别装入保鲜袋后冷冻保存。做汤或营养饭时，无须解冻，直接使用即可。

*统营市，位于韩国庆尚南道。——译者注。

1 家常牡蛎煎饼

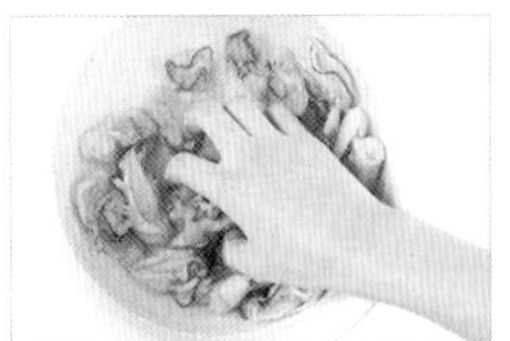

①将牡蛎浸泡在盐水（3杯水+2小匙盐）中，轻轻涮洗去除杂质后捞出，用流水冲洗片刻，控干水分。

②将面粉倒入盘中，鸡蛋打散。

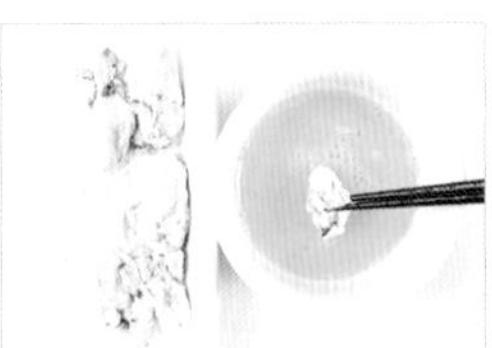

③将牡蛎均匀裹上面粉，抖掉多余的面粉，挂上蛋糊。

④在热锅内倒入食用油，将挂好糊的牡蛎下锅，用中小火将两面各煎1分～1分30秒即可。搭配酱油醋食用。

→ 根据牡蛎的个头调整煎烤时间。根据锅的大小，分2～3次煎完。

2 统营式牡蛎煎饼

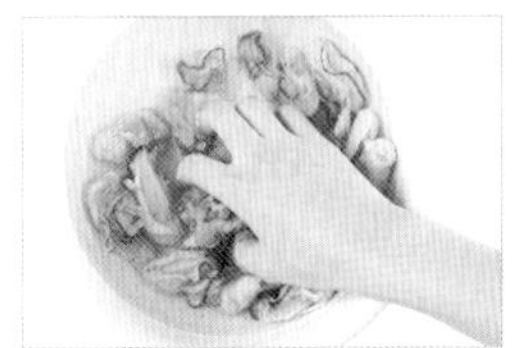

①将牡蛎浸泡在盐水（3杯水+2小匙盐）中，轻轻涮洗去除杂质后捞出，用流水冲洗片刻，控干水分。

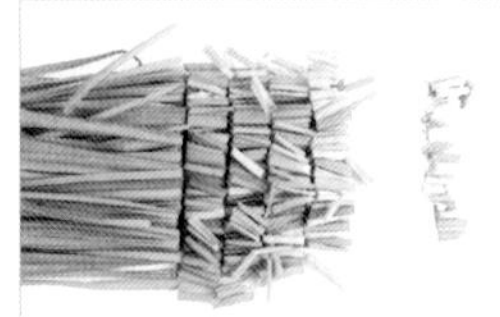

②韭菜摘掉蔫叶，用流水洗净，控干水分，切成1.5cm长的小段。

③鸡蛋打散，加入适量盐，倒入韭菜拌匀。

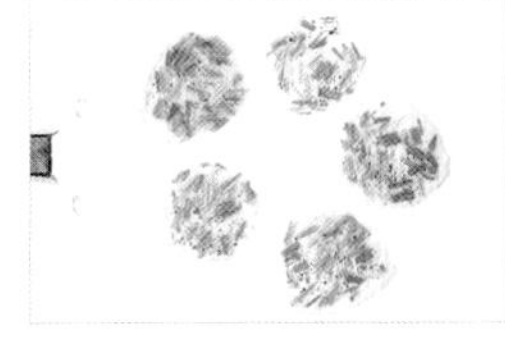

④在热锅内倒入食用油，每次取1大匙步骤③中的韭菜鸡蛋糊下锅，摊成小圆饼，用中小火煎30秒。

⑤在每个韭菜鸡蛋煎饼上面放一只牡蛎，之后将煎饼对折成半月形。

⑥用锅铲按压煎饼边缘，煎1分钟后翻面，再煎1分30秒即可。搭配酱油醋食用。

→ 根据牡蛎的个头调整煎烤时间。根据锅的大小，分2～3次煎完。

准备食材

家常牡蛎煎饼

20～25分钟

- □袋装牡蛎1袋（200g）
- □面粉4大匙
- □鸡蛋2个
- □食用油1大匙

酱油醋

- □食醋1大匙
- □酿造酱油1大匙
- □纯净水1大匙
- □白砂糖1小匙

统营式牡蛎煎饼

20～25分钟

- □袋装牡蛎1袋（200g）
- □韭菜1把（50g）
- □鸡蛋5个
- □盐⅔小匙
- □食用油1大匙

酱油醋

- □食醋1大匙
- □酿造酱油1大匙
- □纯净水1大匙
- □白砂糖1小匙

香煎鱼片
韭菜煎饼

Tips

冷冻鱼肉的解冻方法

使用冷冻鱼肉时，建议放入冷藏室慢慢解冻。解冻后，用厨房纸吸干水分，腌制后煎烤。

1 香煎鱼片

①将鱼肉用厨房纸按压吸干水分，再用腌料腌制10分钟。

②将面粉倒入盘中，鸡蛋打散。

③将鱼片两面均匀裹上面粉，抖落掉多余的面粉，挂上蛋糊。

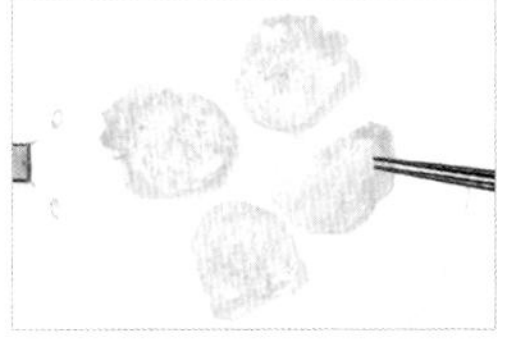

④在热锅内加入1大匙食用油，将挂好糊的鱼片下锅，用中小火煎2分30秒～3分钟后，翻面煎2分钟。

→ 煎的过程中若油量不够，可再次加入。根据锅的大小，分2～3次煎完。

2 韭菜煎饼

①将冷冻生虾用淡盐水（3杯水+1小匙盐）浸泡10分钟，解冻后捞出，放在厨房纸上静置5分钟，控干水分。

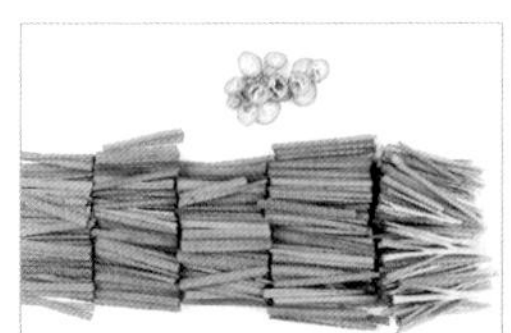

②摘掉韭菜蔫叶，用流水洗净，控干后切成7cm长的段。青阳辣椒切碎。

③在大碗中加入煎饼粉和1杯水，拌好后加入韭菜段、虾仁、青阳辣椒碎，搅拌均匀。

④在热锅内加入食用油，取步骤③中一半的韭菜面糊下锅，摊开后用中火煎2分钟，翻面再煎1分30秒即可。剩余的韭菜面糊采用相同方式煎制。

→ 按个人喜好搭配酱油醋（制作方法见137页）食用。

准备食材

香煎鱼片

⏱ 25～30分钟

- □白肉鱼（干明太鱼脯、鳕鱼脯）400g
- □面粉4大匙
- □鸡蛋2个
- □食用油4大匙

腌料

- □盐1小匙
- □胡椒粉¼小匙

韭菜煎饼

⏱ 25～30分钟

- □韭菜2把（100g）
- □冷冻生虾6只（120g，可省略）
- □青阳辣椒1根（可省略）
- □煎饼粉1杯
- □水1杯（200ml）
- □食用油4大匙

韭菜酱饼

韭菜蛤蜊辣酱饼
韭菜大酱饼

+Tips

按料理方法选择韭菜

细叶韭菜 细叶韭菜薄如细线，可用来做沙拉。

大叶韭菜 粗细适宜，可用来做生腌或煎制料理。

韭黄 茎粗叶长，通常用来做炒制料理。

酱饼可以更美味

制作酱饼时，可用家里剩余的小葱、水芹、茼蒿等代替韭菜。调面糊时，可适当调稠一些，酱饼要厚实才好吃。另外，酱饼凉了之后也很美味，可一次多做一些，吃不完的置于冰箱冷藏保存。

1 韭菜蛤蜊辣酱饼

①摘掉韭菜蔫叶，用流水洗净，控干水分，切成1cm长的小段。

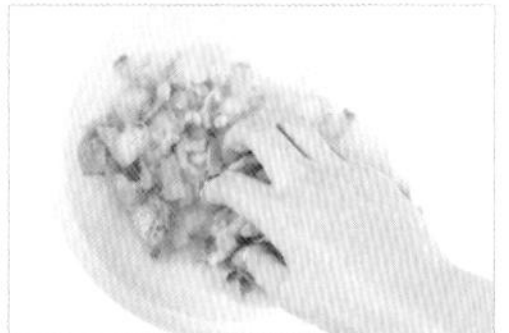

②将蛤蜊肉浸泡在盐水（3杯水+1大匙盐）中，轻轻洗去杂质，捞出后用流水冲洗片刻，控干水分。

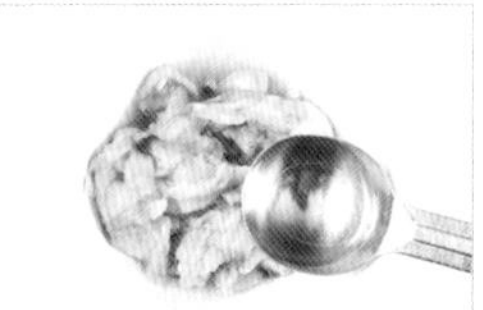

③将腌料倒入步骤②中装有蛤蜊肉的碗中，腌制5分钟。

→ 使用冷冻生虾代替蛤蜊时，先用淡盐水浸泡10分钟，解冻后切成2～3等份。

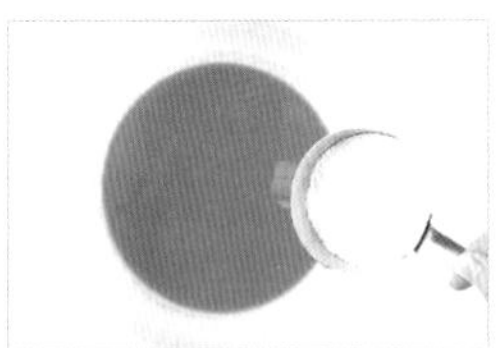

④在大碗中加入辣椒酱和大酱，慢慢加入1杯水并混合均匀，然后倒入面粉，搅拌至没有结块。

⑤将韭菜和腌好的蛤蜊肉倒入步骤④的大碗中，轻轻搅拌。

⑥在热锅内倒入食用油，每次取1大匙步骤⑤中的韭菜蛤蜊糊下锅，摊成小圆饼，用中火将两面各煎2分钟至微黄。

→ 煎的过程中若油量不够，可再次加入。根据锅的大小，分2～3次煎完。

2 韭菜大酱饼

①摘掉韭菜蔫叶，用流水洗净，控干水分后切成5cm长的小段。洋葱切成细丝。

②在大碗中依次倒入煎饼粉、1杯水和大酱，混合均匀后加入韭菜段和洋葱丝，轻轻搅拌。

③在热锅内加入1大匙食用油，取步骤②中一半量的韭菜面糊下锅，摊成直径20cm的圆饼，用中小火煎2分钟。

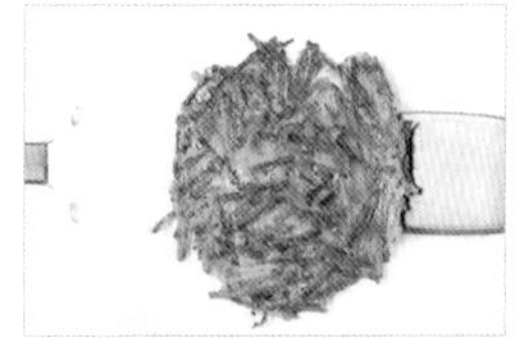

④再加入1大匙食用油，翻面煎3分钟。剩余的韭菜面糊采用相同方法煎制。

准备食材

韭菜蛤蜊辣酱饼

⏲ 15～20分钟

- □韭菜2把（100g）
- □蛤蜊肉1杯（100g，或冷冻生虾5只）
- □辣椒酱2大匙
- □大酱1大匙
- □水1杯（200ml）
- □面粉1杯
- □食用油2大匙

蛤蜊肉腌料

- □清酒⅔大匙
- □盐少许
- □胡椒粉少许

韭菜大酱饼

⏲ 15～20分钟

- □韭菜2把（100g）
- □洋葱¼个（50g）
- □煎饼粉（或面粉）1杯
- □水1杯（200ml）
- □大酱2大匙
- □食用油3～4大匙

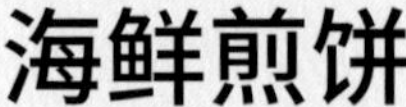

海鲜煎饼

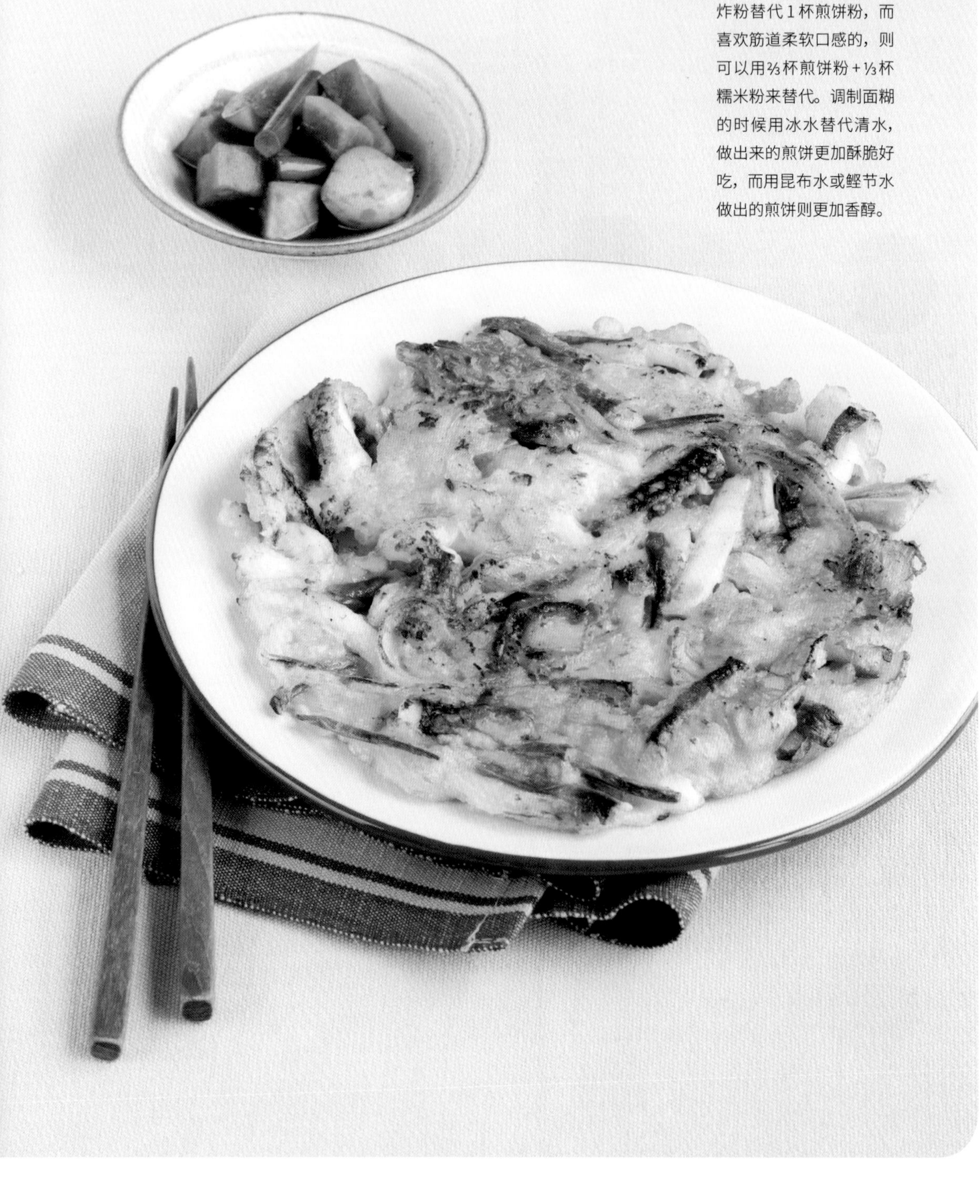

Tips

怎样调制出更美味的面糊？

喜欢酥脆口感的话，可以用⅔杯煎饼粉+⅓杯炸粉替代1杯煎饼粉，而喜欢筋道柔软口感的，则可以用⅔杯煎饼粉+⅓杯糯米粉来替代。调制面糊的时候用冰水替代清水，做出来的煎饼更加酥脆好吃，而用昆布水或鲣节水做出的煎饼则更加香醇。

准备食材

⏱25～30 分钟

- □鱿鱼 ½ 条（120g）
- □蛤蜊肉 ½ 杯（50g）
- □冷冻生虾 6 只（120g）
- □小葱 6 根（60g）
- □洋葱 ¼ 个（50g）
- □蒜末 1 小匙
- □胡椒粉少许
- □煎饼粉 1 杯
- □水 1 杯（200ml）
- □食用油 4 大匙

酱油醋

- □食醋 1 大匙
- □酿造酱油 1 大匙
- □纯净水 1 大匙
- □白砂糖 1 小匙

①切掉小葱根部，剥去外皮，用流水洗净，切成 3cm 长的小段。洋葱切成细丝。

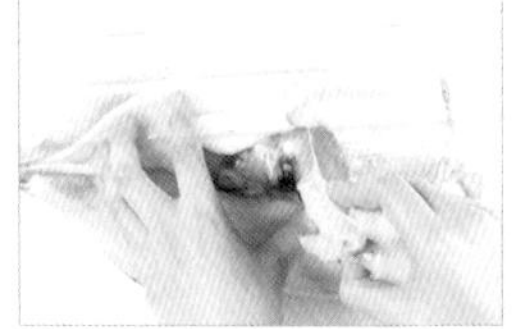

②将鱿鱼身体剖开，切断内脏与须的连接部分，去除内脏。翻转鱿鱼须，按压嘴部周边，去除骨头。

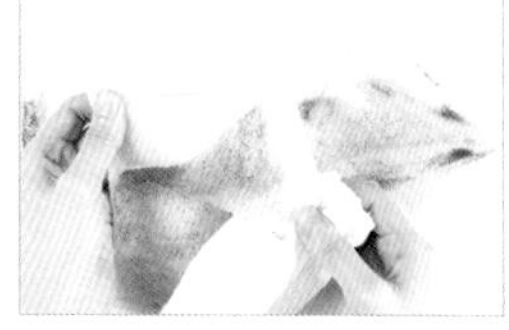

③用厨房纸捏住鱿鱼外皮一角向外拉。去除外皮后用流水将鱿鱼洗净。将鱿鱼须放在流水下，用手捋去吸盘并洗净。

④处理好的鱿鱼取用一半即可，将鱼身切成 3cm 长的细丝，鱼须切成 3cm 长的小段。

→ 剩余鱿鱼的保存方法见第 22 页。

⑤冷冻生虾用淡盐水（3 杯水 +1 小匙盐）浸泡 10 分钟解冻，放在厨房纸上静置 5 分钟，控干水分。

⑥蛤蜊肉用盐水（2 杯水 +1 小匙盐）轻轻涮洗去除杂质，捞出后过流水冲洗，控干水分。

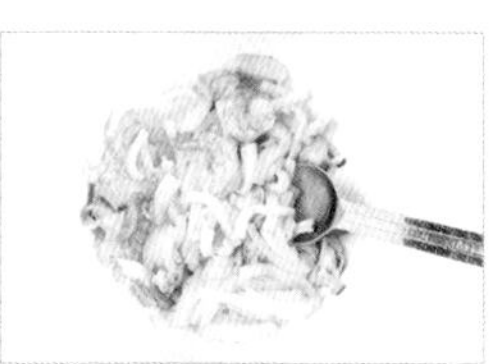

⑦在大碗中放入鱿鱼丝、生虾、蛤蜊肉、蒜末、胡椒粉，搅拌均匀。

⑧另取一只大碗，加入煎饼粉和 1 杯水，搅拌至没有结块。

⑨在步骤⑧的大碗中加入小葱段、洋葱丝和步骤⑦中拌好的海鲜，搅拌均匀。

⑩在热锅内加入 1 大匙食用油，取步骤⑨中一半量的海鲜葱糊下锅，摊成圆饼，用中火煎 1 分钟。

⑪将煎饼翻面，再加入 1 大匙食用油，煎 1 分钟后，用锅铲轻轻按压煎饼表面，再煎 1 分钟。

→ 煎的过程中若油量不够，可再次加入。

⑫再次翻面，煎 20 秒后关火，装盘。搭配酱油醋食用。剩余的面糊采用相同方法煎制。

白菜煎饼
泡菜煎饼

Tips

白菜帮的处理方法

在白菜帮上划几刀或用刀背敲软，不仅可以缩短盐腌时间，还有助于热气快速渗透白菜帮，缩短煎制时间。

1 白菜煎饼

①将白菜叶用流水洗净，抖掉水分。菜帮部分撒盐腌制 10 分钟，用厨房纸擦去水分。

②在大碗中加入煎饼粉和⅔杯水，混合均匀。

③在大碗加入调味料，调制成汁。放入腌好的萝卜丝，抓拌均匀。

④将白菜叶放入步骤②的大碗中挂糊。

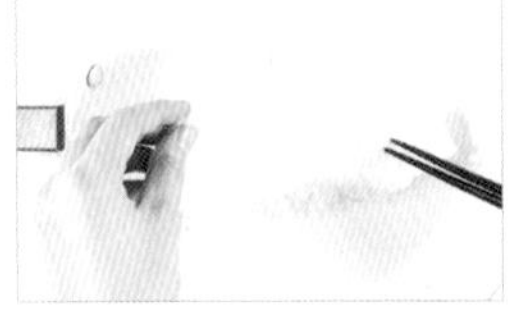

⑤在热锅内加入 1 大匙食用油，将挂好糊的白菜叶下锅。菜叶部分用手稍稍提起，菜帮部分用筷子（或锅铲）按住，两面各煎 4 分钟。

⑥用筷子按住菜叶，两面各煎 2 分钟，搭配调好的蘸汁食用。剩余的白菜叶采用相同方法煎制。

→ 煎制过程中若油量不够，可再次加入。

2 泡菜煎饼

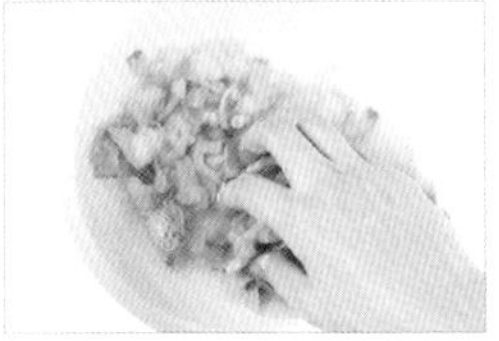

①将蛤蜊肉用盐水（3 杯水 +1 大匙盐）轻轻涮洗去除杂质，捞出，过水冲洗，控干水分。

②步骤①中的蛤蜊肉用腌料腌制 5 分钟。

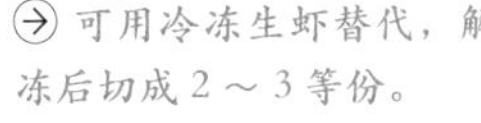

→ 可用冷冻生虾替代，解冻后切成 2 ~ 3 等份。

③将泡菜粗略剁碎。

→ 若泡菜过酸，可以加入少许白砂糖和芝麻油拌匀。

④在大碗中加入除食用油之外的所有食材，搅拌均匀。

⑤在热锅内加入 1 大匙食用油，每次取一大匙步骤④中调好的面糊下锅，摊成一口大小的薄圆饼状。

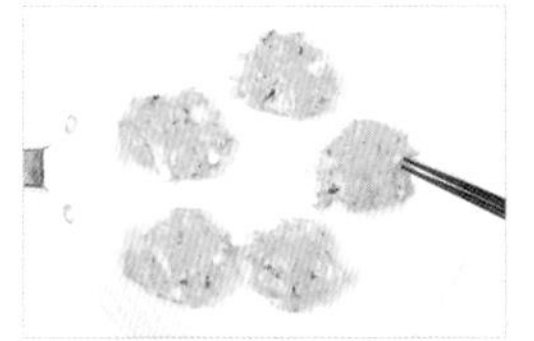

⑥用中小火将两面各煎 3 分钟，直至表面微黄。

→ 煎的过程中若油量不够，可再次加入。根据锅的大小，分 2 ~ 3 次煎完。

准备食材

白菜煎饼

⏱ 25 ~ 30 分钟

- ☐ 白菜叶 7 片（250g）
- ☐ 盐 1 小匙（腌制白菜用）
- ☐ 煎饼粉⅔杯
- ☐ 水⅔杯
- ☐ 食用油 3 大匙

蘸汁

- ☐ 青阳辣椒碎 1 根份
- ☐ 食醋 1 大匙
- ☐ 酿造酱油 1 大匙
- ☐ 纯净水 1 大匙

泡菜煎饼

⏱ 15 ~ 20 分钟

- ☐ 熟泡菜 1 杯（150g）
- ☐ 蛤蜊肉 1½ 杯（或冷冻虾仁 7 ~ 8 只，150g）
- ☐ 鸡蛋 1 个
- ☐ 面粉⅔杯
- ☐ 水 2 大匙
- ☐ 蒜末 1 小匙
- ☐ 盐少许（根据泡菜盐度酌量增减）
- ☐ 食用油 3 大匙

蛤蜊肉腌料

- ☐ 清酒 1 大匙
- ☐ 盐少许
- ☐ 胡椒粉少许

土豆煎饼

土豆丝煎饼
黑芝麻土豆煎饼

Tips

防止土豆褐变的方法

土豆去皮切好放置一段时间后会发生褐变，虽不影响口感，但卖相不佳。在切好的土豆中放入¼个洋葱（50g），可在增加香甜口感的同时，有效防止褐变。调制面糊时，可按个人喜好加入切好的韭菜、小葱、青阳辣椒等食材。

1 土豆丝煎饼

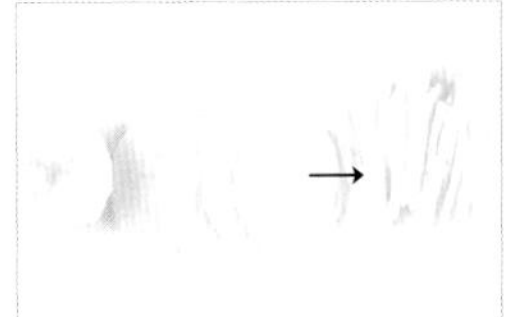

①土豆用刮皮器去皮，切成 0.3cm 厚的丝。

②土豆丝中撒盐，腌 10 分钟后装入笊篱，用流水冲洗，控干水分。

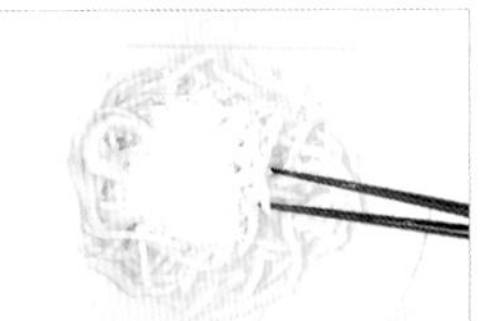

③取一只大碗，倒入步骤②中腌好的土豆丝、煎饼粉和 ¼ 杯水，用筷子搅拌均匀。

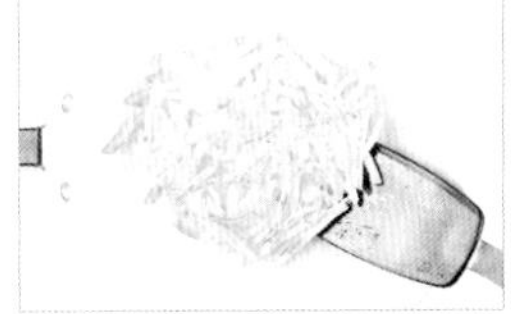

④在热锅内倒入食用油，将步骤③中调好的面糊下锅，摊开后用中小火煎 2 分 30 秒～ 3 分钟，再翻面煎 1 分 30 秒 ～ 2 分 钟 即可。搭配酱油醋食用。

2 黑芝麻土豆煎饼

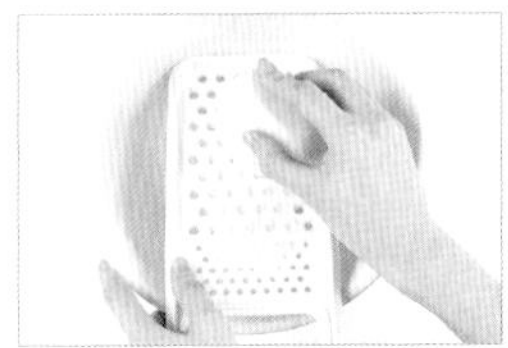

①土豆用刮皮器去皮，对半切开，擦成丝。

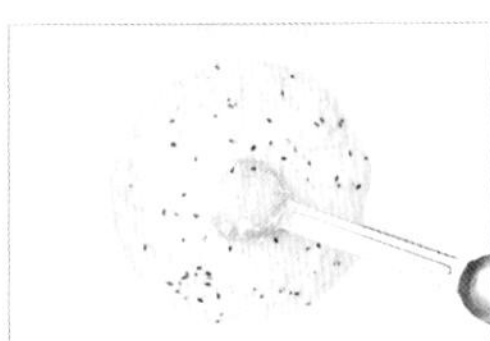

②在大碗中倒入除食用油之外的所有食材，拌匀。

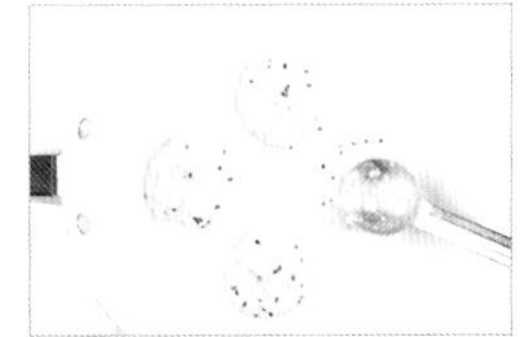

③在热锅内加入 1 大匙食用油，每次取 1 大匙步骤②中调好的面糊下锅，摊成一口大小的薄圆饼。

④用中火将两面各煎 1 分 30 秒，关火装盘，搭配酱油醋食用。

→ 煎的过程中若油量不够，可再次加入。根据锅的大小，分 2 ～ 3 次煎完。

准备食材

土豆丝煎饼

20 ～ 25 分钟

- □土豆 1 个（200g）
- □盐 1 小匙（腌制土豆用）
- □煎饼粉 6 大匙
- □水 ¼ 杯（50ml）
- □食用油 2 大匙

酱油醋

- □食醋 1 大匙
- □酿造酱油 1 大匙
- □纯净水 1 大匙
- □白砂糖 1 小匙

黑芝麻土豆煎饼

15 ～ 20 分钟

- □土豆 1 个（200g）
- □面粉 3 大匙
- □黑芝麻 1 小匙（可省略）
- □盐 ½ 小匙
- □食用油 3 ～ 4 大匙

酱油醋

- □食醋 1 大匙
- □酿造酱油 1 大匙
- □纯净水 1 大匙
- □白砂糖 1 小匙

蘑菇煎饼、西葫芦煎饼

秀珍菇煎饼
杏鲍菇煎饼
西葫芦煎饼

Tips

怎样煎出好看的西葫芦煎饼？

西葫芦煎饼虽不难做，但想煎得好看还是要费一番功夫。切薄了，煎的时候容易烂糊；切厚了，内里又煎不熟。切成0.5cm的厚度最好吃。西葫芦容易出水，不易挂糊，须先用盐杀水后再煎制。将西葫芦拍粉后静置片刻，待面粉吸附水分后再拍一次粉，最后将多余的面粉抖落。

1 秀珍菇煎饼

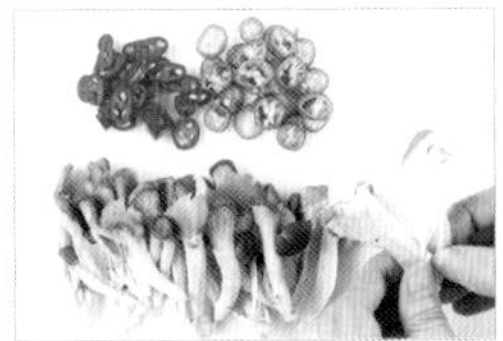

①秀珍菇去除根部，撕成条状，较长的菇条切成4cm长的小段。青辣椒、红辣椒切碎。

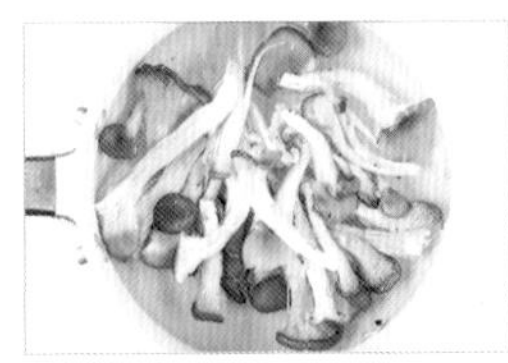

②菇条用热盐水（3杯水+1小匙盐）焯1分钟，过冷水冲洗，控干水分。

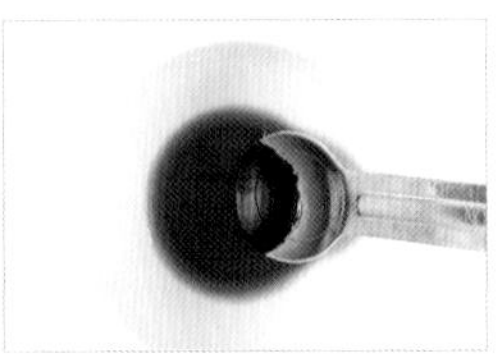

③将调味料混合，制成蘸汁。

④在大碗中倒入煎饼粉和¾杯水，混合均匀后加入焯好的菇条和青、红辣椒碎，搅拌均匀。

⑤在热锅内加入1大匙食用油，每次取1大匙步骤④中调好的面糊下锅，摊成直径4cm的小圆饼。

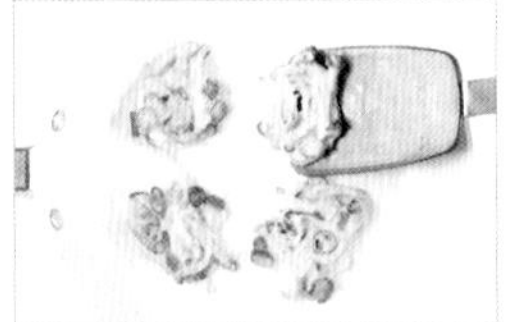

⑥用中火煎1分30秒，改中小火翻面再煎2分钟即可。搭配蘸汁食用。

→ 煎的过程中若油量不够，可再次加入。根据锅的大小，分2～3次煎完。

2 杏鲍菇煎饼、西葫芦煎饼

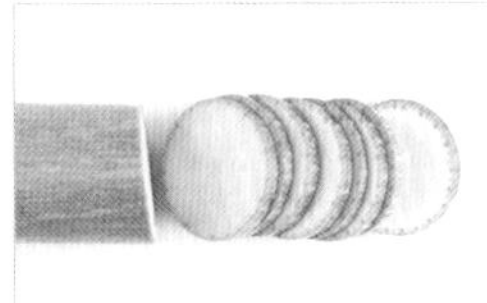

①将杏鲍菇或西葫芦按形状切成0.5cm厚的片状。

②制作西葫芦煎饼时，先将西葫芦片用盐腌15分钟，再用厨房纸擦干。

③将面粉倒入盘中，鸡蛋打散，加少许盐调味。

★制作杏鲍菇煎饼时，省略步骤②。

④将杏鲍菇片或西葫芦片两面拍粉，抖掉多余的面粉，挂上蛋糊。

⑤在热锅内加入1大匙食用油，将挂好糊的杏鲍菇片或西葫芦片下锅，用中小火煎制，杏鲍菇煎1分30秒，西葫芦煎2分钟。

→ 煎的过程中若油量不够，可再次加入。根据锅的大小，分2～3次煎完。

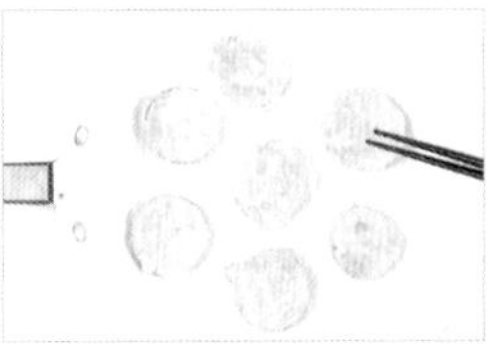

⑥改小火翻面，杏鲍菇煎1分钟，西葫芦煎2分钟，装盘，摊开冷却。搭配蘸汁食用。

→ 不要叠放冷却，否则余温会使炸衣烂糊，影响口感。

准备食材

秀珍菇煎饼

20～25分钟

- □秀珍菇（或小平菇、平菇）4朵（200g）
- □青辣椒1根
- □红辣椒1根
- □煎饼粉10大匙
- □水¾杯（150ml）
- □食用油3大匙

蘸汁

- □酿造酱油1大匙
- □纯净水½大匙
- □白砂糖1小匙

杏鲍菇煎饼·西葫芦煎饼

20～25分钟

- □杏鲍菇3个（240g）或西葫芦1个（270g）
- □盐1小匙（腌西葫芦用）
- □面粉4大匙
- □鸡蛋2个
- □盐¼小匙
- □食用油5大匙

蘸汁

- □酿造酱油1大匙
- □水½大匙
- □白砂糖1小匙

豆腐煎饼

豆腐泡菜煎饼

豆腐山蒜煎饼

豆腐泡菜煎饼

豆腐山蒜煎饼

1 豆腐泡菜煎饼

①豆腐用刀身细细碾碎，用棉布（或汤料袋）包裹，挤出水分。

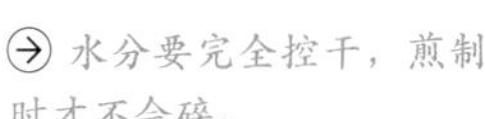

→ 水分要完全控干，煎制时才不会碎。

②将泡菜切成 1cm 宽的小块，挤净泡菜汁。

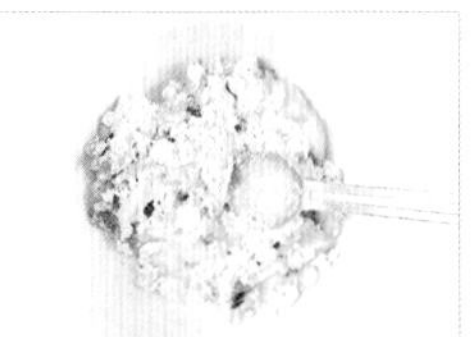

③在大碗中放入碎豆腐、泡菜、面粉、蛋液和盐，搅拌均匀。

④将步骤③中调好的面糊分成 4 等份，压成 0.5cm 厚的扁圆状。

⑤将紫苏籽油和食用油混合，舀 1 大匙倒入热锅，放入 2 块豆腐饼，用中火煎 1 分钟。

⑥改中小火煎 2 分钟至表面微黄，再次加入适量油，翻面煎 2 分钟。剩余的豆腐饼采用相同方法煎制。

2 豆腐山蒜煎饼

①山蒜剥去球根外皮，去掉根部的黑色部分，洗净切碎。

②豆腐用刀身细细碾碎。

③将调味料混合均匀，制成蘸汁。

④在大碗中放入碎豆腐、山蒜末、煎饼粉、水（2 大匙）、盐和酿造酱油，搅拌均匀。

⑤在热锅内加入 1 大匙食用油，取 2 份步骤④中调好的豆腐山蒜糊下锅，一份约为 ¼ 的量，摊成直径为 10cm 的圆饼，用中火煎 1 分钟。

⑥改小火翻面煎 1 分 30 秒，再次翻面煎 30 秒。剩余的面糊采用相同方法煎制。

→ 煎的过程中若油量不够，可再次加入。

准备食材

豆腐泡菜煎饼

20 ～ 25 分钟

- □豆腐（煎制用）1 块（180g）
- □熟泡菜⅓杯（50g）
- □面粉 3 大匙
- □蛋液 4 大匙
- □盐⅓小匙
- □紫苏籽油 2 大匙
- □食用油 2 大匙

豆腐山蒜煎饼

20 ～ 25 分钟

- □豆腐（煎制用）⅓块（100g）
- □山蒜 1 把（50g）
- □煎饼粉 ½ 杯
- □水 2 大匙
- □盐 ¼ 小匙
- □酿造酱油 1 小匙
- □食用油 2 大匙

蘸汁

- □白砂糖 ½ 大匙
- □食醋 1 大匙
- □酿造酱油 ½ 大匙

香煎紫苏叶
香煎尖椒
肉圆煎饼

用调好的面糊做汉堡猪排

将豆腐换成猪肉末（180g），调好面糊后，不拍粉不挂蛋糊，用手压成大小适当、约 1cm 厚的扁圆形。在热锅内倒入食用油，猪排饼下锅，盖上锅盖，用中小火煎 4 分钟，再翻面煎 3 分钟后关火，静置 1 分钟即可。

处理食材

制作馅料

①将豆腐用刀身细细碾碎，用棉布（或汤料袋）包裹，挤出水分。

②将洋葱切碎，青辣椒剖开去籽后切碎。

③在大碗中放入碎豆腐、牛肉末、洋葱碎、青椒碎、葱末、蒜末和酿造酱油，用手抓拌均匀。

1 香煎紫苏叶、香煎尖椒

①将面粉倒入盘中，紫苏叶薄薄拍一层粉，以主脉为界，取适量调好的馅料铺放在主脉的一侧，如图所示将叶片对折。青椒内侧薄薄拍粉，将馅料填充进去。

②在扁盘内敲入鸡蛋打散，加盐调味。步骤①中填好馅料的紫苏叶或青椒两面拍粉，抖落掉多余的面粉，挂上蛋糊。

③在热锅内加入 1½ 大匙食用油，将紫苏叶或青椒（有馅料的部分朝下）下锅，用中小火煎制。将紫苏叶煎 4 分 30 秒（青椒煎 3 分钟～3 分 30 秒）后翻面，紫苏叶煎 3 分 30 秒～4 分钟（青椒煎 1 分钟～1 分 30 秒）。

→ 煎的过程中若油量不够，可再次加入。根据锅的大小，分 2～3 次煎完。

2 肉圆煎饼

①将调好的馅料用手压捏成直径 4cm、厚 1cm 的扁圆形肉饼。

②将面粉倒入盘中，在扁盘内敲入鸡蛋打散，加盐调味。步骤①中的肉饼两面拍粉，抖掉多余的面粉后，挂上蛋糊。

③在热锅内加入 1½ 大匙食用油，将步骤②中的肉饼下锅，用中小火煎 4 分 30 秒，再翻面煎 4 分钟。

→ 煎的过程中若油量不够，可再次加入。根据锅的大小，分 2～3 次煎完。

准备食材

香煎紫苏叶、香煎尖椒

35～40 分钟

- □紫苏叶 25 片（或青辣椒）15 根
- □面粉 3～4 大匙
- □鸡蛋 2 个
- □盐⅓小匙
- □食用油 3 大匙

馅料

- □豆腐（煎制用）1 块（180g）
- □牛肉末 200g
- □洋葱 ¼ 个（50g）
- □青辣椒（或青阳辣椒）2 根（调馅用）
- □葱末 1 大匙
- □蒜末 1 大匙
- □酿造酱油 1 大匙

肉圆煎饼

35～40 分钟

- □面粉 3 大匙
- □鸡蛋 2 个
- □盐⅓小匙
- □食用油 3 大匙

馅料

- □豆腐（煎制用）1 块（180g）
- □牛肉末 200g
- □洋葱 ¼ 个（50g）
- □青辣椒（或青阳辣椒）2 根
- □葱末 1 大匙
- □蒜末 1 大匙
- □酿造酱油 1 大匙

鸡蛋卷

家常鸡蛋卷
蔬菜鸡蛋卷
紫菜鸡蛋卷

Tips

鸡蛋卷成形的秘诀

①蛋皮的油量过多则不易成卷，用厨房纸将多余的油拭去后再卷。

②鸡蛋的熟制温度在70～80℃，大火烹调时蛋皮膨起不易成卷，应用小火慢慢煎熟后再卷。

③相较圆形平底锅，长方形的平底锅更适合制作鸡蛋卷。

1 家常鸡蛋卷、蔬菜鸡蛋卷

★制作家常鸡蛋卷时，略过步骤①、③。

①将蔬菜切碎，用于制作蔬菜鸡蛋卷。

②在大碗内敲入鸡蛋打散，加盐调味后过筛。

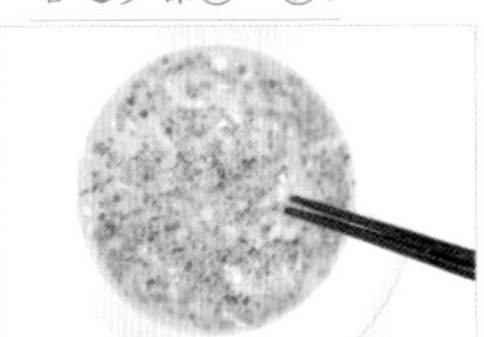

③制作蔬菜鸡蛋卷时，将蔬菜碎倒入步骤②中盛有蛋液的大碗中，混合均匀。

④选一只涂层较好的平底锅，小火热锅，倒入½小匙食用油，用厨房纸抹匀。

⑤在步骤④的锅中倒入⅓的蛋液，煎至八成熟。

⑥用锅铲将蛋皮从锅的边缘向锅柄方向翻卷，叠合宽度约为3cm。

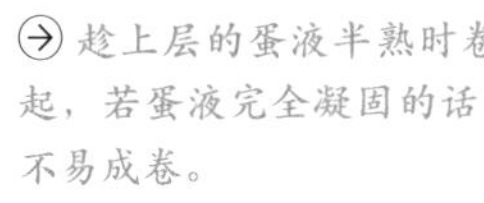

趁上层的蛋液半熟时卷起，若蛋液完全凝固的话，不易成卷。

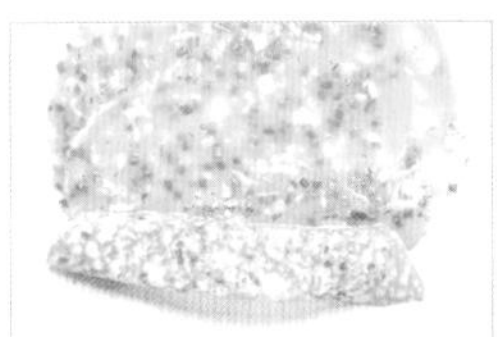

⑦将卷好的蛋卷推至锅的一侧，倒入剩余蛋液（倒之前搅拌一下）的½，待蛋液八成熟时，用锅铲卷起。然后重复一遍此过程。

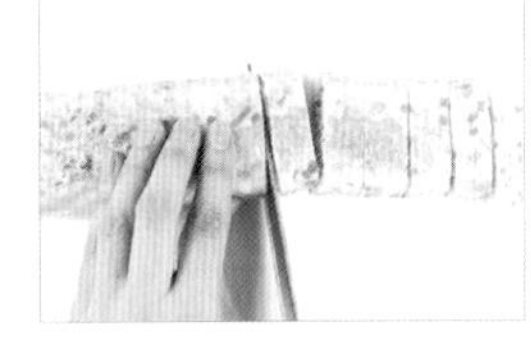

⑧将步骤⑦中的蛋卷装盘，静置冷却，切成1.5cm～2cm宽的块状。

未完全冷却时下刀切蛋卷易散。

2 紫菜鸡蛋卷

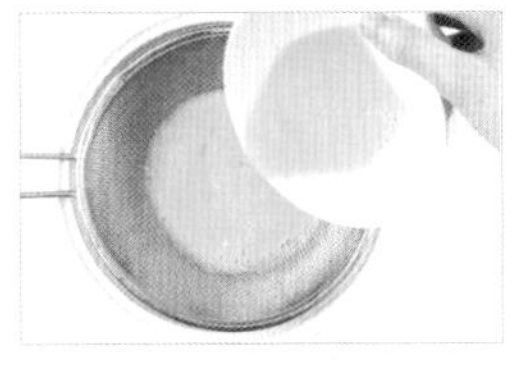

①在大碗内敲入鸡蛋打散，加盐调味后过筛。

打蛋时，筷子直立，呈之字形搅拌，能使鸡蛋更快速打散。

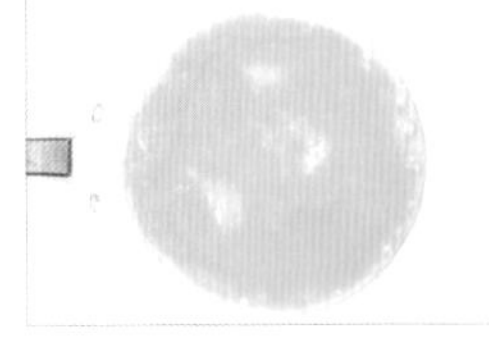

②选一只涂层较好的平底锅，小火热锅后，倒入½小匙食用油，用厨房纸抹匀。倒入蛋液，煎至八成熟。

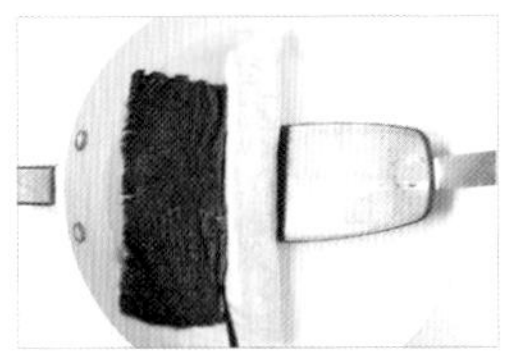

③关火，在步骤②的蛋皮上铺一张紫菜，借助筷子和锅铲从锅柄相对的方向开始翻卷，叠合宽度约为3cm。卷好后，开小火再煎1分钟，关火装盘，静置冷却，再切成1.5～2cm宽的块状。

趁上层的蛋液半熟时卷起。

准备食材

家常·蔬菜鸡蛋卷

10～15分钟

- □鸡蛋4个
- □蔬菜（胡萝卜、甜椒、圆椒、洋葱等）适量
- □盐⅓小匙
- □食用油½小匙

★制作家常鸡蛋卷时，省略蔬菜。

紫菜鸡蛋卷

10～15分钟

- □鸡蛋4个
- □紫菜（A4纸大小）1张
- □盐⅓小匙
- □食用油½小匙

炒菜和炖菜

料理前请先阅读这里！

1 炒制料理的美味秘诀

① 通常先下蒜末或葱末爆香。须将平底锅抹油并充分预热后再将葱、蒜下锅，这样才能炒出香味。

② 调味料须在炒制过程中加入，这样更易入味，味道也更好。

③ 炒制时火候的调节非常重要。一开始要用大火猛炒，将食材表面炒熟，再改用中火使内里熟透，风味散发出来。最后加入芝麻油或紫苏籽油提香时，则须改小火，轻轻翻炒均匀后即刻关火。

④ 若一下将所有食材倒入锅内，会导致锅内温度下降，食材不易炒熟。食材量较多时，可分 2～3 次放入，这样炒制起来更加方便。另外，食材的下锅顺序也有讲究，建议先将质地较硬、不易炒熟的食材下锅。

⑤ 为了使汤汁浓稠，通常会在料理完成前勾芡。这时一定要先关火再倒入芡汁，搅拌均匀后，再次开火翻炒片刻，这样淀粉才能顺利糊化而不结块。

2 不同食材的炒制窍门

① **牛肉**　牛肉切细丝时，用大火猛炒会使肉丝结团，须用中火炒制。牛肉切厚片时，可稍微沾一点淀粉，这样炒制出的牛肉不仅有光泽，肉汁也不会流失。

② **猪肉**　用辣椒酱炒猪肉时，大火猛炒会使辣酱焦煳，须用中火炒制。

③ **鸡肉**　鸡肉炒制过久，会渗出损害人体健康的鸡油。处理鸡肉时，先将鸡肉切块，再将带皮鸡块用热水稍焯片刻，去除油脂后再烹调。

④ **鱿鱼、八爪鱼、章鱼**　这三种食材炒制时间过久的话，水分会大量渗出，导致肉质发柴。将八爪鱼或章鱼放入热锅翻炒片刻或用热水稍焯片刻，烹熟后再加入蔬菜一同翻炒，加入调味料拌匀后翻炒片刻即可。

3 几款适用于炒制料理的调味汁

①烤肉调味汁

以 300g 牛肉或猪肉为准

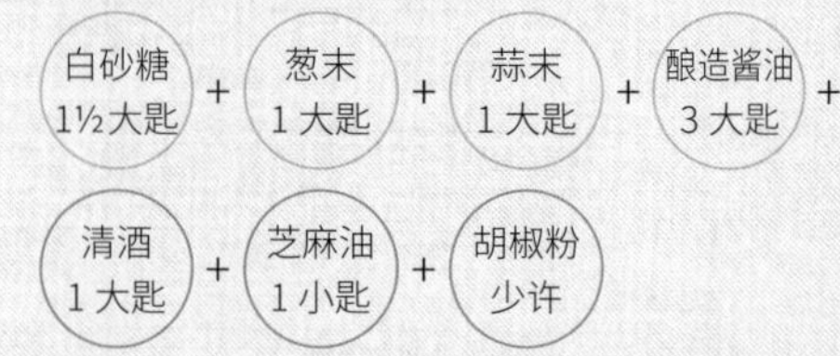

②辣酱汁

以 200g 猪肉为准

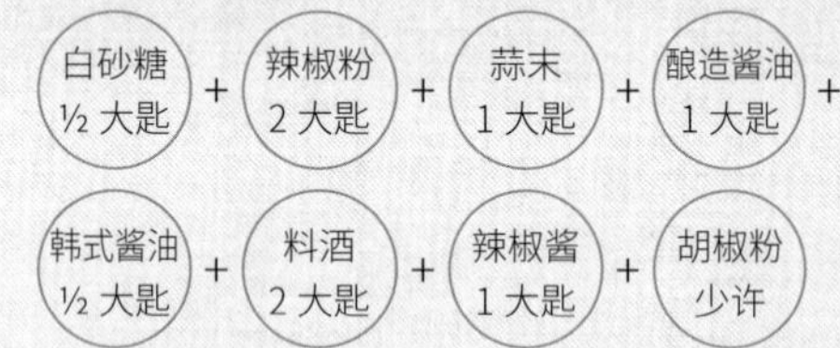

4 炖制料理的美味秘诀

① 建议使用厚底锅炖制。锅底太薄的话，食材容易粘锅、烧煳，而且水分蒸发快，不容易炖熟。

② 制作炖肉料理时，先用热水焯上片刻，一来去腥，二来可以锁住肉汁，这样炖出来的肉口感不柴，味道更好。用高压锅炖制时，由于食材会大量出水，因此调味时可适当调重一些，保证最后完成的料理咸淡适宜。

③ 食材量较多时，相比一次加入所有调味料，建议分 2～3 次放入，会更加入味。

④ 炖制料理完成后，建议放置一天再重新加热后食用。这样一来，调味料可以完全渗透进料理中，使料理更加美味。炖肉料理晾凉之后表面会浮有一层油脂，将油脂撇去后再加热，可以使料理的味道更加纯粹。炖鱼料理则是即食更好吃。

5 几款适用于炖肉料理的调味酱

①排骨酱油汁

以 700g 排骨为准

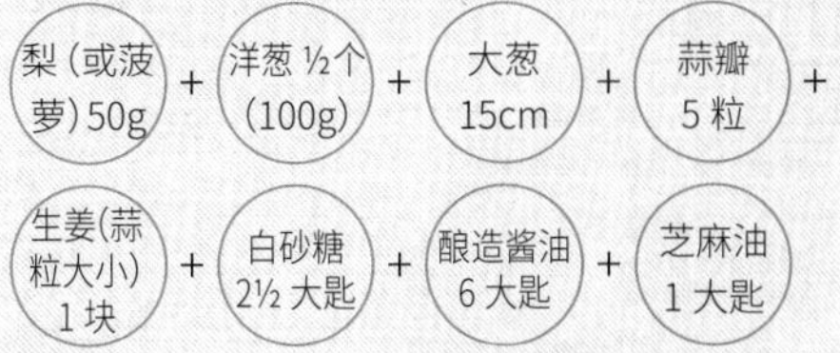

②排骨辣酱汁

以 700g 排骨为准

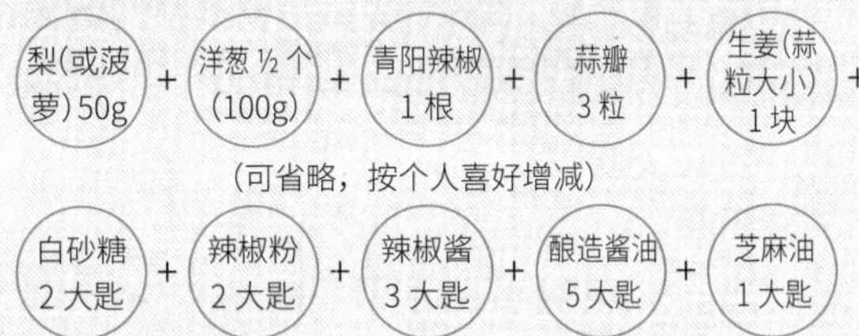

★市售的肉类调味酱大多较咸，想要清淡口味的话，可以搭配其他食材调配。具体调配比例如下：肉类调味酱 60g ～ 65g+ 洋葱碎 ¼ 个 + 蒜末 1 大匙 + 酿造酱油 4 大匙 + 芝麻油 1 小匙

▲用吃剩的料理汤汁制作炒饭 撇出汤汁，加入切碎的熟泡菜、紫菜碎、洋葱碎和芝麻油，与米饭一同炒制成香喷喷的炒饭。汤汁不足时，可加入适量辣椒酱。

6 将吃剩的料理制成风味炒饭和盖饭

① 吃剩的炖制料理撇出汤汁，加入切碎的熟泡菜、紫菜碎、洋葱碎和芝麻油，与米饭一同炒制成香喷喷的炒饭。汤汁不足时，可加入适量辣椒酱。

② 吃剩的炒鱿鱼、八爪鱼、章鱼可用来做盖饭，在⅓杯清水中加入 ½ 大匙淀粉勾芡，在最后一步倒入锅中，翻搅至汤汁浓稠，用中火熬煮片刻即可。尝过咸淡后，可按个人口味加入少许盐。

▲制作鱿鱼盖饭 做好的炒鱿鱼（见 174 页）中加入芡汁（⅓杯清水 +½ 大匙淀粉），翻搅至汤汁浓稠，用中火熬煮片刻即可。尝过咸淡后，可按个人口味加入少许盐。

炒牛肉

大葱炒牛肉
炒牛肉

大葱炒牛肉

炒牛肉

1 大葱炒牛肉

①牛肉切成2cm宽的片状，用厨房纸擦干血水。

②将牛肉的腌料放入搅拌机细细研磨，倒入大碗中，放入牛肉抓拌片刻，裹上保鲜膜，放入冷藏室腌制30分钟。

③将葱丝浸泡在冷水中，用手仔细揉洗2～3遍后静置10分钟，待辣味去除后捞出控干。

④平菇去掉根部，较粗的平菇撕成两半。

⑤在深底平底锅（或炒锅）内放入腌好的牛肉、汤料，用大火煮开后改中火，不时搅拌，炖煮3分钟。

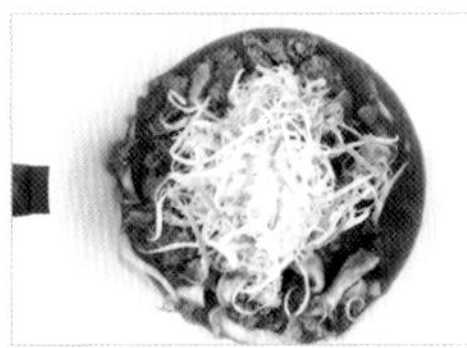
⑥放入平菇并翻搅均匀，炖煮2分钟后放入葱丝。

→ 可以将葱丝平铺在热牛肉上拌着吃，也可以将葱丝放入锅内与牛肉搅拌均匀，小火炖煮1分钟后食用。

2 炒牛肉

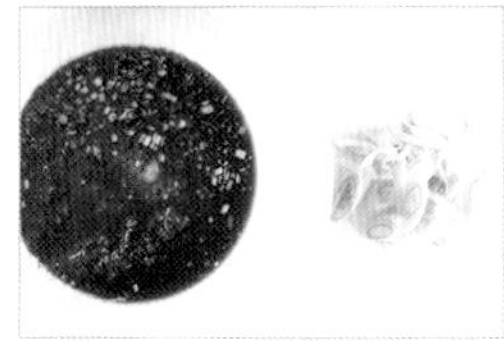
①在大碗内放入调味料，混合均匀，制成腌料。大葱切斜片。

②将牛肉切成2cm宽的片状，用厨房纸擦干血水。

③将牛肉放入步骤①装有腌料的大碗中，用手抓拌片刻，裹好保鲜膜，放入冷藏室腌制30分钟。

④在热锅内倒入食用油，将腌好的牛肉下锅，开中火炒4分钟，放入葱片，搅拌均匀。

→ 可根据肉的厚度合理掌控炒制时间。

准备食材

大葱炒牛肉

40～45分钟

- □牛肉300g
- □市售大葱丝100g
- □平菇（或金针菇）3把（150g）

牛肉调味料

- □洋葱½个（100g）
- □大葱（葱白）5cm
- □白砂糖2大匙
- □蒜末⅓大匙
- □酿造酱油3大匙
- □芝麻油1大匙
- □胡椒粉少许

汤料

- □酿造酱油1大匙
- □料酒1大匙
- □水1杯（200ml）

炒牛肉

35～40分钟

- □牛肉300g
- □大葱（葱白）15cm 2段
- □食用油½大匙

调味料

- □白砂糖1½大匙
- □葱末1大匙
- □蒜末1大匙
- □酿造酱油3大匙
- □清酒1大匙
- □芝麻油1小匙
- □胡椒粉少许

风味炒肉

酥炒牛肉
黄豆芽炒肉

Tips

黄豆芽炒肉的美味秘诀

制作出好吃的黄豆芽炒肉的秘诀就在于豆芽用大火快炒，保留清脆口感。另外，吃剩的豆芽炒肉可以加入切碎的泡菜和紫菜碎等材料，制成香喷喷的炒饭。

1 酥炒牛肉

①用厨房纸擦干牛肉的血水。

②在步骤①中的牛肉上划刀，间距 3cm 左右。

③在大碗中加入调味料，混合制成腌料，放入牛肉，腌制 15 分钟。

④在热锅内倒入食用油，将牛肉捏成直径 6cm 的肉饼后下锅。

⑤开小火煎制，用锅铲压实，两面各煎 1 分钟。

2 黄豆芽炒肉

①将黄豆芽放入水中，用手轻轻抓洗片刻后冲洗干净，捞出控干。

②紫苏叶用流水一片片洗净，控干水分，摘掉叶柄，对折切成 1cm 宽。大葱切成斜片。

③五花肉切成 5cm 宽的片状，将调味料混合制成调味汁。

④将紫苏籽油和辣椒油混合后倒入热锅，放入黄豆芽以大火快炒 10 秒钟。

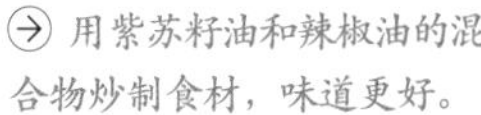

→ 用紫苏籽油和辣椒油的混合物炒制食材，味道更好。

⑤放入五花肉片、紫苏叶、葱片后静置 1 分钟，倒入调味汁，混合均匀后，翻炒 2 分 30 秒。

准备食材

酥炒牛肉

⏲ 25 ～ 30 分钟

- □ 牛肉 400g
- □ 食用油 ½ 大匙

调味汁

- □ 白砂糖 1 大匙
- □ 葱末 1 大匙
- □ 酿造酱油 3 大匙
- □ 料酒 1 大匙
- □ 蒜末 1 小匙
- □ 芝麻油 1 小匙

黄豆芽炒肉

⏲ 20 ～ 25 分钟

- □ 薄切五花肉（或猪前腿肉）200g
- □ 黄豆芽 7 把（350g）
- □ 紫苏叶 5 片（10g）
- □ 大葱（葱白）10cm
- □ 紫苏籽油 1 大匙
- □ 辣椒油 1 大匙

调味料

- □ 酿造酱油 1 大匙
- □ 低聚糖 1½ 大匙
- □ 辣椒酱 ½ 大匙
- □ 盐 1 小匙
- □ 辣椒粉 1 小匙
- □ 蒜末 1 小匙
- □ 胡椒粉少许

炒猪肉

辣炒猪肉
紫苏叶炒猪肉

+Recipe

辣炒猪肉中加入茄子

茄子（1个，150g）去蒂，切成4～6等份后，再切成5cm长的条状，在步骤③中将猪肉炒制4分钟后放入，翻炒2分钟即可。

1 辣炒猪肉

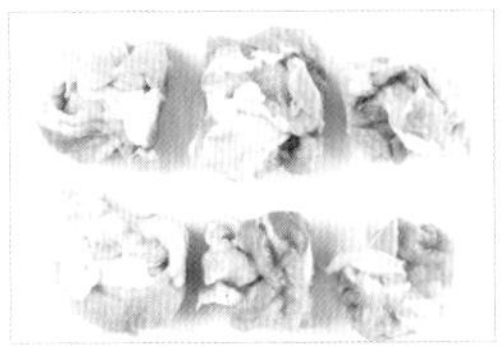

①大葱切斜片，猪肉切成5cm宽的片状。

→ 猪肉粘成一团时，可采用十字切法。

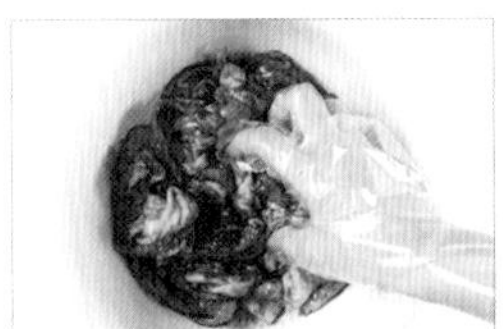

②在大碗中放入调味料，混合制成腌料，放入猪肉抓拌片刻，腌制15～30分钟。

③在热锅内倒入食用油，将腌好的猪肉下锅，用中火炒6分钟后放入葱片，再炒30秒即可。

→ 可根据肉的厚度合理掌控炒制时间。

2 紫苏叶炒猪肉

①将猪肉切成5cm宽的片状。

→ 猪肉粘成一团时，可采用十字切法。

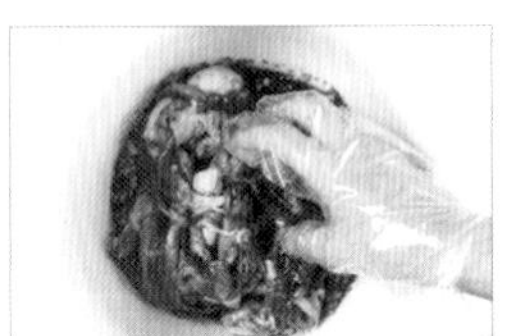

②在大碗中放入调味料混合制成腌料，放入猪肉抓拌片刻，腌制15～30分钟。

③洋葱切丝，紫苏叶用流水洗净，控干水分，去掉叶柄，卷成卷，用刀切成1cm宽的片状。

④将洋葱丝放入步骤②的大碗中，拌匀。

⑤在热锅内倒入食用油，将步骤④中腌好的猪肉片和洋葱丝下锅，用大火翻炒1分钟后改中火炒5分钟，炒至汤汁熬干。

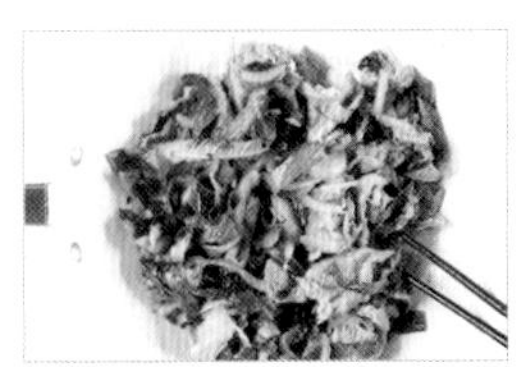

⑥在锅内放入一半量的紫苏叶，拌匀后关火装盘，铺上剩余的紫苏叶。

准备食材

辣炒猪肉

40～45分钟

- □猪前腿肉300g
- □大葱（葱白）15cm
- □食用油½大匙

调味料

- □白砂糖1大匙
- □蒜末1大匙
- □酿造酱油1大匙
- □清酒1大匙
- □辣椒酱4大匙
- □食用油1大匙

紫苏叶炒猪肉

35～40分钟

- □猪前腿肉300g
- □紫苏叶25片（50g）
- □洋葱½个（100g）
- □食用油1大匙

调味料

- □白砂糖1½大匙
- □葱末1½大匙
- □蒜末1大匙
- □酿造酱油3大匙
- □清酒2大匙
- □芝麻油1大匙
- □芝麻1小匙
- □姜末1小匙
- □胡椒粉⅓小匙

炖排骨

辣炖猪排
炖牛排

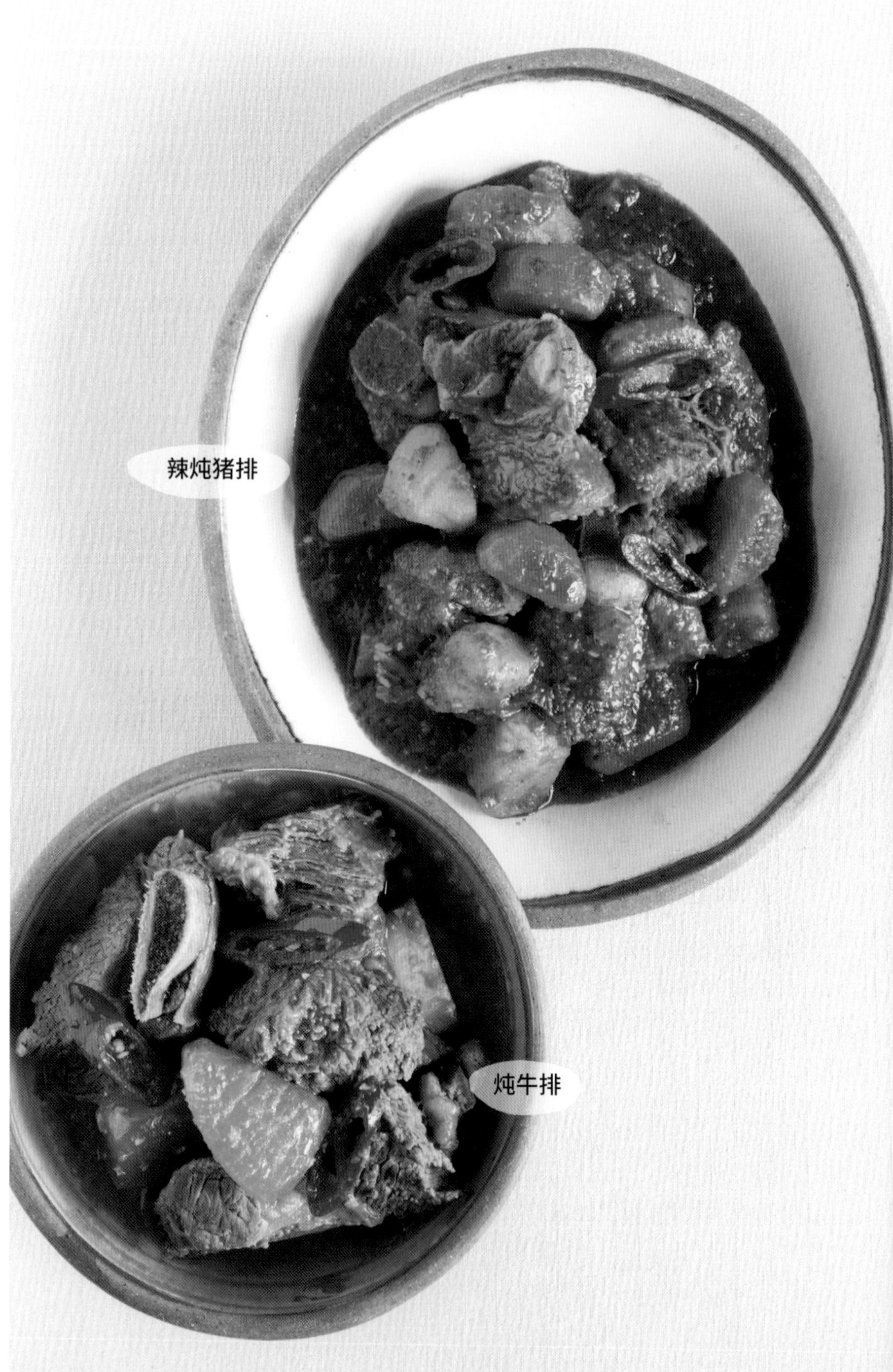

+Recipe

用高压锅炖排骨

使用高压锅不仅可以缩短料理时间，还可以使肉质更加柔嫩。完成165页两道料理的步骤②后，将腌好的排骨和萝卜、土豆、洋葱、辣椒等辅料放入高压锅，并搅拌均匀。与炖锅炖煮的方式不同，高压锅采用蒸制方式，因此无须加水，盖上锅盖，用大火煮沸，待安全阀晃动的声音响起时，改中小火煮15分钟后关火。待锅内蒸气排清后，打开锅盖。

+Tips

怎样炖出完美的排骨？

炖排骨中放入萝卜块、土豆块等辅料时，可将边角磨圆，这样萝卜和土豆不易碎。

处理食材

排骨撇去血水后焯水

①去除猪排或牛排上多余的脂肪，用刀在瘦肉部分划 4 ～ 5 刀，以使调味料入味。

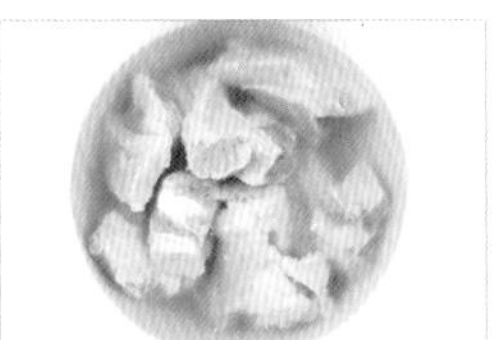

②在大碗内倒入足量水没过排骨，浸泡 30 分钟～ 1 小时撇去血水。

→浸泡过程中要换几次水。

③在锅内加 5 杯水和香辛料，用大火煮开后放入排骨焯 3 分钟，捞出控干。

1 辣炖猪排

①将腌制排骨的食材和调味料用搅拌机细细研磨，倒入大碗中，放入焯好的排骨抓拌片刻，腌制 1 小时以上。

→没有梨时，可用菠萝（½ 块，50g）替代；想吃不辣的猪排时，可使用牛排的调味料。

②土豆去皮，和萝卜一起切成 4cm 见方的块状，将边角磨圆。洋葱切成 4 ～ 6 等份，大葱、青阳辣椒、红辣椒切成斜片。

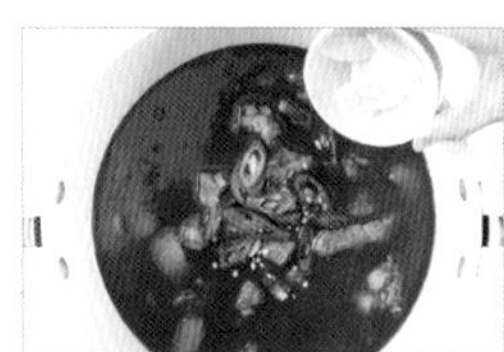

③在厚底锅内放入步骤①中腌好的猪排、土豆块、胡萝卜块、洋葱块和 3 杯水，大火煮开后盖上锅盖，改小火炖 30 分钟后打开锅盖，放入青阳辣椒片和红辣椒片，再炖 10 分钟。

→炖制过程中不时掂下锅，以防粘锅。

2 炖牛排

①腌制排骨的食材和调味料用搅拌机细细研磨后，倒入大碗中，放入焯好的牛排骨抓拌片刻，腌制 1 小时以上。

→没有梨时，可用菠萝（½ 块，50g）替代；想吃辣味牛排骨时，可使用猪排的调味料。

②萝卜去皮，切成 6 等份并磨平边角。红辣椒切成斜片。

③在厚底锅内放入步骤①中腌好的牛排骨、胡萝卜块和 2 杯水，大火煮开后盖上锅盖，改中小火炖 40 分钟。打开锅盖，放入红辣椒片，改大火翻炒 1 分钟。

→炖制过程中不时掂下锅，以防粘锅。

准备食材

辣炖猪排

2 小时 45 分钟～ 2 小时 50 分钟

- □猪排骨 700g
- □土豆 1 个（200g）
- □胡萝卜 1 根（100g）
- □洋葱 ½ 个（100g）
- □大葱（葱白）15cm
- □青阳辣椒 1 根（可省略）
- □红辣椒 1 根
- □水 3 杯（600ml）

香辛料（处理猪排用）

- □洋葱 ¼ 个（50g）
- □大葱（葱绿）15cm

调味料

- □梨 ⅛ 个（50g）
- □洋葱 ½ 个（100g）
- □青阳辣椒 1 根
- □蒜瓣 3 粒（15g）
- □生姜（蒜粒大小）1 块（5g）
- □白砂糖 2 大匙
- □辣椒粉 3 大匙
- □酿造酱油 5 大匙
- □辣椒酱 3 大匙
- □芝麻油 1 大匙

炖牛排

2 小时 45 分钟～ 2 小时 50 分钟

- □牛排骨 700g
- □直径 10cm、厚 2cm 的萝卜 1 块（200g）
- □红辣椒 1 根（可省略）
- □水 2 杯（400ml）

香辛料（处理牛排用）

- □洋葱 ¼ 个（50g）
- □大葱（葱绿）15cm

调味料

- □梨 ⅛ 个（50g）
- □洋葱 ½ 个（100g）
- □大葱 15cm
- □蒜瓣 5 粒（25g）
- □生姜 1 块（5g）
- □白砂糖 2½ 大匙
- □酿造酱油 6 大匙
- □芝麻油 1 大匙

菜包肉

白切肉
萝卜泡菜
凉拌包饭菜

白切肉

萝卜泡菜

凉拌包饭菜

怎样煮出好吃的白切肉?

大块五花肉如煮制过久，肉质会发柴、口感不佳，料理时注意掌控时间。煮制时间根据肉的厚度和大小进行调整，用筷子戳进肉块，如无血水渗出，则表示煮得恰到好处。

1 白切肉

①将香辛料中的生姜切片，将整块五花肉对半切开。

②在锅内放入五花肉和香辛料，盖上锅盖，用大火炖煮。

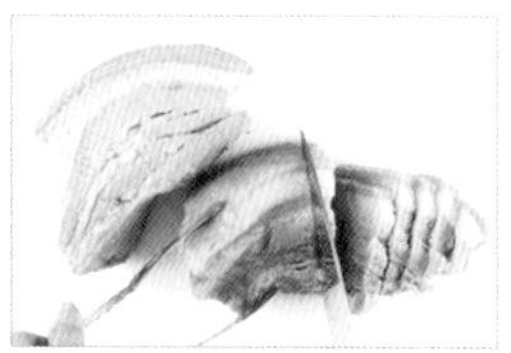

③煮开后改中小火炖煮 50 分钟，关火。待自然冷却后，切成 0.5cm 厚的片状。

2 萝卜泡菜

①萝卜去皮切丝，小葱切成 4cm 长的小段。

②在萝卜丝中加入白砂糖和盐并拌匀，腌制 10 分钟，挤干水分。

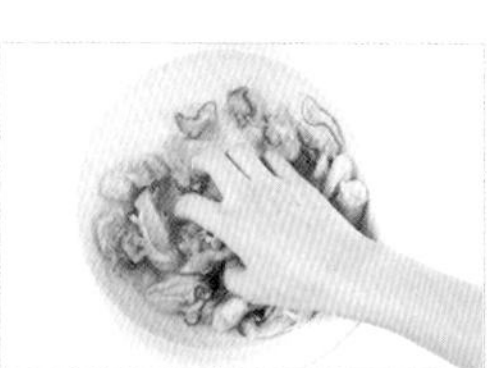

③将牡蛎浸泡在盐水（3 杯水 +2 小匙盐）中涮洗片刻，用流水洗净，捞出控干。

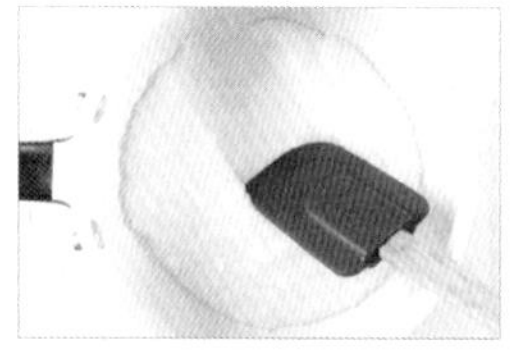

④将葱泥的食材用搅拌机细细研磨后倒入锅中，用中小火熬煮并时时搅拌。

→ 用锅铲刮锅底，若留下刮痕，则表示葱泥汁浓度适宜。

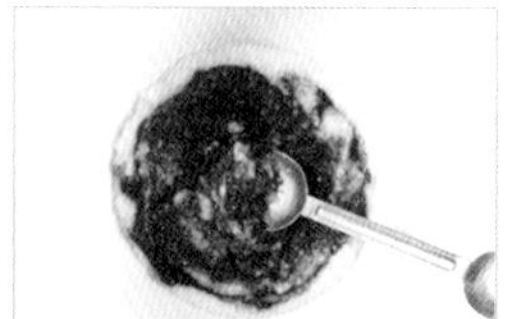

⑤在大碗内放入调味料混合均匀，加入步骤④中调好的葱泥汁，静置冷却。

→ 葱泥汁趁热放入，可去除辣椒粉的味道。

⑥步骤⑤的大碗中放入腌好的萝卜，抓拌均匀后放入牡蛎和小葱拌匀。可即食，也可放入冷藏室半天后食用。

3 凉拌包饭菜

①包饭菜用流水一片片洗净，捞出控干，切成 2cm 宽的片状。

→ 较大的包饭菜先分成 2 等份，再切成 2cm 宽的片状。

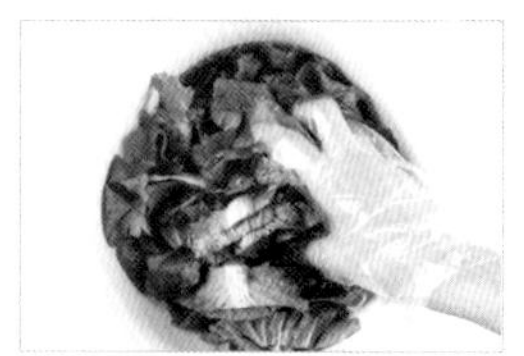

②在大碗中放入调味料，混合均匀，准备食用时，放入包饭菜，拌匀即可。

准备食材

白切肉

1 小时

□整块五花肉 600g

香辛料

□生姜（蒜粒大小）1 块（5g）
□大葱（葱绿）15cm
□清酒 5 大匙
□大酱 1½ 大匙
□水 7 杯（1.4L）

萝卜泡菜

35 ～ 40 分钟

□袋装牡蛎 1 袋（200g）
□直径 10cm、厚 5cm 的萝卜 1 块（500g）
□小葱 5 根（50g）
□白砂糖 1 大匙
□盐 2 小匙

葱泥汁

□白饭 ¼ 碗（50g）
□洋葱 ½ 个（100g）
□水 ½ 杯量（100ml）

调味料

□白砂糖 1 大匙
□辣椒粉 5 大匙
□蒜末 1 大匙
□鱼露（玉筋鱼或鳀鱼）3 大匙

凉拌包饭菜

15 ～ 20 分钟

□包饭菜（或春白菜）
□约 17 片（150g）

调味料

□白砂糖 ½ 大匙
□辣椒粉 1½ 大匙
□葱末 1 大匙
□芝麻 1 小匙
□蒜末 1 小匙
□酿造酱油 2 小匙
□鱼露（玉筋鱼或鳀鱼）1 小匙
□芝麻油 1 小匙

炒鸡肉

蔬菜炒鸡肉
炒鸡排

+Recipe

蔬菜炒鸡肉中加入坚果或尖椒

在步骤⑥中放入青阳辣椒时，将坚果（½ 杯，60g）或尖椒（10 根，60g）一同放入。尖椒用叉子或牙签戳 3 ～ 4 个孔，拌炒时更容易入味。

炒鸡排中加入奶酪丝

将做好的炒鸡排装入耐热容器，撒上奶酪丝（1 杯，100g），放入预热 200℃的烤箱中烤制 7 ～ 8 分钟。

1 蔬菜炒鸡肉

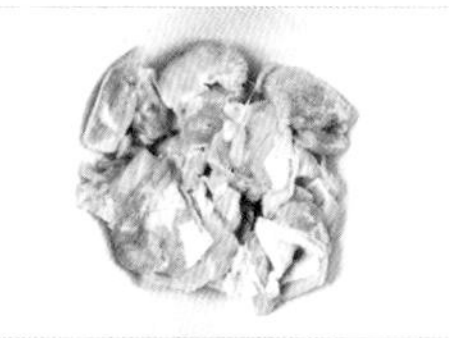

①鸡腿肉切成 4 ～ 5cm 见方的块状，用腌料腌制 10 分钟。

→ 可做去皮处理，肉质较厚的部位可划几刀。

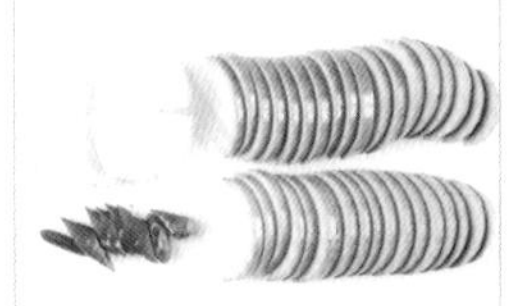

②将洋葱切 6 ～ 8 等份，西葫芦纵切成 2 等份，再切成 0.5cm 厚的月牙形。青阳辣椒切斜片。

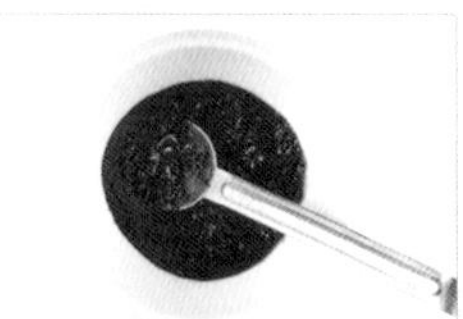

③调味料混合均匀，制成调味汁。

④在热锅内倒入食用油，放入蒜末，用中小火炒 30 秒。

⑤将步骤①中腌好的鸡腿肉下锅，大火炒 2 分钟后放入洋葱块，继续炒 2 分钟后放入西葫芦片，最后翻炒 1 分钟。

⑥放入调味汁，改中小火翻炒 3 分钟，放入青阳辣椒片，最后翻炒 1 分钟。

2 炒鸡排

①在大碗中放入调味料混合均匀，制成腌料。

②将鸡腿肉切成 3cm 见方的块状，放入步骤①中装有腌料的碗中，拌匀后腌制 20 分钟。

③将年糕用流水冲洗 1～2 遍去除淀粉，捞出控干。年糕过硬的话，可先用热水焯 1 分钟再用冷水冲洗。

④将卷心菜切成年糕大小，红薯对半切开后，切成 0.5cm 厚的片状。

⑤在热锅内倒入食用油，鸡腿肉下锅，鸡皮部分朝下，再依次放入年糕、卷心菜、红薯片，用中火炒 1 分钟。

⑥改中小火，翻炒 10 分钟即可。

准备食材

蔬菜炒鸡肉

⏱ 25 ～ 30 分钟

- □鸡腿肉（或鸡里脊）350g
- □洋葱 ½ 个（100g）
- □西葫芦 ½ 个（135g）
- □青阳辣椒（或青辣椒）1 根
- □食用油 1 大匙
- □蒜末 1 大匙

鸡肉腌料

- □清酒 2 大匙
- □盐 ½ 小匙
- □胡椒粉少许

调味料

- □辣椒粉 2 大匙（按个人口味增减）
- □酿造酱油 2 大匙
- □白砂糖 2 小匙

炒鸡排

⏱ 40 ～ 45 分钟

- □鸡腿肉 350g
- □年糕 1 杯（100g）
- □卷心菜 10cm×10cm 5 片（150g）
- □红薯 1 块（200g）
- □食用油 1 大匙

调味料

- □辣椒粉 1½ 大匙
- □蒜末 1½ 大匙
- □酿造酱油 1⅓大匙
- □料酒 1½ 大匙
- □低聚糖 3 大匙
- □辣椒酱 3½ 大匙
- □芝麻油 1 大匙
- □芝麻 1 小匙
- □姜末 ½ 小匙
- □胡椒粉 ¼ 小匙

辣炖鸡块

+Recipe

用高压锅炖制

使用高压锅，不仅可以使肉质更加软嫩，还能将土豆炖得软糯。完成步骤④后，将腌好的鸡块和土豆块、其他蔬菜、½杯水放入高压锅，盖上锅盖，用大火煮沸。待安全阀晃动声响起时，改中小火煮15分钟，关火。待锅内蒸气排清后，打开锅盖。

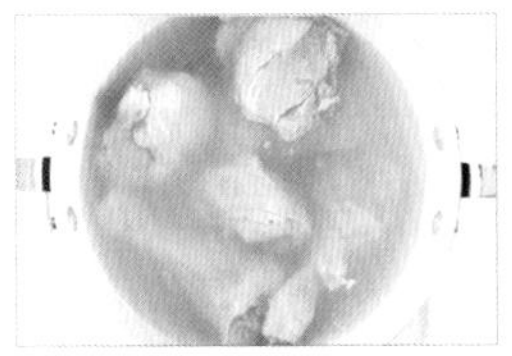

①将鸡块用5杯热水焯1分30秒，捞出控干。

㊂ 肉较厚的部位可以用刀划3～4处，以使食材煮入味。

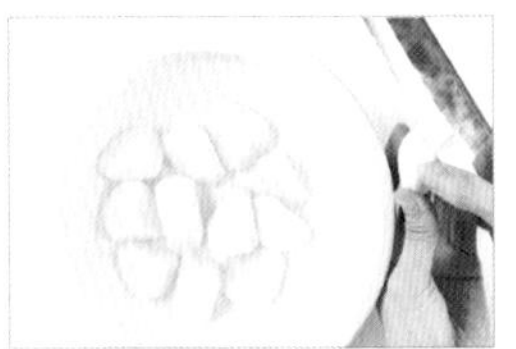

②土豆切成3.5cm见方的块状，边角削圆，放入足量水中浸泡。

③将洋葱切成3.5cm大小的块状，大葱和青、红辣椒切斜片。

④在大碗中放入调味料混合制成酱汁，放入鸡块和土豆块，拌匀。

⑤加热炒锅（或深底平底锅），倒入食用油，将步骤④中腌好的鸡块和土豆块下锅，用中火翻炒2分钟。

⑥加3杯水，大火煮开。煮15分钟后，放入洋葱块，再煮5分钟。

㊂ 炖煮过程中不时翻搅，以防粘锅。

⑦放入葱片和青、红辣椒片，开中小火炖3分钟。

准备食材

⏱35～40分钟

- □鸡（处理好的鸡块）500g
- □土豆1个（200g）
- □洋葱½个（100g）
- □大葱（葱白）10cm
- □青辣椒1根
- □红辣椒1根
- □食用油1大匙
- □水3杯（600ml）

调味料

- □白砂糖1⅓大匙
- □辣椒粉2大匙
- □蒜末½大匙
- □酿造酱油2大匙
- □辣椒酱2½大匙
- □芝麻油½大匙
- □姜末1小匙

安东炖鸡

+Recipe

用高压锅炖制

完成步骤⑤后，将鸡块、粉条、所有蔬菜、调味料和½杯水放入高压锅，盖上锅盖，用大火煮沸。待安全阀晃动声响起时，改中小火煮 15 分钟，关火。待锅内蒸气排清后打开锅盖。

+Tips

安东炖鸡的美味秘诀

相比将整只鸡切块料理，使用鸡腿肉制作更为简便，食用也更加方便。想要口感更香醇的话，可以在腌制鸡腿肉时用 1 大匙蚝油替代酱油和白砂糖。

准备食材

⏱30～35 分钟

- ☐鸡腿肉 500g
- ☐粉条 ½ 把（50g）
- ☐胡萝卜 ½ 根（100g）
- ☐土豆 1 个（200g）
- ☐洋葱 ½ 个（100g）
- ☐大葱（葱白）20cm
- ☐青阳辣椒（或干辣椒）1～2 根（可省略）
- ☐红辣椒 1 根
- ☐蒜瓣 5 粒（25g）
- ☐芝麻油 1 大匙
- ☐水 2 杯（400ml）

鸡肉腌料

- ☐酿造酱油 1 大匙
- ☐白砂糖 1 小匙
- ☐胡椒粉少许

调味料

- ☐蒜末 1 大匙
- ☐酿造酱油 4½ 大匙
- ☐料酒 2 大匙
- ☐清酒 1 大匙
- ☐低聚糖 4 大匙
- ☐盐 ¼ 小匙
- ☐胡椒粉 ¼ 小匙
- ☐姜末 ½ 小匙

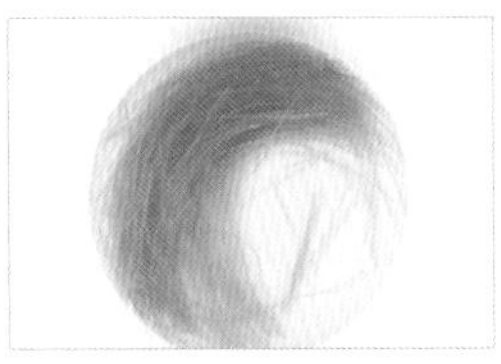

①粉条用冷水泡发，浸泡 1 小时。

➔ 用热水泡发，粉条易泡胀。建议冷水泡发。

②先将胡萝卜和土豆切成 2 等份，再分别切成 0.7cm、1.5cm 厚的片状，洋葱切成 2cm 厚的粗丝。

③将大葱切成 5cm 长的葱段，青阳辣椒和红辣椒切成 1cm 厚的斜片。

➔ 较粗的大葱可先切成 2 等份，再切段。用干辣椒替代青阳辣椒时，用干燥的清洁布擦净后切成 3～4 等份。

④鸡腿肉切成 5cm 见方的块状，用腌料腌制。

➔ 肉较厚的部位可以用刀划 3～4 处，以使调味料入味。

⑤调味料混合均匀，制成酱汁。

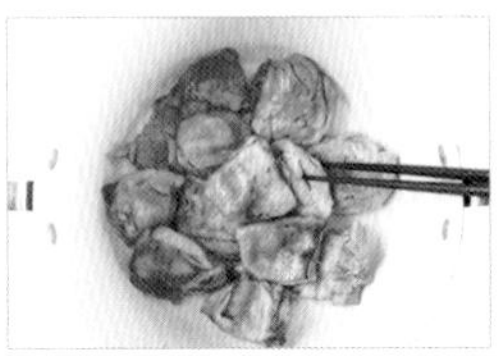

⑥在热锅内倒入芝麻油，将鸡肉下锅，鸡皮部分朝下，用中火将两面各煎 2 分钟。

➔ 锅预热不充分会导致鸡肉粘锅，敬请注意。

⑦在锅内倒入胡萝卜片、土豆片、青阳辣椒片和蒜，改中小火，翻炒 1 分钟。

⑧加 2 杯水和 5 大匙酱汁，大火煮开后，改中火炖煮 18 分钟。

➔ 炖煮过程中不时翻搅，以防粘锅。

⑨将剩余的酱汁、粉条、洋葱片、葱段、红辣椒片倒入锅中，不时搅拌，最后炖煮 5 分钟。

炒鱿鱼

辣炒鱿鱼
五花肉炒鱿鱼

辣炒鱿鱼

五花肉炒鱿鱼

+Recipe

五花肉炒鱿鱼搭配焯好的黄豆芽或包饭菜

五花肉炒鱿鱼可搭配焯好的黄豆芽或包饭菜食用。在锅内放入洗好的黄豆芽（4把，200g）、2杯水、1小匙盐，混合均匀后盖上锅盖，用大火煮开。待有蒸气溢出，改中小火煮4分钟后捞出，静置冷却后，搭配五花肉炒鱿鱼食用。包饭菜则比较适合选用香气较重的叶菜。

鱿鱼切花

鱿鱼受热收缩时，相比内侧，外侧收缩程度更为严重，建议从内侧切花，这样更为自然美观。

处理食材

处理鱿鱼

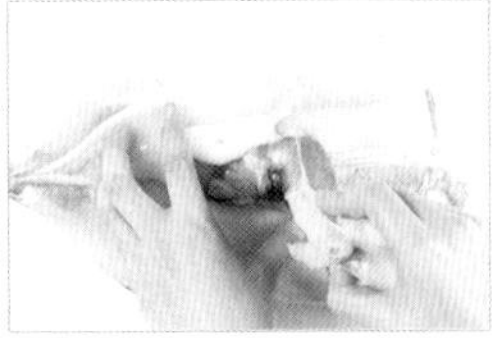

①用剪刀将鱿鱼身体剖开，取出内脏，切断内脏与触须的连接部分，去除内脏。

②翻转触须，按压嘴部周边，去除骨头。

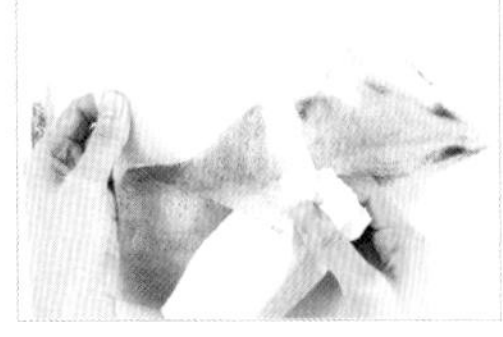

③切掉鱿鱼身体末端，用厨房纸捏住鱿鱼外皮一角向外拉扯。去除外皮后，用流水将鱿鱼洗净。

→ 也可抹上粗盐后，用手剥去外皮。

④将触须置于流水下，用手捋着洗几遍，去除触须上的吸盘，冲洗干净。

⑤将鱿鱼置于漏勺控干水，分内面朝上，刀身尽可能平放，细细切成十字花刀。

⑥将身体切成 1cm×5cm 大小的块状，触须切成 5cm 长的段。

1 辣炒鱿鱼

①在大碗内放入调味料，混合均匀，放入处理好的鱿鱼，抓拌片刻，腌制 10 分钟。

②卷心菜切成 2cm×5cm 的片状，大葱切成 1cm×5cm 的小段。

③在热锅内倒入食用油，放入葱段，用中火炒 30 秒，再放入卷心菜炒 2 分钟。

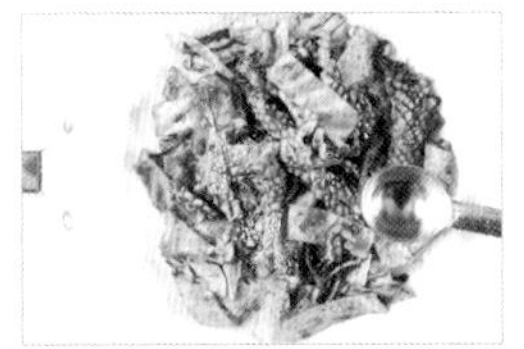

④将腌制好的鱿鱼下锅，翻炒 2 分钟后加入芝麻和芝麻油，改大火快炒 30 秒。

→ 用大火快炒，鱿鱼才不会出水，口感也不柴。

准备食材

辣炒鱿鱼

⏱ 20～25 分钟

- □鱿鱼 1 条（240g）
- □卷心菜 10cm×10cm 大小的 4 片（120g）
- □大葱（葱白）15cm
- □食用油 1 大匙
- □芝麻 1 小匙
- □芝麻油 ½ 大匙

调味料

- □白砂糖 1 大匙
- □辣椒粉 1 大匙
- □清酒 1 大匙
- □辣椒酱 1 大匙
- □蒜末 1 大匙
- □酿造酱油 1½ 小匙
- □食用油 1 小匙
- □胡椒粉少许

准备食材

五花肉炒鱿鱼

⏱25～30 分钟

- ☐鱿鱼 1 条（240g）
- ☐五花肉 300g
- ☐洋葱 ½ 个（100g）
- ☐大葱（葱白）15cm（可省略）
- ☐青阳辣椒 1 根
- ☐红辣椒 1 根
- ☐蒜末 1 大匙
- ☐清酒 1 大匙
- ☐食用油 1 大匙

调味料

- ☐芝麻 ½ 大匙
- ☐白砂糖 1 大匙
- ☐辣椒粉 4 大匙
- ☐葱末 2 大匙
- ☐蒜末 2 大匙
- ☐酿造酱油 2 大匙
- ☐料酒 1 大匙
- ☐低聚糖（或青梅汁）1 大匙
- ☐辣椒酱 5 大匙
- ☐盐 ½ 小匙
- ☐胡椒粉 ⅕小匙
- ☐芝麻油 2 小匙

2 五花肉炒鱿鱼

①在准备其他食材之前，先将五花肉切成一口大小的量的片状，放入蒜末和清酒拌匀，腌制一段时间。

→ 五花肉腥味较重的话，可以加入 ½ 小匙姜末。

②将洋葱切成 1cm 厚的丝状，大葱、青阳辣椒、红辣椒切成斜片。

③大碗中放入调味料混合均匀，碗内左侧放入五花肉片和洋葱丝，右侧放入处理好的鱿鱼，各自抓拌均匀。

④取一只底宽且深的平底锅，热锅后倒入食用油，放入步骤③中拌好的五花肉和洋葱，用大火翻炒 2 分钟。

⑤将五花肉和洋葱推至锅的一侧，另一侧放入鱿鱼，炒 3 分 30 秒，直至水分收干。

→ 锅子直径较小的话，可以先将五花肉和洋葱盛出装盘，再将鱿鱼下锅。

⑥将鱿鱼、五花肉、洋葱丝翻炒均匀，再放入葱片、青阳辣椒片、红辣椒片，翻炒 1 分钟。

→ 可搭配焯好的黄豆芽或包饭菜食用。

辣炒小章鱼
辣炒章鱼

不出水的翻炒窍门

小章鱼或章鱼可先单独炒熟，或稍焯片刻后加入酱汁快炒，这样炒制出的料理口感柔嫩不发柴。炒制时间过久的话，一来酱汁易煳，二来小章鱼或章鱼出水，导致料理失味、口感不佳。

准备食材

辣炒小章鱼

20～25 分钟

- □小章鱼 10 条（300g）
- □洋葱 ½ 个（100g）
- □大葱（葱白部分）20cm
- □食用油 1 大匙

调味料

- □芝麻 1 大匙
- □白砂糖 1 大匙
- □辣椒粉 2 大匙
- □葱末 1 大匙
- □蒜末 1 大匙
- □料酒 2 大匙
- □辣椒酱 2 大匙
- □淀粉 1 小匙
- □酿造酱油 1 小匙（按个人口味增减）
- □芝麻油 1 小匙
- □胡椒粉少许

处理食材 处理小章鱼

①用刀将小章鱼头部和触须的连接部分切开。

②翻转头部，找出内脏、墨囊和鱼子。

③摘掉内脏和墨囊，再用刀或手按住连接部分，将上面的 2 只眼睛挤出。

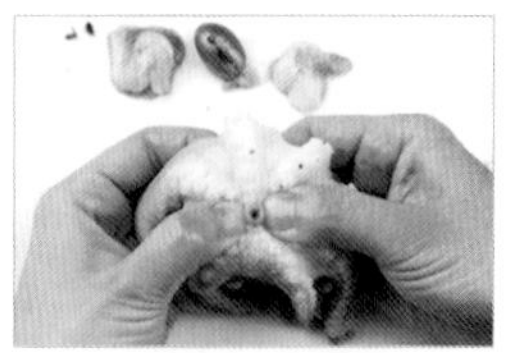

④翻转触须，按压嘴部周围，将骨头取出。

⑤在大碗中放入小章鱼和 3 大匙面粉，细细搓洗片刻，用流水洗净，捞出控干。

1 辣炒小章鱼

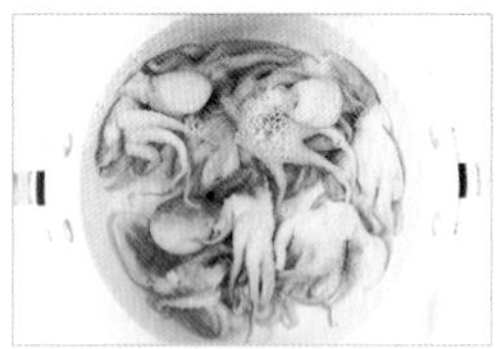

①锅内倒入食醋水（3 杯水 +2 小匙食醋），大火煮开，放入处理好的小章鱼，焯 15～30 秒后捞出，待冷却后，切成一口大小的量。

→ 根据小章鱼大小调整焯水时间。

②洋葱切成 1cm 厚的丝状，大葱切成斜片。

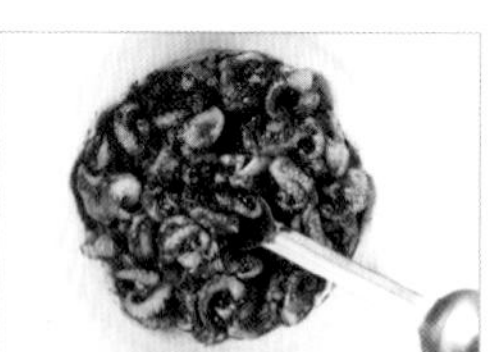

③在大碗中放入调味料混合均匀，放入焯好的小章鱼，再次搅拌均匀。

→ 用 ⅔ 小匙鱼露（玉筋鱼或鳀鱼）替代酿造酱油，可使味道更加香醇。

④在热锅内倒入食用油，将洋葱丝下锅，用中火翻炒 30 秒。

⑤将步骤③中调好的小章鱼下锅，调至大火快炒 1 分 30 秒，放入葱片，最后翻炒 30 秒。

→ 可加入切成丝状的紫苏叶，搅拌均匀后食用。

处理食材 处理章鱼

①抓住章鱼头部，用剪刀剖开。

②将剖开的头部翻开，露出内脏，用手抓住内脏上端，小心去除。

③大碗中加入调味料，调制成汁。章鱼头部和触须的连接部位有2只眼睛，抓住凸出部分，用剪刀剪除。

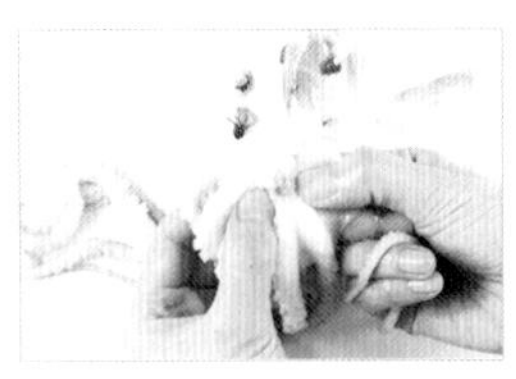

④翻转触须，按压嘴部周围，将骨头取出。

⑤大碗中放入章鱼和3大匙面粉，细细抓拌片刻，用流水洗净。

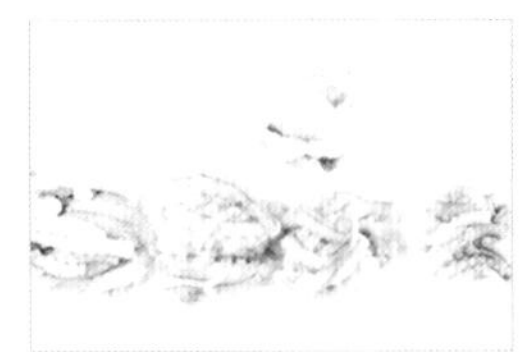

⑥捞出控干，触须切成4～5cm的段，头部切成2cm宽的片状。

2 辣炒章鱼

①洋葱切成1cm厚的丝状，大葱和青辣椒切成斜片。

②在热锅内倒入处理好的章鱼，用大火翻炒1分30秒至章鱼肉呈紫色。用笊篱将章鱼汤汁滤出备用。

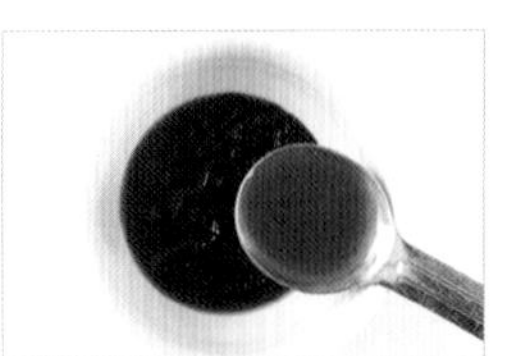

③取2大匙步骤②中滤出的章鱼汤汁，与调味料混合。

→ 喜欢吃辣的话，可以用青阳辣椒制成的辣椒粉替代一般辣椒粉，并用青阳辣椒替代青椒。

④用厨房纸将步骤②中的平底锅擦净，用中火热锅后倒入食用油，放入洋葱丝和青椒片，翻炒2分钟后，加入步骤③中调好的酱汁，翻炒均匀。

⑤将章鱼和葱片下锅，翻炒1分钟后关火，加入芝麻、芝麻油，拌匀即可。

准备食材

辣炒章鱼

20～25分钟

- □章鱼2条（300g）
- □洋葱½个（100g）
- □大葱（葱白）15cm
- □青辣椒（或青阳辣椒）2个
- □食用油1大匙
- □芝麻½大匙
- □芝麻油1大匙

调味料

- □辣椒粉1大匙
- □白砂糖½小匙
- □盐½小匙
- □蒜末1小匙
- □酿造酱油1½小匙
- □低聚糖1小匙
- □辣椒酱2小匙

辣炖海鲜

Tips

辣炖海鲜的美味秘诀

辣炖海鲜的美味秘诀就在于黄豆芽清脆的口感。想要黄豆芽和海鲜有嚼劲，在炖煮过程中就不能翻搅过头。吃剩的辣炖海鲜汤汁可用来制作美味炒饭。

①将黄豆芽浸泡在水中涮洗片刻，再用流水冲洗，捞出控干。鲜虾用流水冲洗，捞出控干。

②摘除贻贝的须状物，揉搓外壳去除杂质，冲洗干净，捞出控干。

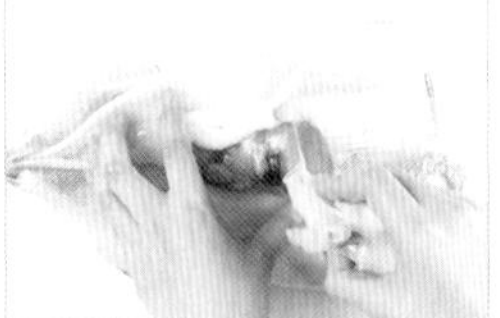

③用剪刀将鱿鱼身体剖开，拉出内脏，用刀将内脏和触须的连接部位切开，去除内脏。

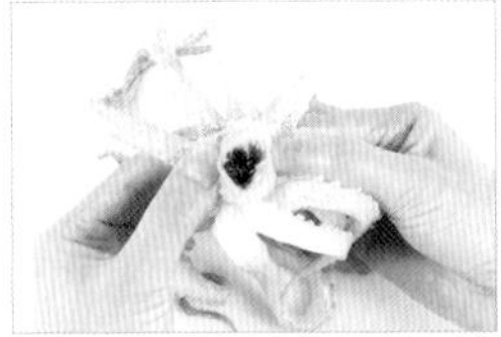

④翻转触须，按压嘴部周围，将骨头取出。

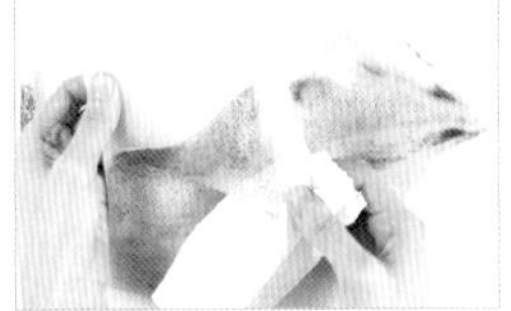

⑤切掉鱿鱼身体末端，用厨房纸捏住鱿鱼外皮一角向外拉扯。去除外皮后，用流水将鱿鱼洗净。

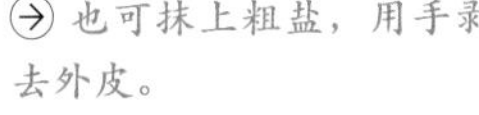

→ 也可抹上粗盐，用手剥去外皮。

⑥将触须置于流水下，用手捋着洗几遍，将触须上的吸盘去除后冲洗干净。

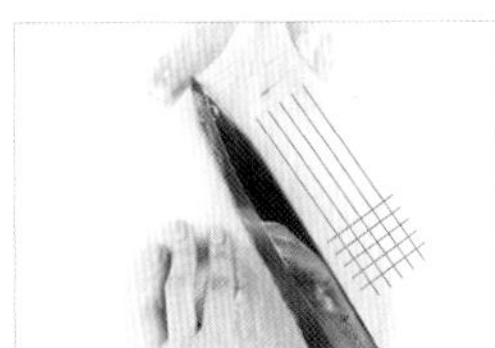

⑦将鱿鱼置于漏勺控干水分，内面朝上，刀身尽可能平放，细细切成十字花刀。

⑧将鱿鱼身体切成 1cm×5cm 大小的块状，触须切成 5cm 长的段。

⑨将调味料混合均匀。

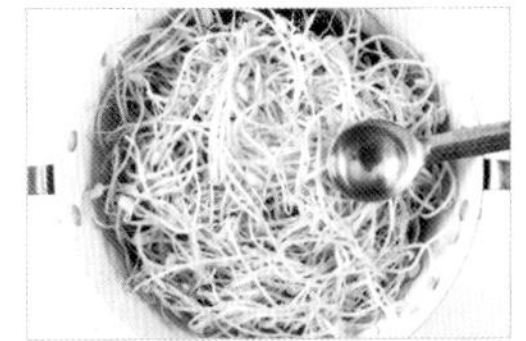

⑩在厚底锅内依次放入贻贝、鲜虾、黄豆芽，均匀加入 3 大匙水。

⑪锅内倒入混合好的调味料，盖上锅盖，开中火炖 2 分钟后改中小火炖 8 分钟。

⑫打开锅盖，将鱿鱼下锅，改大火翻炒 2 分钟，放入芝麻油，关火。

→ 一手执筷，一手执锅铲，两手一起翻炒，更容易翻炒均匀。

准备食材

25～30 分钟

- □鲜虾（中虾）10 只（200g）
- □贻贝 500g
- □鱿鱼 1 条（240g）
- □黄豆芽 5 把（250g）
- □水 3 大匙
- □芝麻油 1 小匙

调味料

- □青阳辣椒碎 1 根份
- □白砂糖 1½ 大匙
- □淀粉 1 大匙
- □辣椒粉 6 大匙
- □蒜末 1 大匙
- □酿造酱油 1 大匙
- □清酒 3 大匙
- □盐少许

鸡蛋羹

砂锅鸡蛋羹
蔬菜鸡蛋羹

+Recipe

隔水加热

鸡蛋打散，加入盐和水，过筛后装入耐热容器，再用铝箔纸包好。锅内倒入适量水，水位大致到耐热容器中间的高度，用大火煮沸，将耐热容器放入锅中，盖上锅盖，改小火蒸 15 分钟后关火。

用微波炉加热

鸡蛋打散，加入盐和水，过筛后装入耐热容器，用保鲜膜包好，再用叉子或筷子在保鲜膜上戳 1～2 个孔后，放入微波炉（700W）加热 6 分 30 秒～7 分钟。

1 砂锅鸡蛋羹

①将鸡蛋打散过筛。

→ 想要蒸出的鸡蛋羹口感更软嫩，就要用细筛筛去卵黄系带。

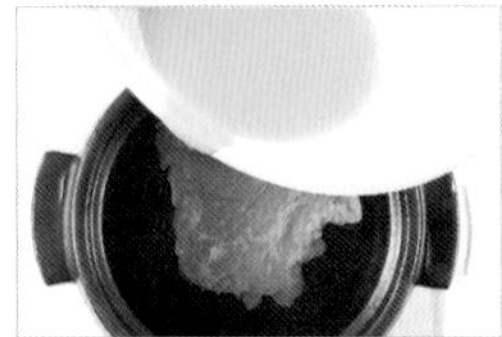

②砂锅内加入 1 杯水和盐，大火煮沸后，将蛋液缓缓倒入砂锅。

③当蛋液像汤一样散开时，用勺子轻刮锅底，搅拌 2 ～ 3 次。

④盖上锅盖，改小火煨炖 2 ～ 3 分钟。

2 蔬菜鸡蛋羹

①将剩余蔬菜切碎。

②鸡蛋打散，加盐调味后过筛。

→ 想要蒸出的鸡蛋羹口感更软嫩，就要用细筛筛去卵黄系带。

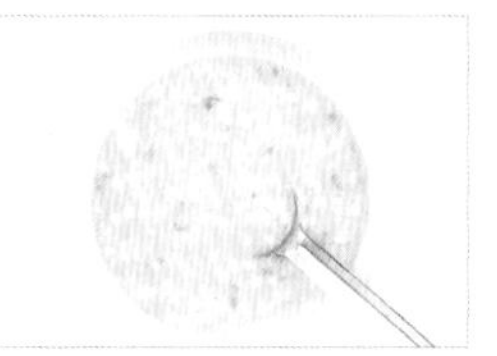

③将蛋液、蔬菜碎、1 杯水倒入耐热容器中，搅拌均匀。

④将步骤③中的耐热容器放入蒸锅中，盖上锅盖，用小火蒸 15 分钟后关火，再焖 5 分钟即可。

准备食材

砂锅鸡蛋羹

10 ～ 15 分钟

□鸡蛋 3 个

□水 1 杯（200ml）

□盐 ½ 小匙

蔬菜鸡蛋羹

25 ～ 30 分钟

□鸡蛋 3 个

□剩余蔬菜（萝卜、甜椒、彩椒、洋葱等）适量

□盐 ½ 小匙

□水 1 杯（200ml）

怎样蒸出松软的鸡蛋羹

核心在于火候的调节，想要制作出口感柔滑、无气泡的鸡蛋羹，须用最小的火慢慢蒸。而想要蒸出更软嫩香醇的鸡蛋羹，可用昆布水或鳀鱼昆布汤（做法见 210 页）替代清水。

蒸卷心菜
炒辣椒酱
调味大酱

炒辣椒酱

蒸卷心菜

调味大酱

如何使调味大酱更加香浓？

用淘米水（第三遍淘米水）或鳀鱼昆布汤（做法见 210 页）替代清水，可使调味大酱的味道更加醇厚。或者将 ½ 个土豆（100g）擦成丝，在步骤④中和水一同放入。土豆富含的淀粉可有效吸附调味大酱的水分，从而调节浓度，使调味大酱质地更为浓稠。

1 蒸卷心菜

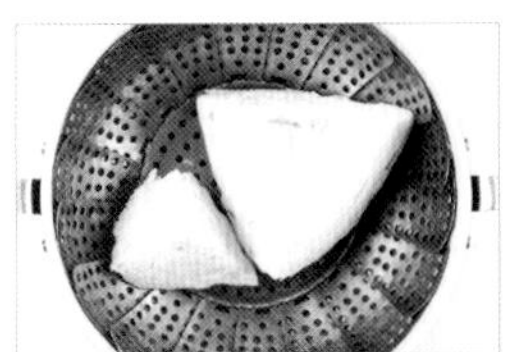

①将卷心菜放入蒸笼中，用中火蒸 8 ～ 9 分钟至卷心菜变软。

②将步骤①中蒸好的卷心菜放入大碗中，用保鲜膜裹好，置于冷藏室冷却。

2 炒辣椒酱

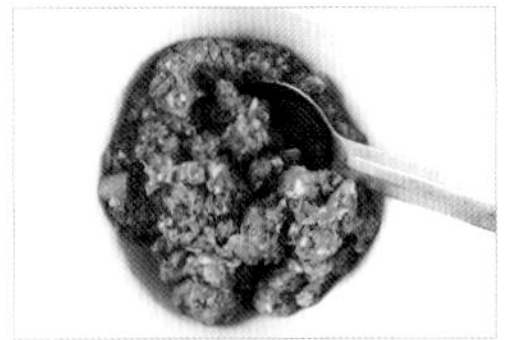

①将牛肉末用调味料拌匀，腌制 5 分钟。

②在热锅内倒入芝麻油，将步骤①中腌好的牛肉末下锅，用中火翻炒 3 分钟。

③放入辣椒酱，改小火翻炒 5 分钟后加入白砂糖，再炒 4 分钟。

3 调味大酱

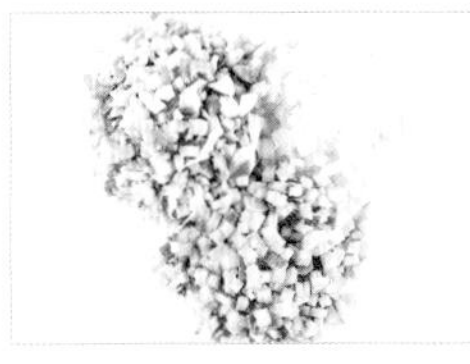

①将边角料蔬菜切碎。

②将调味料混合均匀。

③在热锅（或砂锅）内倒入紫苏籽油，将蔬菜碎下锅，用中火翻炒 3 分 30 秒。

→ 翻炒过程中，可加入 2 ～ 3 大匙水，防止蔬菜碎粘锅。

④倒入混合好的调味料，改小火炒 1 分钟后加 1 杯水，改大火煮沸后，再改小火煮 7 分钟。

→ 煮制过程中时时翻搅，防止粘锅。

准备食材

蒸卷心菜

⏱ 10 ～ 15 分钟

- □ 卷心菜 10cm×10cm 大小的 6 片（180g）

炒辣椒酱

⏱ 15 ～ 20 分钟

可冷藏 7 ～ 10 天

- □ 牛肉末 200g
- □ 芝麻油 1 大匙
- □ 辣椒酱 1 杯
- □ 白砂糖 5 大匙

牛肉调味料

- □ 葱末 ½ 大匙
- □ 清酒 1 大匙
- □ 胡椒粉 ¼ 小匙
- □ 芝麻油 1 小匙

调味大酱

⏱ 15 ～ 20 分钟

- □ 蔬菜（洋葱、土豆、胡萝卜、西葫芦、蘑菇、茄子等）2 杯量
- □ 紫苏籽油（或芝麻油）1 大匙
- □ 水 1 杯（200ml）

调味料

- □ 青阳辣椒碎 1 根份（按个人口味增减）
- □ 大酱 3 大匙
- □ 辣椒酱 1 大匙
- □ 蒜末 1 小匙

酱菜和泡菜

料理前请先阅读这里！

1 腌制美味酱菜的秘诀

① 选用当季食材腌制的酱菜味道最好。夏天的黄瓜皮最薄，春天的蒜辛辣味最淡，晚夏的辣椒皮最厚，秋天的彩椒、夏天的紫苏叶，都是最适合做酱菜的食材。

② 处理食材时，去除杂质并洗净后一定要控干水分、保持食材干燥。辣椒或大蒜等质地坚实的食材，可用叉子或牙签戳几个孔，以使酱味充分地渗入食材中。

③ 制作酱菜或腌菜时，酱缸内要倒入足量的酱汁或腌渍水，使其完全没过食材。

④ 制作酱汁时，可用糙米食醋或酿造食醋，建议不要使用苹果醋等香味较重的产品。

⑤ 酱汁须煮沸后再使用。黄瓜、辣椒、萝卜等较硬的食材可直接浇入煮沸的酱油水，紫苏叶、蘑菇、蜂斗菜等较软的食材则需要等酱汁完全冷却后再倒入，这样才能保留食材原本的味道。

2 酱菜酱汁的基本比例

制作酱菜的酱汁必须煮沸后使用，这样食材才能充分入味。酱汁由白砂糖、食醋、酿造酱油、水按 1：1：1：0.5 的比例调配而成。

3 腌制美味泡菜的秘诀

① 腌制泡菜时，蔬菜受热会产生菜腥味，建议用手轻轻处理，不要大力揉搓。

② 如泡菜腌得过咸，可以将萝卜或洋葱切碎后放入调味料以中和咸味。

③ 腌泡菜时，可以稍微腌咸一些，这样泡菜腌熟出水后也不会觉得味道淡。如果泡菜味道过淡，加入适量鱼露调味更好。

④ 泡菜桶一定要密封严实，若有空气进入，易导致泡菜烂熟。

⑤ 想要泡菜腌得好吃，建议一开始先不要放进冰箱，而是置于阴凉通风的室温环境下，待其慢慢冷却后再冷藏保存。腌制完成后立即放入冰箱不利于发酵菌的生成，口感自然也就不好。关于室温下熟成的时间，春秋两季是 1～2 天，夏季视气温可放半天，冬季则是 3～4 天。

3 腌黄瓜

食材 朝鲜黄瓜 6 根、粗盐 ¾ 杯、水 5 杯（1L）

① 黄瓜用粗盐搓洗并去除水分，装入玻璃瓶。

② 锅内加水和粗盐，煮沸。

③ 将煮沸的盐水倒入步骤①的容器中，用重物压实瓶口，置于阴凉处 1 周左右。

5 酱菜保存时的注意事项

① 腌制酱菜时，建议使用玻璃容器。煮沸的酱汁倒入塑料容器时，有可能产生不利于人体的物质，因此尽量避免用塑料容器存放酱菜。玻璃容器应用热水消毒，完全控干水分后再使用。待酱汁冷却后，可将酱菜和酱汁移至塑料容器中储存。

② 盛取酱菜时，注意酱缸内不要混进浮水（浮水是指酱缸内本来没有的、从外界混入的水分，用沾湿的手或料理工具捞取酱菜时都会混入水分），一旦浮水进缸，再咸的酱菜都极易腐坏。

③ 腌得较淡的酱菜建议冷藏保存，汤汁较多的酱菜，可每个月加热一次酱汁，冷却后重新倒回酱缸，酱菜就可以长时间保存。

▲建议使用玻璃瓶存放酱菜

因为要倒入煮沸的酱汁，因此厚重的玻璃容器比塑料容器更适合用于存放酱菜。

6 保存泡菜的注意事项

① 装泡菜的容器密封得越好，越能隔绝空气，从而使泡菜保持最佳状态。

② 保存泡菜时，为了避免频繁地温度变化，不要一次将所有泡菜都放置在一个大容器内，因为盖子频繁开合会使泡菜的味道迅速发生变化。建议分开装入几个大小适中的容器。

③ 泡菜最佳的保存温度是 0～5℃，最佳的保存环境是泡菜冰箱。没有泡菜冰箱时，可以存放在冰箱冷藏室下层的最深处。

④ 盛取泡菜时须使用干燥无水气的工具，盛取完毕后，再次将泡菜桶密封严实，防止空气进入，这样才能使泡菜味道保持不变。

⑤ 越冬泡菜准备太多的话，可以待泡菜完全发酵熟成后，将每半棵泡菜连同泡菜汁一同装入保鲜袋后冷冻保存，食用前 30 分钟取出解冻，这样能使泡菜保持清脆爽口。但是，从冷冻室取出的泡菜会渐渐发黏，最好趁冰冻状态时按食用量切好，在解冻之前将剩余的泡菜再次放入冰箱冷冻保存。

▲建议不要一次性将所有泡菜都放置在一个大容器内

盛取泡菜时会发生温度变化，不利于维持泡菜的鲜美口感，因此建议用几个适当大小的容器分开装取。装取时，将泡菜内心部分朝上，才能更入味。

酱腌咸菜

- 辣椒酱菜
- 蒜薹酱菜
- 萝卜酱菜
- 洋葱酱菜
- 黄瓜酱菜
- 大蒜酱菜

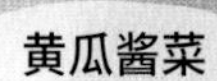

酱菜拌入辣椒酱

只取酱菜（以 100g 为准）不带酱汁，加入 1 大匙辣椒酱、1 小匙芝麻、1 小匙低聚糖（按个人喜好增减）、1 小匙芝麻油后拌匀即可。

酱菜水的妙用

① 5 大匙酱菜水和 ¼ 个量的洋葱碎混合均匀，可替代酱油醋，搭配煎饼或油炸料理食用。

②酱菜吃完后，把酱汁重新煮沸，用于腌制新的酱菜，新酱菜的量以完全被酱汁浸没为准。

准备食材 选择想腌制的蔬菜

辣椒

用流水洗净，控干水分后切成1cm厚的斜片，也可整根使用。整根使用时，用叉子或牙签戳3～4个孔。

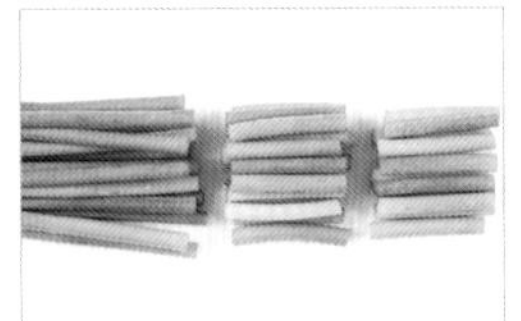

蒜薹

切掉两端，用流水洗净，控干水分后，切成3～5cm长的小段。

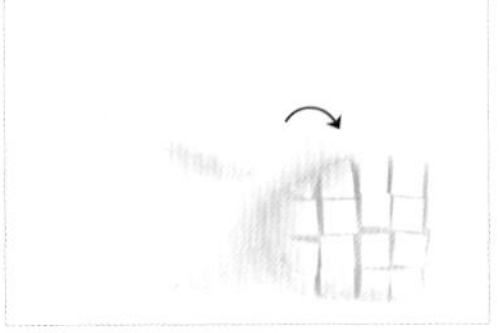

萝卜

去皮后用流水洗净，控干水分后，切成一口大小的量的方块。

洋葱

剥去外皮，用流水洗净，控干水分后，先对半切开，再切成4～5等份。

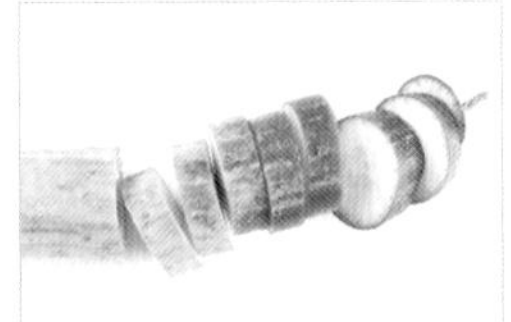

黄瓜

用刀将黄瓜表面的刺刮掉，用流水洗净，控干水分后切成1～1.5cm厚的圆片。

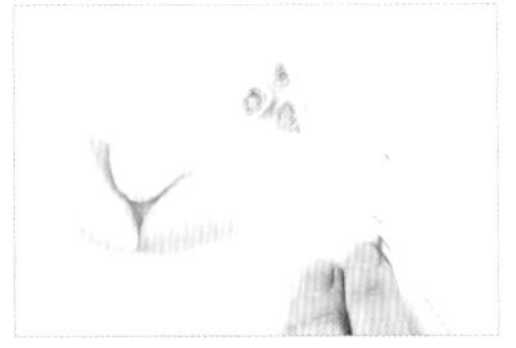

大蒜

切掉根部，用流水洗净，控干水分后用叉子或牙签戳3～4个孔。

制作 制作酱菜水

①玻璃容器用热水消毒。控干水分完全干燥后放入处理好的蔬菜。

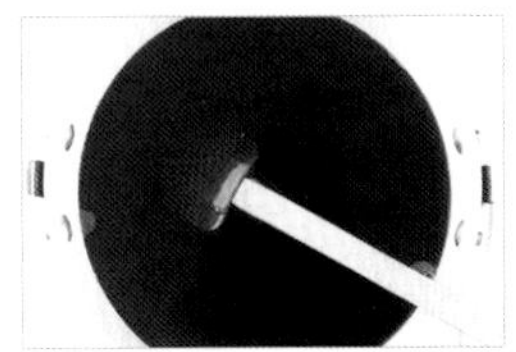

②在锅内倒入酱汁材料，用大火煮制并不时搅拌，直至白砂糖完全溶化。

③待酱菜水咕嘟咕嘟煮沸后关火，倒入步骤①的容器中并盖紧容器盖子。辣椒、蒜薹、萝卜、洋葱、黄瓜等酱菜待酱菜水完全冷却后，置于冷藏室3～5天后便可食用；大蒜酱菜则须放置在阴凉处发酵2～3天，再置于冷藏室存放，约7～10天后食用。

准备食材

15～20分钟（不包括发酵时间）

可冷藏30天

□蔬菜（辣椒、蒜薹、萝卜、洋葱、黄瓜、大蒜等）1kg

酱汁

□白砂糖2杯

□食醋2杯（400ml）

□酿造酱油2杯（400ml）

□水1杯（200ml）

醋腌卷心菜紫苏叶

Tips

搭配食用的最佳选择

卷心菜的爽脆和紫苏叶的清香，与酸甜可口的腌菜汁相得益彰，适合在食欲不振的夏日食用，或搭配肉类料理、炸物、煎饼等多油料理，也可搭配辛辣料理食用。

①紫苏叶用流水一片片洗净，控干水分后去叶柄，对半切开。

②卷心菜用流水一片片洗净，控干水分，切成和紫苏叶差不多大小的方片。

③卷心菜用盐水（1杯水+2小匙盐）腌制30分钟后，捞出控干。

→ 腌制过程中不时翻搅，以使卷心菜腌制均匀。

④按1片卷心菜2片紫苏叶的顺序层层叠放进保鲜盒。

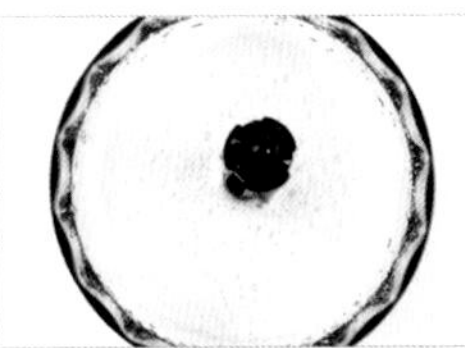

⑤将腌菜汁食材倒入搅拌机内，搅拌成汁。

⑥将步骤⑤中榨好的腌菜汁倒入步骤④的保鲜盒内，盖上盒盖，在室温下熟成6小时，再冷藏保存，食用时拿取。

准备食材

35～40分钟（不包括熟成时间）

可冷藏15天

- □卷心菜10cm×10cm 6～7片（200g）
- □紫苏叶25片（50g）

腌菜汁

- □洋葱⅕个（40g）
- □蒜瓣2粒（10g）
- □白砂糖3大匙
- □食醋3大匙
- □盐2小匙
- □水1杯（200ml）

简易腌菜

腌青阳辣椒
腌彩椒
腌萝卜
腌黄瓜
腌西蓝花

处理食材 选择想要腌制的食材

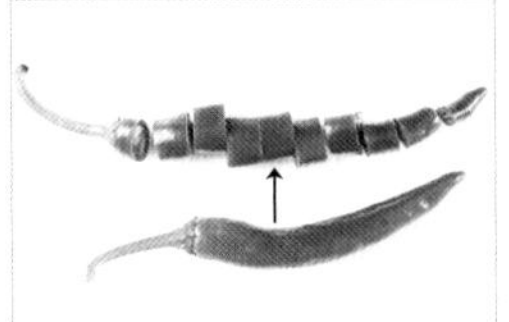

青阳辣椒

用流水洗净，控干水分后切成 1cm 厚的小块。

彩椒

洗净后，控干水分。对半切开，去蒂，切成一口大小的量。

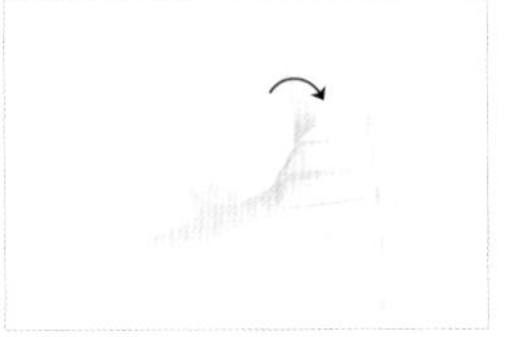

萝卜

削皮后洗净，控干水分，切成 1cm×1cm×5cm 的方块。

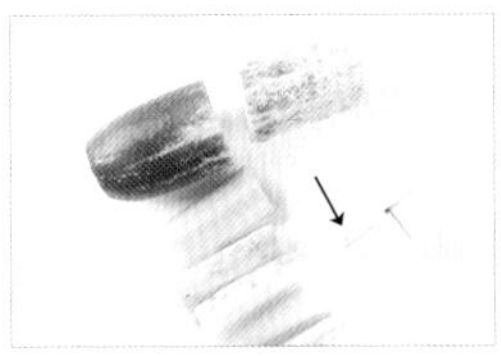

黄瓜

用刀刮去外皮的刺，洗净后控干水分，先切成 4～6 等份，再切成 4～5cm 长的段。

西蓝花

切成一口大小的量，用热盐水（3 杯水 +½ 小匙盐）焯 20 秒，过冷水冲洗，控干水分。

→ 西蓝花梗口感清甜，不要丢掉，可用于制作料理。

制作 制作腌菜水

①玻璃容器内倒入热水消毒并擦干，放入处理好的食材。

②大碗内加入 1 大匙盐，将柠檬擦拭搓洗后，倒入 2 杯热水，焯烫 30 秒，过冷水冲洗。

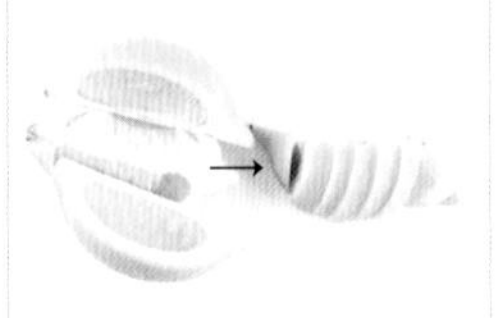

③将步骤②中的柠檬切成 4 等份，再切成 1cm 厚的片状。

④锅内放入腌菜汁的食材，用大火煮至白砂糖和盐溶化。

→ 柠檬可增加清新的味道和香气。

⑤将步骤④中的腌菜汁倒入步骤①的容器中，盖上盖子冷却后，置于阴凉处熟成一天，之后冷藏保存，食用时拿取。

准备食材

⏲ 15～20 分钟（不包括熟成时间）

可冷藏 30 天

□蔬菜（青阳辣椒、彩椒、萝卜、黄瓜、西蓝花等）1kg

腌菜水

□柠檬 1 个（可省略）

□盐 1 大匙（清洗柠檬用）

□盐 3 大匙

□白砂糖 2 杯

□食醋 3 杯（600ml）

□水 2 杯（400ml）

+Recipe

制作腌菜时，加入香辛料

制作腌菜汁时加入香辛料，可以使自制腌菜像市售腌菜一样酸甜可口，而且香辛料有防腐作用，可有效延长保存时间。为使用方便，可用 2 小匙腌渍香料（10g）替代月桂皮、胡椒、丁香、月桂叶等各种香料。腌渍香料是一种混合香料，大型超市、百货店等均有销售，1 包（40g）的价位为 3000～4000 韩币（合 18～24 元人民币）。

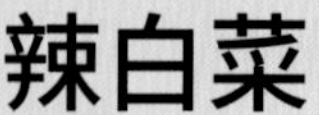

辣白菜

白泡菜
辣白菜
鲜辣白菜

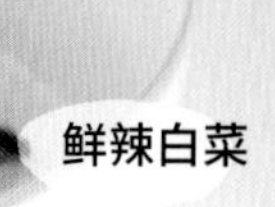

白泡菜

腌制泡菜时，如何增加白菜的分量？

腌制泡菜时，白菜的量增加至 4 倍即 20kg，所需的馅料增加至 3.5 倍即可。剩余的腌料可用于腌制包饭菜或小萝卜块。

处理食材 腌制白菜

①用刀切掉白菜帮根部，切除之后，外叶自然脱落，将蔫叶、脏叶摘掉。

②白菜帮朝上竖立，用刀切至白菜帮长度的⅓，然后用双手对半掰开。采用相同的方法，将白菜分成4等份。

③把切好的白菜装入大碗，每层白菜帮上涂撒粗盐，约用掉一半量的粗盐。

④剩余的粗盐用2½杯温水溶化后倒入步骤③的大碗中，腌制1小时～1小时30分钟。

→ 腌制过程中将白菜翻转一次，使白菜腌制均匀。

⑤将腌好的白菜用冷水冲2～3遍后置于漏勺30分钟以上，完全控干水分。

→ 白菜切面朝下，可更快地控干水分。

1 白泡菜

①萝卜、洋葱、彩椒、梨切丝，大蒜切薄片。

②大碗内放入切好的萝卜、洋葱、彩椒、梨、大蒜、盐和鳀鱼汁，抓拌均匀。

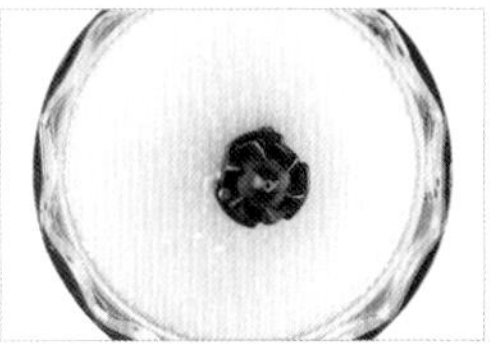

③将调味料倒入搅拌机内搅拌成汁。

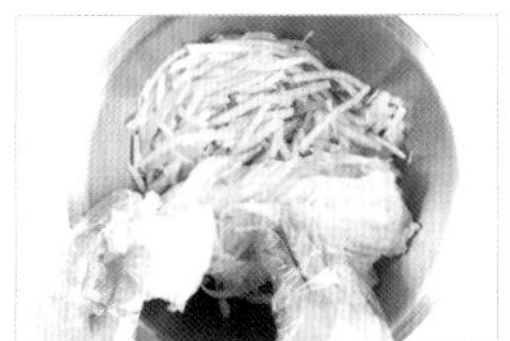

④将腌好的白菜放入步骤②的大碗中，从下方的外叶开始层层抹盐，白菜内心朝上，装入泡菜桶。

⑤将步骤④的大碗中拌好馅料后剩余的汤汁和步骤③中榨好的调味汁混合，倒入泡菜桶，在室温下熟成半天至一天，再置于冷藏室一天后即可食用。

准备食材

腌制白菜

- □白菜1棵（1.5kg）
- □粗盐（天日盐）120g
- □温水2½杯（1杯热水与1½杯冷水）

白泡菜

⏲2小时10分钟～2小时20分钟（不包括熟成时间）

可冷藏30天

- □腌白菜1棵
- □直径10cm、厚2cm的萝卜1块（200g）
- □洋葱½个（100g）
- □彩椒1个（200g）
- □梨½个（200g）
- □蒜瓣10粒（50g）
- □盐½大匙
- □鳀鱼汁3大匙

调味料

- □洋葱¼个（50g）
- □梨¼个（100g）
- □鳀鱼汁1大匙
- □盐1小匙
- □水1杯（200ml）

准备食材

腌制白菜

★腌制方法见 195 页

★腌制方法见 195 页

- □白菜 2～3 棵（5kg）
- □粗盐（海盐）400g
- □温水 15 杯量
- □（热水 3 杯 + 冷水 12 杯）

辣白菜

⏲2 小时 30 分钟～2 小时 40 分钟（不包括发酵时间）

可冷藏 30 天

- □白菜 2～3 棵
- □直径 10cm、厚 7cm 的萝卜 1 块（70g）
- □小葱 10 根（100g）
- □水芹 15 根（75g）
- □辣椒粉 1 杯
- □5 大匙盐 +1 小匙酒
- □鳀鱼汁 ¼ 杯（50ml）
- □纯净水 1 杯（200ml）

调味料

- □直径 10cm、厚 2.5cm 的萝卜 1 块（250g）
- □洋葱 ¼ 个（50g）
- □梨 ½ 个（200g）
- □蒜瓣 10 粒（50g）
- □生姜（蒜粒大小）1 块（5g）
- □白饭⅕碗（40g）
- □辣椒粉 8 大匙
- □虾酱 5 大匙（虾米 3 大匙 + 汤汁 2 大匙）
- □纯净水 ¾ 杯（150ml）

2 辣白菜

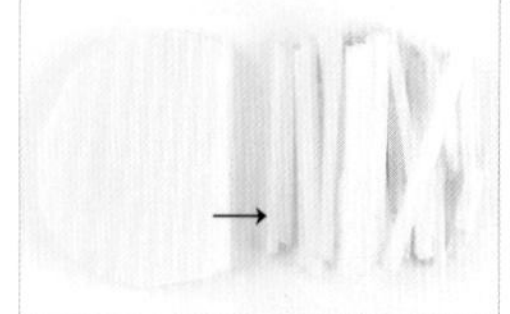

①萝卜切成 0.5cm 厚的丝。

→ 萝卜丝切太薄很快会软烂，切太厚又不易入味。

②小葱和水芹洗净，控干后切成 4～5cm 长的段。

③调味料中的萝卜、洋葱、梨切成 2cm 见方的小块，大蒜去除根部，生姜用勺子刮去外皮。

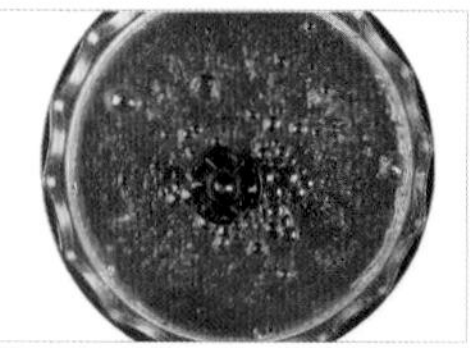

④把调味料倒入搅拌机内搅拌成汁。

→ 通常是用面粉或糯米熬成调味料，为省略繁杂步骤，可用白饭代替。

⑤大碗内放入萝卜丝和辣椒粉抓拌片刻，待出辣椒水后，放入步骤④中榨好的调味汁、5 大匙盐（按个人口味增减）、鳀鱼汁，抓拌均匀。

→ 先放盐会使萝卜丝大量出水，放入辣椒粉的话，便不会生成辣椒水了。

⑥步骤⑤的大碗内放入小葱和水芹，轻轻抓拌。

⑦将白菜放入步骤⑥的大碗中，从下方的外叶开始层层放入腌料。最下方的外叶采用涂抹的方式，接下来采用一层抹一层放腌料的方式进行。

→ 剩余的馅料可搭配包饭菜（做法见 166 页）食用。

⑧用手握牢白菜，防止腌料溢出。将制作好的白菜一棵一棵摆好，放入泡菜桶。

→ 装入泡菜桶时，只需装到八分满，这样发酵时产生的气体可自由流通，泡菜才更加美味。

⑨步骤⑦的大碗中加入 1 小匙盐和 1 杯纯净水，将剩余的腌料拌匀，倒入步骤⑧的泡菜桶中。在室温下熟成半天至一天后，置于冷藏室，食用时拿取。

3 鲜辣白菜

①白菜心对半切开后再切成 5cm 长的片状，小葱切成 5cm 长的段。

②先将菜帮部分浸泡在温盐水（½ 杯温水 +3 大匙盐）中，再将菜叶部分放入，向下压实，腌制 5 分钟。）

→ 腌制过程中将白菜翻转一次，使白菜腌制均匀。

③在大碗内放入调味料，混合均匀。

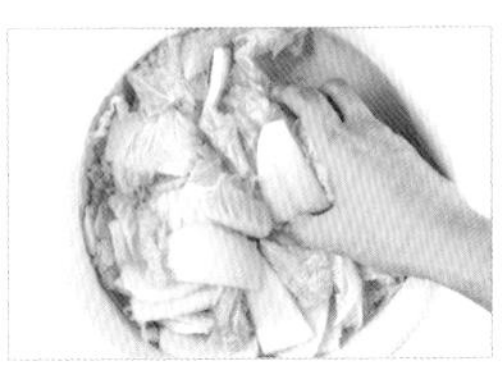

④将步骤②中腌好的白菜心用流水冲洗后捞出控干。

⑤先将菜帮部分放入步骤③中调好的酱汁，抓拌片刻后，放入菜叶部分和小葱，混合均匀。

→ 先拌菜叶部分的话，酱汁会附着在菜叶上，口感较咸。

准备食材

鲜辣白菜

10 ～ 15 分钟

- □白菜心（或娃娃菜）15cm 长、6cm 宽 5 片（250g）
- □小葱 3 根（30g）

调味料

- □白砂糖 1 大匙
- □辣椒粉 1½ 大匙
- □鳀鱼汁 1 大匙
- □蒜末 2 小匙
- □虾酱 1 小匙

如何挑选泡菜的关键食材?

白菜 绿色外叶贴合、看起来新鲜的白菜较好。外叶外翻的白菜，大多是很久前收割的。挑选时，春季白菜选厚实大棵的，冬季白菜则选中等大小（2.5 ～ 3kg）的。菜帮坚实、菜叶不厚、菜心泛黄的白菜，口感鲜嫩味道好。

粗盐 使用未精制过的海盐。韩国产海盐颗粒粗，粒粒分明；中国产海盐碎粒较多、颗粒不分明、水分较少。

辣椒粉 将干辣椒直接磨粉是最好的选择，但相对麻烦，可选择购买值得信赖的品牌产品。好的辣椒粉颜色较浅、辣味较轻、触感柔软。

虾酱 熟成较好的虾酱汤汁浑浊，虾米的颜色呈暗灰色，而不是原本的粉色；散发的味道是海鲜酱特有的味道，而不是生虾味。

萝卜泡菜

大萝卜块泡菜
小萝卜块泡菜

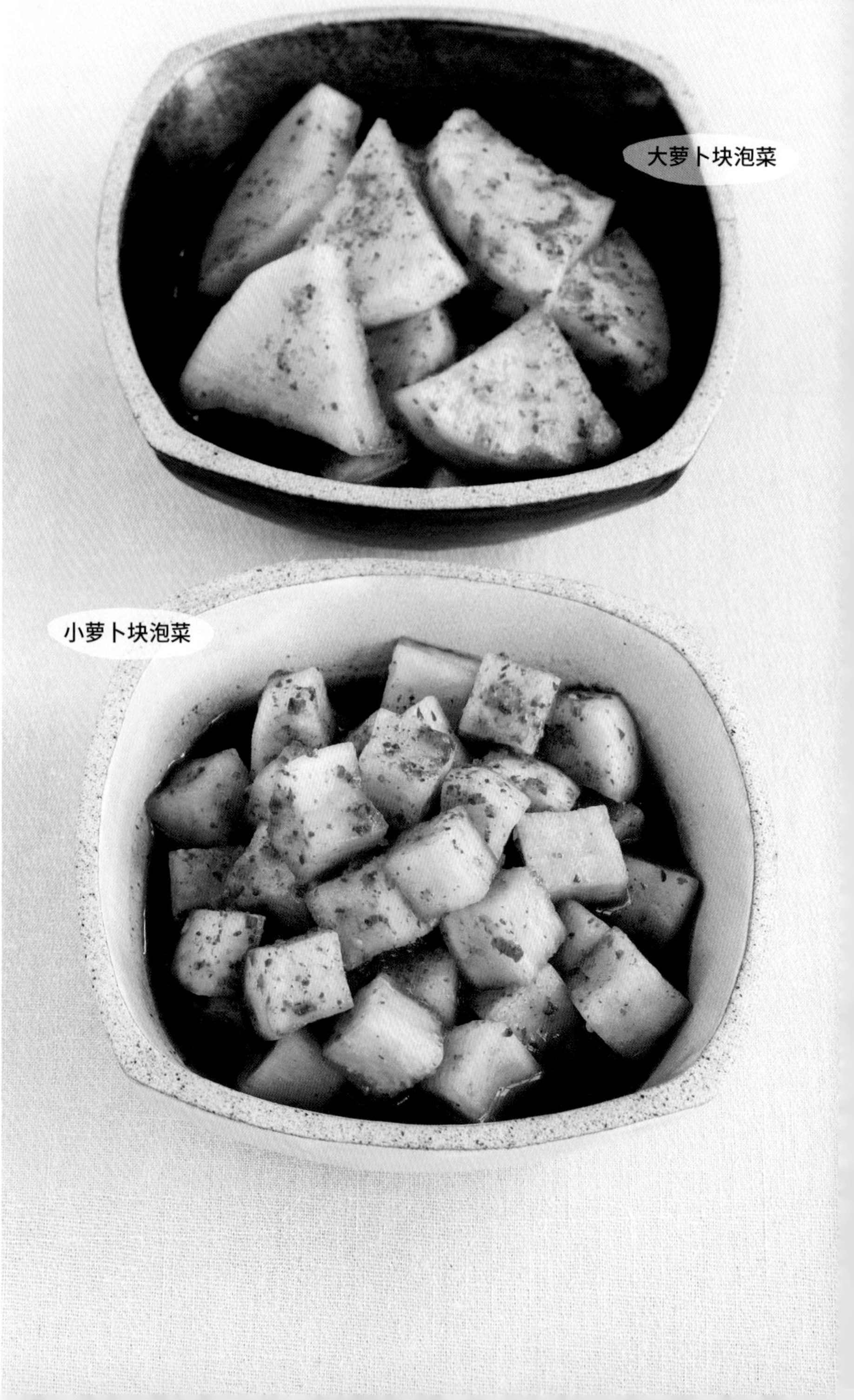

Tips

小萝卜块泡菜和大萝卜块泡菜的区别

小萝卜块泡菜就是我们常吃的切成小块腌制而成的萝卜泡菜，而大萝卜块泡菜则是在雪浓汤店内食用的萝卜泡菜，通常会切成扁平的大块，再用白砂糖和盐腌制而成，比小萝卜块泡菜要甜，味道也更清爽。

1 大萝卜块泡菜

①萝卜去皮，先切成 1.5cm 厚的圆片，再切十字。

②大碗内放入萝卜块、白砂糖、盐，抓拌均匀后腌制 1 小时～ 1 小时 30 分钟至萝卜块变软，控干。

→ 腌制过程中要不时翻搅，以使萝卜腌制均匀。

③将雪碧以外的调味料倒入搅拌机内搅拌成汁，与雪碧混合均匀。

④在大碗内倒入腌好的萝卜和步骤③中调好的腌汁，抓拌均匀后装入密闭容器，置于室温下熟成半天到一天，装入冰箱冷藏一天后即可食用。

2 小萝卜块泡菜

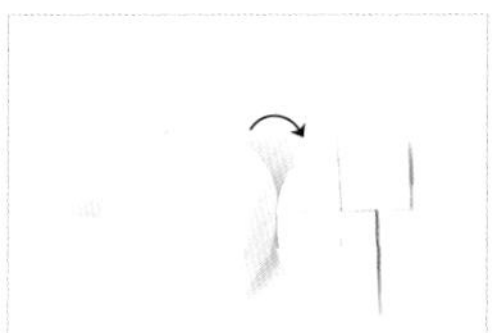

①萝卜去皮，先切成 1.5cm 厚的圆片，再切成 1.5cm 见方的小块。

②在大碗内加入调味料混合均匀，倒入切好的萝卜块抓拌均匀。装入密闭容器，置于室温下熟成半天到一天，装入冰箱冷藏一天即可食用。

准备食材

大萝卜块泡菜

1 小时 40 分钟～ 1 小时 50 分钟（不包括熟成时间）

可冷藏 30 天

- □ 直径 10cm、厚度 15cm 的萝卜 1 块（1.5kg）
- □ 白砂糖 1 大匙
- □ 盐 1½ 大匙

调味料

- □ 洋葱 ½ 个（100g）
- □ 蒜瓣 5 粒（25g）
- □ 白砂糖 2 大匙
- □ 盐 1½ 大匙
- □ 辣椒粉 8 大匙
- □ 鳀鱼汁 3 大匙（按鱼露咸度酌量增减）
- □ 雪碧 ½ 杯（100ml）

小萝卜块泡菜

15 ～ 20 分钟（不包括发酵时间）

可冷藏 30 天

- □ 直径 10cm、厚度 15cm 的萝卜 1 块（1.5kg）

调味料

- □ 白砂糖 2 大匙
- □ 盐 2½ 大匙
- □ 辣椒粉 8 大匙
- □ 蒜末 2 大匙
- □ 鳀鱼汁 3 大匙（按鱼露咸度酌量增减）

萝卜片水泡菜

家常萝卜片水泡菜
辣萝卜片水泡菜

Tips

制作清澈泡菜汤汁的方法

将步骤⑤步中制好的泡菜汤汁过筛，可以使汤汁更为清澈。制作红汤时，可用棉布裹上辣椒粉浸泡在白汤中揉搓片刻，或直接使用细辣椒粉。

①萝卜去皮，侧边切掉一部分，使萝卜可以平贴在砧板上。萝卜切成0.5cm厚的片状，再切成0.5cm厚的丝状。白菜切成2.5cm见方的片状，小葱切成2cm长的小段。

②大碗中放入切好的萝卜块和白菜，撒盐腌制20分钟。盐杀出的水无须倒掉。

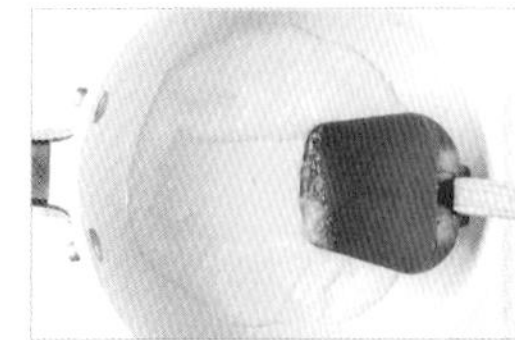

③将制作腌料的食材倒入搅拌机细细磨碎，倒入深底锅，用中小火煮3分钟并不时搅拌，待煮沸后关火冷却。

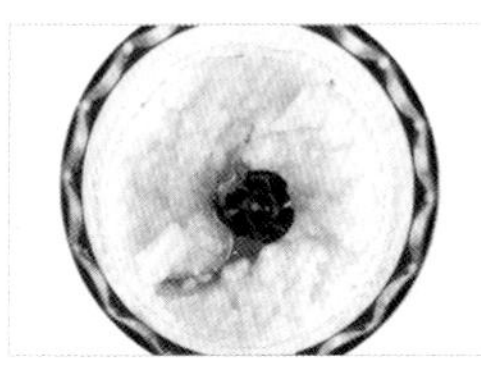

④将搅拌机洗净，倒入调味料，细细磨碎。

⑤泡菜桶内加15杯水、步骤③的腌料、步骤④的调味料，搅拌均匀。

→ 制作辣萝卜片水泡菜时，加入2勺辣椒粉。

⑥在步骤⑤的泡菜桶内放入腌好的萝卜和白菜、盐杀出的水、小葱，盖上盖子，先在室温下放置一天，再置于冷藏室存放，食用时拿取。

准备食材

30～35分钟（不包括发酵时间）

可冷藏14天

- □直径10cm、厚度3cm的萝卜1块（300g）
- □白菜¼棵（300g）
- □小葱3根（30g）
- □盐2大匙
- □纯净水14杯（2.8L）

腌料

- □白饭¼碗（50g）
- □水½杯（100ml）

调味料

- □梨⅙个（约65g，或梨汁6½大匙）
- □直径10cm、厚度1cm的萝卜¼块（25g）
- □蒜瓣3粒（15g）
- □生姜（蒜粒大小）2块（10g）
- □白砂糖1½大匙
- □盐4大匙
- □水1杯（200ml）

萝卜缨泡菜

萝卜缨水泡菜
萝卜缨泡菜

萝卜缨水泡菜

萝卜缨泡菜

腌制萝卜缨泡菜的注意事项

在浸泡或清洗萝卜缨时，不宜大力揉搓，因为揉搓会使萝卜缨表面破损，进而产生菜腥味。处理时，先将萝卜缨的枯叶、根茎与萝卜之间的污物去除，再用刀沿根茎到根部的方向刮去萝卜表面的泥土。清洗的时候，倒入浸没萝卜缨的足量水，浸泡 30 分钟后轻轻涮洗片刻，这样不会产生菜腥味也能洗去泥。腌制萝卜缨时，为防止产生菜腥味，中途翻搅一遍即可，不要大力按压容器。

1 萝卜缨水泡菜

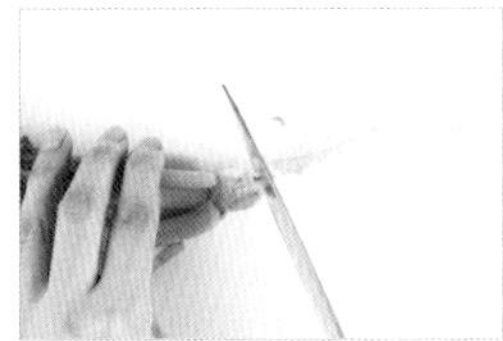

①用刀轻刮修整萝卜外皮，将萝卜缨浸泡在冷水中轻轻涮洗片刻，勿大力揉搓，以防产生菜腥味。

②用刀切掉萝卜缨的萝卜部分，个头较大的对半切开，根茎和叶切成5cm长的小段。撒盐腌制20～30分钟，直至萝卜缨变软、弯曲。

③用刀将黄瓜表皮的刺刮去，用流水洗净，切成4等份，每份去籽后再切成5cm长的段。青、红辣椒与大葱切斜片。

④将步骤②中腌好的萝卜缨浸泡在冷水中，轻轻涮洗2～3遍，捞出控干。

⑤将调味料用搅拌机细细磨碎，倒入大碗中。放入萝卜缨和黄瓜，轻轻抓拌片刻，再放入葱片和青、红辣椒片，拌匀，用保鲜膜裹好，置于室温下熟成6小时。

⑥将步骤⑤中拌好的食材装入保鲜盒，倒入4½杯纯净水，先在室温下熟成6小时，再置于冷藏室保存，食用时拿取。

2 萝卜缨泡菜

①用刀轻刮修整萝卜外皮，将萝卜缨浸泡在冷水中轻轻涮洗片刻，勿大力揉搓，以防产生菜腥味。

②切掉萝卜缨的萝卜部分，个头较大的对半切开，根茎和叶切成5cm长的小段。青、红辣椒与大葱切斜片。

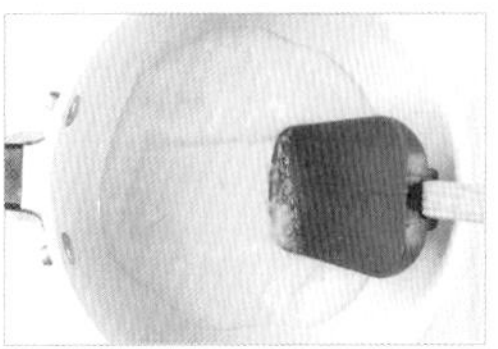

③将制作腌料的食材用搅拌机细细磨碎。取一只厚底锅，倒入磨好的腌料，用中小火煮3分钟并不时搅拌，待沸腾后关火冷却。

④搅拌机洗净，倒入调味料，细细磨碎。取一只大碗，倒入磨好的调味料、步骤③的腌料、¼杯纯净水，搅拌均匀。

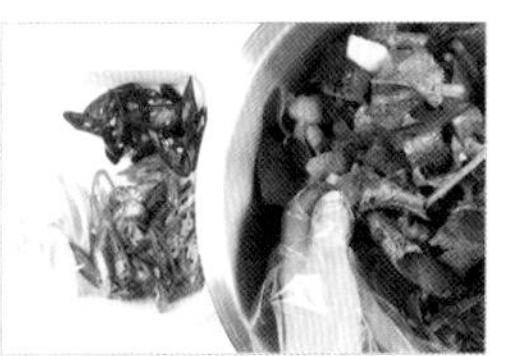

⑤将萝卜缨倒入步骤④的大碗中，轻轻抓拌片刻，放入青、红辣椒片和葱片，轻轻拌匀。

⑥将步骤⑤中拌好的食材装入保鲜盒，先在室温下放置6小时，再置于冷藏室保存，食用时拿取。

准备食材

萝卜缨水泡菜

45～50分钟（不包括熟成时间）

可冷藏15天

- □萝卜缨5把（500g）
- □盐6大匙
- □黄瓜1根（200g）
- □大葱（葱白）15cm
- □青辣椒3根（按个人口味增减）
- □红辣椒1根（按个人口味增减）
- □纯净水4½杯（900ml）

调味料

- □白饭¼碗（50g）
- □红辣椒2根
- □蒜瓣5粒（25g）
- □生姜（蒜粒大小）½块
- □粗盐1½大匙
- □辣椒粉2大匙
- □鳀鱼汁1大匙
- □纯净水½杯（100ml）

萝卜缨泡菜

25～30分钟（不包括发酵时间）

可冷藏15天

- □萝卜缨5把（500g）
- □大葱（葱白）15cm 2段
- □青辣椒3根（按个人口味增减）
- □红辣椒1根（按个人口味增减）
- □纯净水¼杯（50ml）

腌料

- □白饭¼碗（50g）
- □水½杯（100ml）

调味料

- □红辣椒3根
- □蒜瓣5粒（25g）
- □生姜（蒜粒大小）½块
- □盐1½大匙
- □辣椒粉2大匙
- □鳀鱼汁1大匙

黄瓜泡菜

小黄瓜块泡菜
大黄瓜块泡菜

Tips

怎样腌制口感清脆的黄瓜泡菜?

黄瓜遇热后口感更为清脆。因此腌制完成后浇入热水，可使黄瓜泡菜长久保持清脆口感。如果腌制后立即食用的话，也可用冷水冲洗。

1 小黄瓜块泡菜

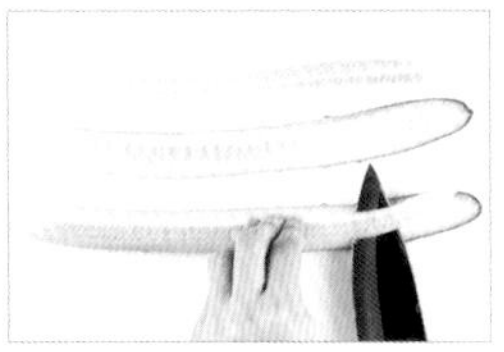

①用刀将黄瓜表皮的刺刮去，用流水洗净，控干水分，切成4等份并去籽，再切成2cm长的小块。

②大碗内倒入切好的黄瓜块和腌料，抓拌均匀，腌制15分钟。

→ 用糖、盐一起腌制，口感不咸出水快，能够有效缩短腌制时间。

③韭菜洗净，控干水分后切成1cm长的小段。将虾酱细细切碎。

→ 虾酱要细细切碎才能更入味，口感也更好。

④将步骤②中腌好的黄瓜块装入漏勺，均匀浇入3杯热水，用冷水冲洗，控干水分。

⑤大碗中倒入调味料，混合均匀后倒入黄瓜块，抓拌均匀。

⑥将韭菜段倒入步骤⑤的大碗中，轻拌片刻后即可食用，也可装入保鲜盒冷藏存放。

2 大黄瓜块泡菜

①用刀将黄瓜表皮的刺刮去，用流水洗净，控干水分，切成6cm的长段后，将黄瓜段竖起，切十字刀，注意不要切断，下刀深度为4cm左右。

②在大碗中放入黄瓜段和腌料，抓拌均匀，腌制15分钟。

→ 用糖、盐一起腌制，口感不咸出水快，能够有效缩短腌制时间。

③韭菜洗净，控干水分后切成1cm长的小段。将虾酱细细切碎。

→ 虾酱要细细切碎才能更入味，口感也更好。

④将步骤②中腌好的黄瓜块装入漏勺，均匀浇入3杯热水，用冷水冲洗、控干。

⑤大碗中倒入调味料，混合均匀后倒入韭菜段，制成馅料。

⑥取适量步骤⑤的馅料填入黄瓜段后即可食用，也可装入保鲜盒冷藏存放。

准备食材

小黄瓜块泡菜

20～25分钟

可冷藏7天

- □黄瓜4根（800g）
- □韭菜1把（50g）

黄瓜腌料

- □白砂糖1大匙
- □盐1½大匙
- □水1大匙

调味料

- □盐⅓ 大匙
- □辣椒粉4大匙
- □蒜末1大匙
- □虾酱1大匙（虾米⅔大匙+汤汁⅓大匙）
- □低聚糖（或青梅汁）1大匙

大黄瓜块泡菜

20～25分钟

可冷藏7天

- □黄瓜4根（800g）
- □韭菜1把（50g）

黄瓜腌料

- □白砂糖1大匙
- □盐1½大匙
- □水1大匙

调味料

- □盐⅓大匙
- □辣椒粉4大匙
- □蒜末1大匙
- □虾酱1大匙（虾米⅔大匙+汤汁⅓大匙）
- □低聚糖（或青梅汁）1大匙
- □纯净水4大匙

小葱泡菜
韭菜泡菜

+Tips

带泥蔬菜的清洗处理方法

清洗小葱或韭菜等根部泥土较多的蔬菜时，可先在大碗内装入足量的冷水，将蔬菜浸泡5～10分钟。待泥土沉淀后，涮洗2～3遍即可清洗干净。

1 小葱泡菜

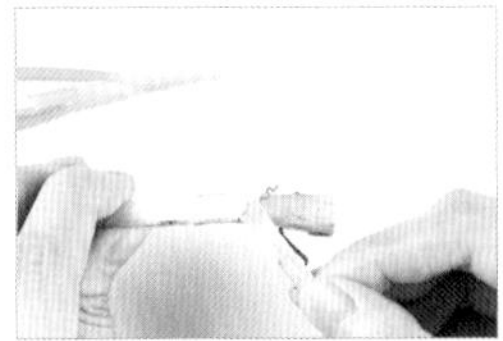

①小葱切掉根部，剥去外皮。

②将处理好的小葱浸泡在水中，洗净后控干水分。

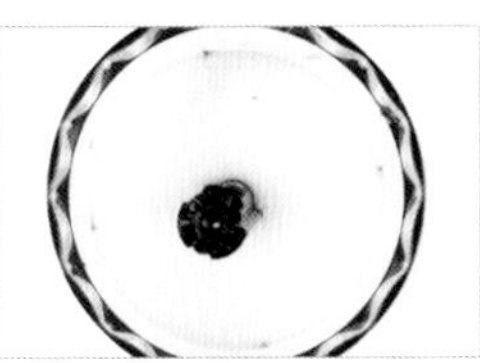

③将制作腌料的食材用搅拌机细细磨碎。

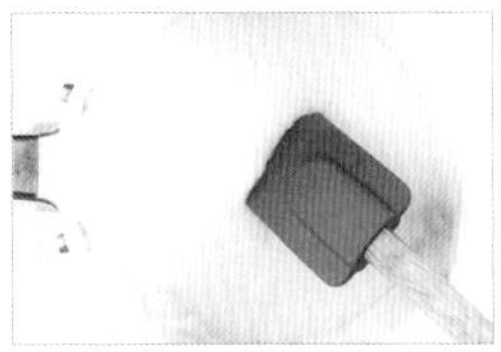

④将步骤③中磨好的腌料倒入厚底锅，用中小火煮3分钟并不时搅拌，待沸腾后关火冷却。

⑤大碗内倒入调味料和步骤④中熬好的腌料，搅拌均匀。

⑥将小葱摊放在保鲜盒内，用手将步骤⑤中调好的酱料均匀涂抹在小葱上。先置于室温下发酵一天，再放入冷藏室，食用时拿取。

→ 加入芝麻和芝麻油生拌后可立即食用。

2 韭菜泡菜

①韭菜抖掉泥土，摘去蔫叶，用水洗净后控干水分。

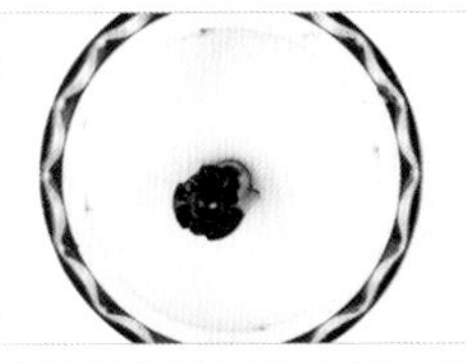

②将制作腌料的食材用搅拌机细细磨碎。

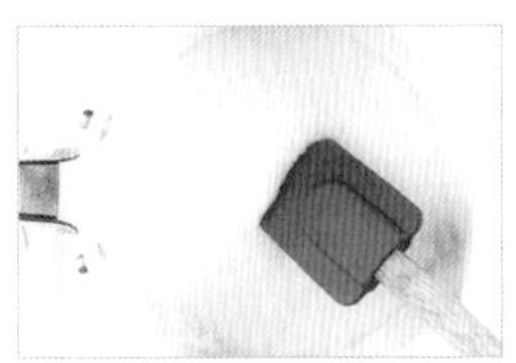

③将步骤②中磨好的糨糊倒入厚底锅，用中小火煮3分钟并不时搅拌，待沸腾后关火冷却。

④大碗内倒入调味料和步骤③中熬好的腌料，搅拌均匀。

⑤将韭菜摊放在保鲜盒内，用手将步骤④中调好的酱料均匀涂抹在韭菜上。可即食，也可置于室温下熟成一天后放入冷藏室保存，食用时拿取。

准备食材

小葱泡菜

25～30分钟（不包括发酵时间）

可冷藏15天

□小葱40根（400g）

腌料

□白饭½碗（100g）

□水1杯（200ml）

调味料

□辣椒粉6大匙

□蒜末1大匙

□鳀鱼汁5大匙（按鳀鱼汁的咸度酌量增减）

□白砂糖2½小匙

韭菜泡菜

25～30分钟（不包括熟成时间）

可冷藏7天

□韭菜8把（400g）

腌料

□白饭½碗（100g）

□水1杯（200ml）

调味料

□辣椒粉6大匙

□蒜末1大匙

□鳀鱼汁4大匙（按鳀鱼汁的咸度酌量增减）

□白砂糖2½小匙

Chapter 03

咕嘟咕嘟香气四溢的
汤类料理

· 开胃冷汤

· 家常汤

· 泡菜汤

· 黄豆芽汤

· 干明太鱼汤

……

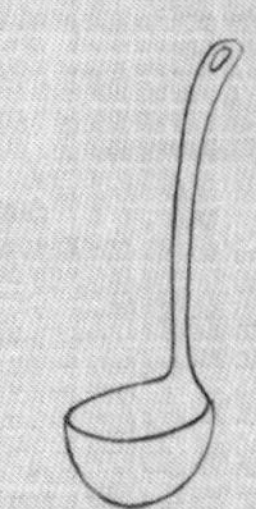

汤类料理虽已不再像以前那样不可或缺，但如果餐桌上没有它，总还是觉得少了些什么。汤类料理想要出味儿并不容易，没什么自信的厨房新手经常是做来做去味道都不对，最后干脆放弃。本章特意为大家准备了提升胃口的冷汤、味道纯粹的家常汤、香气满满的大酱汤、味浓辛辣的炖汤等食谱，还详细介绍了煮出美味汤汁的秘诀，不妨大胆尝试一下吧。

集中攻略 4　最常见的 3 种高汤

料理新手最犯愁的就是汤类料理了。只靠天然食材便做出鲜香浓郁的汤汁并不是一件容易的事情。这里为大家整理了各种汤类的烹调方法，尤其是 3 种具有代表性的韩式高汤。建议一次多做一些，剩余汤底可装入塑料瓶冷藏保存，或装入保鲜盒冷冻保存。在没有充足的下厨时间时，只需取出加热便可享受美味。

1 鳀鱼昆布高汤

鳀鱼易出味，是汤类料理中最常使用的食材之一。优质汤用鳀鱼呈浅金色，鳞片呈银色，色泽明亮。秋后至第二年春天之间捕获的鳀鱼最适合煮汤，味道最好。

食材 汤用鳀鱼 15 条（15g）、昆布 5cm×5cm 2 片、水 4½ 杯（900ml）

①锅内放入所有食材，用大火煮开。

②煮沸后改中小火再煮 5 分钟，捞出昆布，继续煮 10 分钟，捞出鳀鱼。

→ 昆布捞出后切丝，可在煮汤或炖汤时放入。

→ 煮制时撇去浮沫，使料理看起来干净、让人更有食欲。

煮出香气纯粹且无腥味的汤底的秘诀

鳀鱼可以不去除内脏，但须用中小火煨炖。若要去除鳀鱼的内脏，先去除头部，再将腹部剖开，将内里的黑色内脏去除。

鳀鱼下锅，用中小火翻炒 1 分钟，可有效减少鳀鱼的腥味。

煮好的高汤分量不足时

最终的高汤分量约为 3½ 杯（700ml）。若感觉不够，可再加入适量清水。

2 蛤蜊高汤

煮海鲜汤时，可选用蛤蜊高汤做汤底，这样煮出来的汤更加鲜香浓郁。汤用蛤蜊主要是指花蛤和文蛤，花蛤味道香醇，文蛤味道清爽，料理时可只选用一种，也可两种一起使用。市售的处理干净的蛤蜊料理起来更为方便。

食材 已吐沙处理的蛤蜊 1 袋（花蛤或文蛤，200g）、蒜瓣 3 粒（15g）、清酒 2 大匙、水 4 杯（800ml）

①大蒜切片，与其他食材一起放入锅中，用大火煮开。

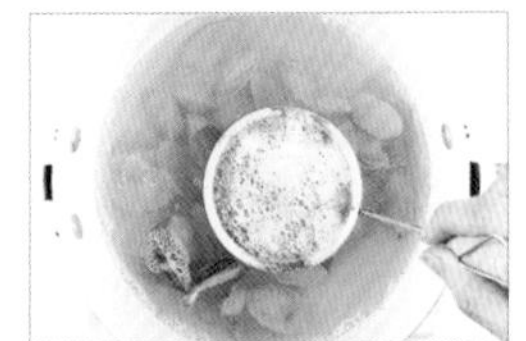

②煮沸后撇去浮沫，再煮 10 分钟，用滤网滤汤。煮完的蛤蜊不要丢弃，可在煮汤或炖汤的最后一步放入，或只取蛤蜊肉用在其他料理中。

蛤蜊吐沙处理的方法

将蛤蜊放在淡盐水（5 杯水 +2 小匙盐）中，用黑色托盘或塑料袋盖住，静置 30 分钟。待沙吐净后，用流水洗净即可。

③ 牛肉高汤

煮牛肉高汤时，建议选用味道香浓的牛胸肉和口感筋道的牛腱肉一同煮制。煮制之前要先用冷水浸泡去除血水，煮的过程中要撇去浮沫，才能使汤底看起来更为清澈。另外，加入昆布可使料理的味道更加鲜美。

食材 牛胸肉 300g，牛腱肉 150g，直径 10cm、厚 1.5cm 的萝卜 1 块（150g），大葱（葱绿）15cm，蒜瓣 2 粒（10g），昆布 5cm×5cm 2 片，水 10 杯（2L）

①牛胸肉和牛腱肉用冷水浸泡 30 分钟～1 小时，去除血水。

②牛胸肉和牛腱肉放入 4 杯热水中煮 2 分钟，将水倒掉。锅内放入除昆布外的其他食材，盖上锅盖，大火煮开。

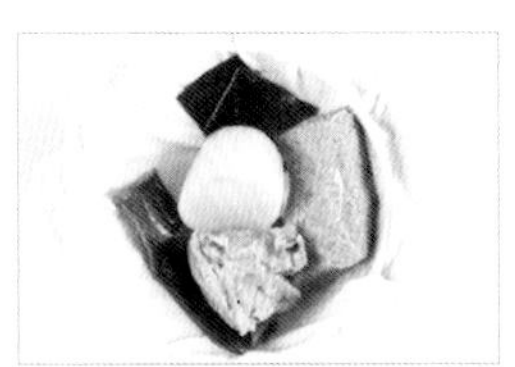

③煮沸后，改中小火炖煮 1 小时 20 分钟。放入昆布，再煮 5 分钟，用湿棉布滤去汤汁。煮制过程中撇去浮沫。

④煮好的牛肉顺着纹理撕成条状或切成小块，制作汤类料理时使用。

+Tips

牛肉先炒再煮汤

制作牛肉萝卜汤时，可先将食材翻炒后再煮汤。在热锅内倒入芝麻油，将切成一口大小的量的牛肉块下锅，翻炒片刻后放入其他食材，加水煮制。将牛肉先炒再煮，肉汁就不会大量流失，煮出的汤很清澈，但会产生大量浮沫，在煮制过程中，须不时撇去浮沫。

+Recipe

①汤内加入明太鱼头，味道更加鲜美

明太鱼头不要丢弃，用于煮汤可使汤底味道更加清爽。锅内加入 4 杯水、明太鱼头、100g 萝卜块、15cm 的大葱段，再用大火煮开，香气浓郁、口感清淡的汤底便制作完成。想要味道更浓郁，可再加入 15 只汤用鳀鱼一同煮制。煮好的汤底可用于煮大酱汤或刀切面，也可用作腌制泡菜的调味汁，这样腌出的泡菜更加浓郁爽口。

②汤内加入鲣节，味道更加鲜美

鲣节高汤味道香醇，料理简便，是日本料理中最基本的一道高汤。锅内加入 4 杯水、2 片 5cm×5cm 的昆布，煮沸后关火，加入 1 杯鲣节。5 分钟后，用滤网滤汤。鲣节在煮制过程中会有苦味渗出，须关火后浸泡。煮好的鲣节高汤可用来煮乌冬面或味噌汤。

开胃冷汤

茄子冷汤
黄瓜海带冷汤

茄子冷汤

黄瓜海带冷汤

+Recipe

使用市售的冷面高汤制作

可用市售的冷面高汤替代高汤食材，但是冷面高汤本就已调味，再加入调好的黄瓜或茄子就会很咸，建议先尝味道，再加入冰块或水来调节咸淡。按个人喜好搭配食醋或芥末食用，口感更为香醇。

1 茄子冷汤

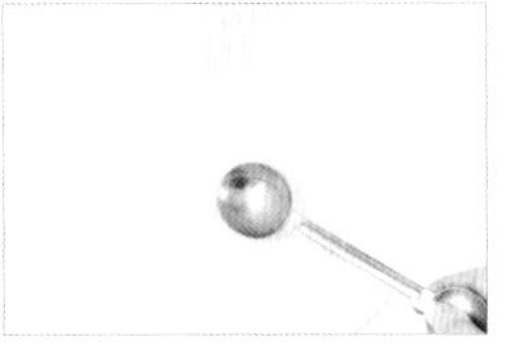

①将高汤调味料混合后，置于冷藏室保存。

→ 想要口感更清凉，可以置于冷冻室稍稍上冻，这样不仅吃起来爽口，看起来也更有食欲。

②茄子去蒂，从长边对半切开，再切成3等份，大葱切斜片。

③茄肉朝上茄皮朝下放入蒸笼，盖上锅盖，用中小火蒸5分钟。

→ 若茄皮朝上茄肉朝下，茄肉直接接触蒸汽会使茄子大量出水，导致茄肉软烂、口感不佳。

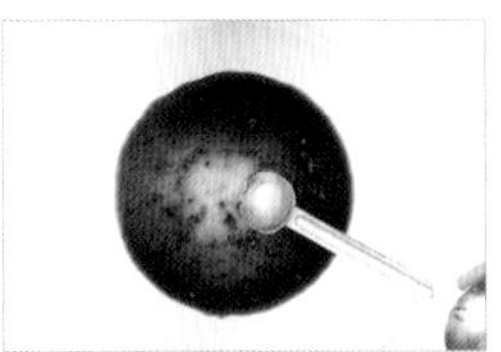

④在大碗中加入调味料，混合均匀。

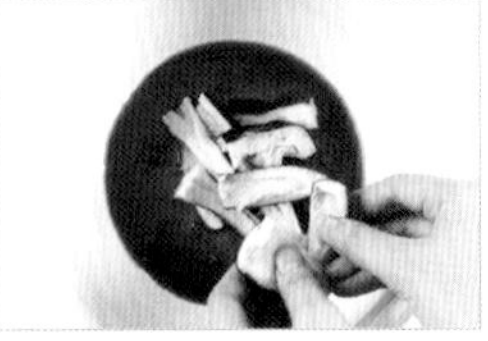

⑤蒸好的茄子茄皮朝下放在菜盘中冷却，用手撕成1cm宽的条状，放入步骤④中装有调味汁的大碗，轻轻拌匀。

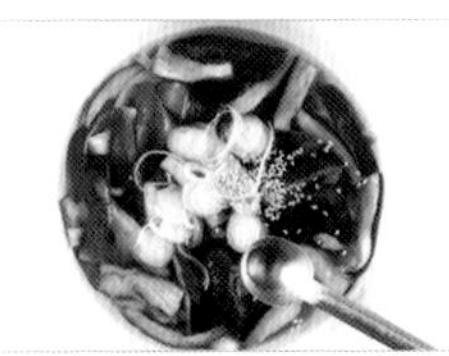

⑥将步骤①的汤底倒入步骤⑤的大碗中，再加入葱片、芝麻和芝麻油拌匀。可按个人喜好加入冰块。

2 黄瓜海带冷汤

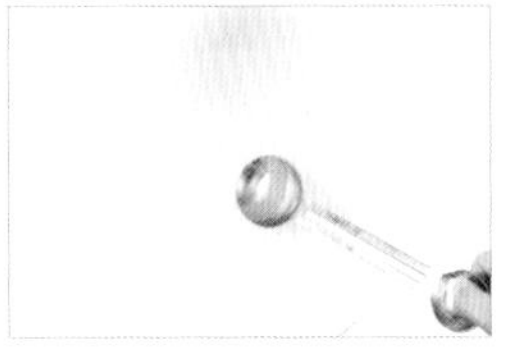

①将高汤调味料混合后，置于冷藏室保存。

→ 想要口感更清凉，可以置于冷冻室稍稍上冻。

②海带用冷水泡发10分钟。

→ 泡发后控干水分，切成2cm宽的条状。

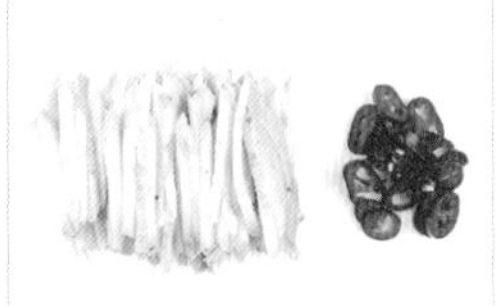

③用刀刮去黄瓜表皮的刺，用流水洗净后切成0.5cm厚的斜片，再切成细丝。红辣椒切斜片。

④将泡发的海带用3杯热水焯30秒，过冷水冲洗2～3遍，直至不再有泡沫产生，控干水分。

→ 冷汤专用海带可省略焯水步骤。

⑤在大碗内放入海带条、黄瓜丝、红辣椒片、白砂糖、食醋和盐，抓拌均匀。

⑥将步骤①的高汤倒入步骤⑤的大碗中，撒上芝麻即可。可按个人喜好加入冰块。

→ 也可不加高汤，用醋凉拌后食用。

准备食材

茄子冷汤

15～20分钟

- □茄子2个（300g）
- □大葱（葱白）10cm
- □芝麻1小匙
- □芝麻油½小匙

高汤

- □白砂糖2大匙
- □食醋1½大匙
- □盐2小匙
- □纯净水3杯（600ml）

调味料

- □白砂糖1大匙
- □食醋1大匙
- □韩式酱油1大匙
- □辣椒粉1小匙
- □蒜末½小匙

黄瓜海带冷汤

15～20分钟

- □干海带2½把（10g，或泡发的冷汤专用海带100g）
- □黄瓜½根（100g）
- □红辣椒1根
- □白砂糖1大匙
- □食醋2大匙
- □盐½小匙
- □芝麻1小匙

高汤

- □白砂糖1½大匙
- □食醋3大匙
- □盐1小匙
- □纯净水2杯（400ml）

家常汤

鸡蛋汤
西葫芦汤
土豆汤

鸡蛋汤

西葫芦汤

土豆汤

Tips

怎样煮出软嫩清澈的鸡蛋汤?

煮蛋汤最重要的是保持鸡蛋软嫩的口感。蛋液下锅后立即搅拌的话，蛋液会受热膨胀。使汤水变浑浊。蛋液下锅后，静置6～7秒，再搅拌2～3次即可。另外，蛋液煮制过久后口感会发硬，味道不佳，蛋液下锅煮2～3分钟至咕嘟咕嘟开始结团时便可关火，用余温加热即可。

准备食材 **制作鳀鱼昆布高汤** 见 210 页

1 鸡蛋汤

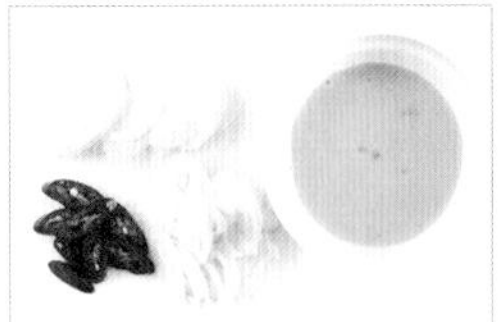

①碗内敲入鸡蛋打散。洋葱切细丝，大葱和红辣椒切斜片。

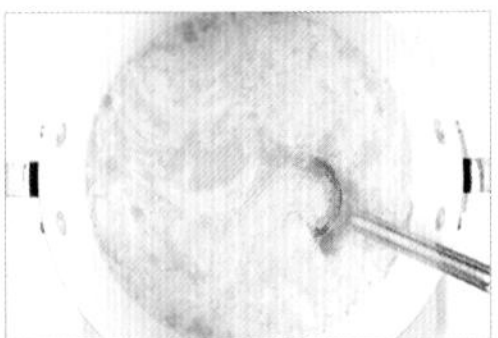

②锅内倒入鳀鱼昆布高汤和洋葱丝，大火煮开，倒入蛋液，用勺子搅拌 2～3 次，煮 3 分钟。

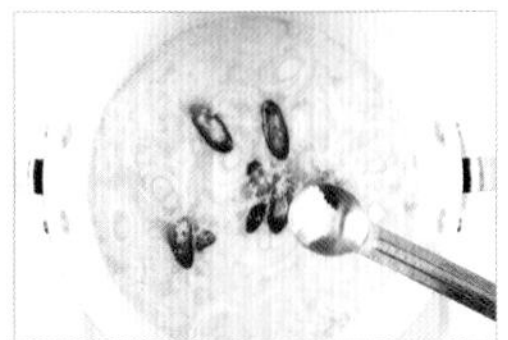

③放入葱片、红辣椒片和盐，再煮 30 秒。

2 西葫芦汤

①将西葫芦横切成 4 等份，再切成 0.5cm 厚的片状。洋葱切细丝，大葱和红辣椒切斜片。

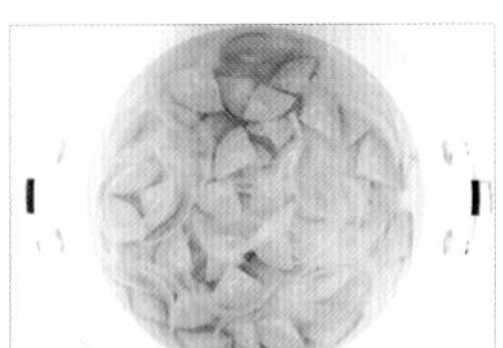

②锅内倒入鳀鱼昆布高汤、西葫芦片和洋葱丝，大火煮开后，改中小火煮 5 分钟。

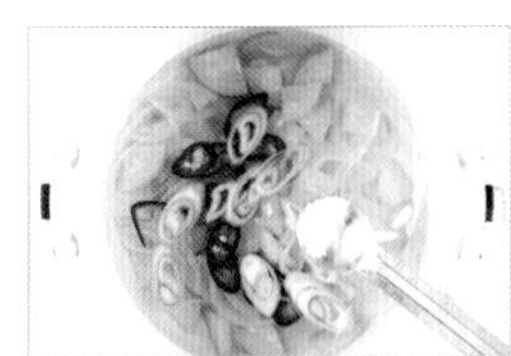

③放入葱片、红辣椒片和盐，再煮 30 秒。

3 土豆汤

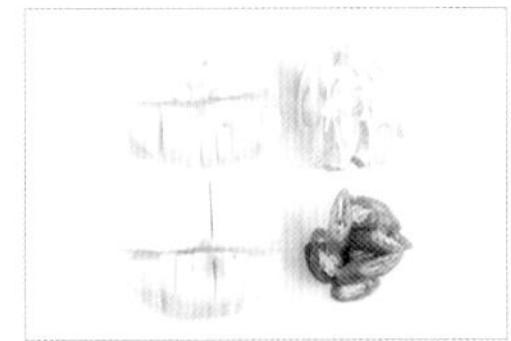

①土豆用刮皮器去皮，切成 4 等份，再切成 0.5cm 厚的片状。大葱和青阳辣椒切斜片。

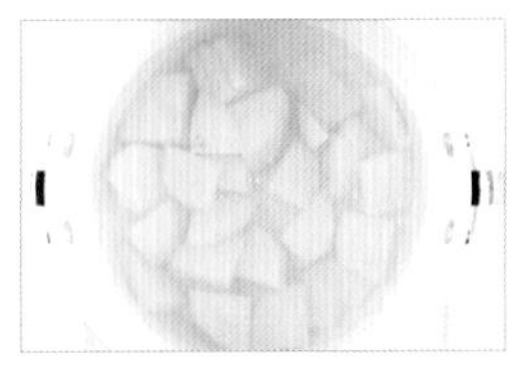

②锅内倒入鳀鱼昆布高汤和土豆片，大火煮开后，改中小火煮 6 分钟。

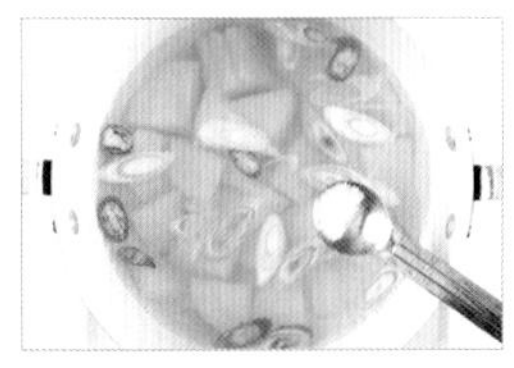

③放入葱片、青阳辣椒片和盐，再煮 30 秒。

准备食材

鸡蛋汤

25～30 分钟

- □鸡蛋 2 个
- □洋葱 ¼ 个（50g）
- □大葱（葱白）15cm
- □红辣椒 1 根（可省略）
- □鳀鱼昆布高汤 3½ 杯（700ml）
- □盐 ½ 小匙（按个人口味增减）

西葫芦汤

25～30 分钟

- □西葫芦 ½ 根（135g）
- □洋葱 ¼ 个（50g）
- □大葱（葱白）15cm（可省略）
- □红辣椒 1 根
- □鳀鱼昆布高汤 3½ 杯（700ml）
- □盐 ½ 小匙（按个人口味增减）

土豆汤

25～30 分钟

- □土豆 1 个（200g）
- □大葱（葱白）15cm
- □青阳辣椒（或青辣椒）1 根（可省略）
- □鳀鱼昆布高汤 3½ 杯（700ml）
- □盐 ½ 小匙（按个人口味增减）

泡菜汤、黄豆芽汤

泡菜汤
泡菜黄豆芽汤
黄豆芽汤

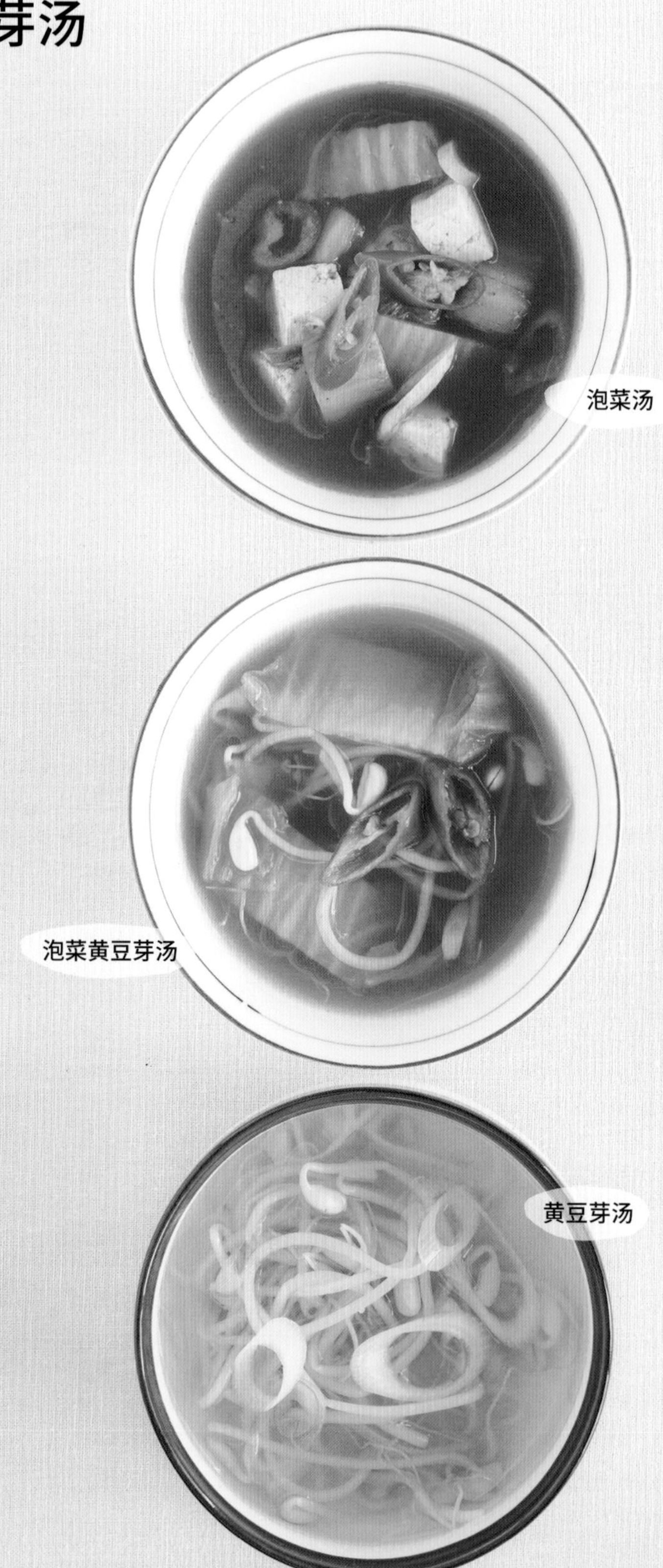

Tips

怎样煮出口感纯粹无腥味的黄豆芽汤？

黄豆芽尚未煮熟便打开锅盖的话，会产生豆腥味。建议开盖煮，煮至沸腾时豆腥味就会蒸发掉。将大蒜切薄片放进汤内同煮，可以使汤色更好。

准备食材 **制作鳀鱼昆布高汤** 见 210 页

1 泡菜汤

①将豆腐切成 1cm 见方的小块，大葱和青阳辣椒切斜片，泡菜切成 1cm 宽的块状。

②热锅内倒入食用油，放入蒜末和泡菜，用中小火翻炒 3 分钟后倒入鳀鱼昆布汤，用大火煮开。

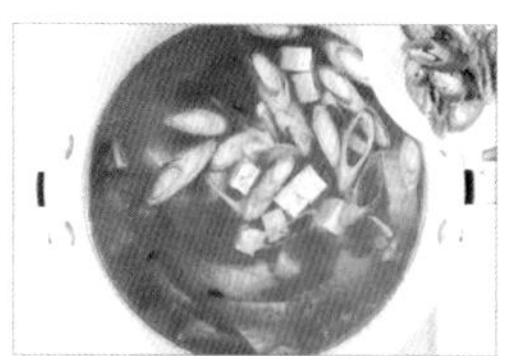

③煮至沸腾后改中小火煮 4 分钟，放入豆腐块、葱片、青阳辣椒片和盐，再煮 1 分钟。

2 泡菜黄豆芽汤

①将黄豆芽浸泡在水中涮洗片刻，洗净控干。大葱和青阳辣椒切斜片，泡菜切成 2cm 宽的块状。

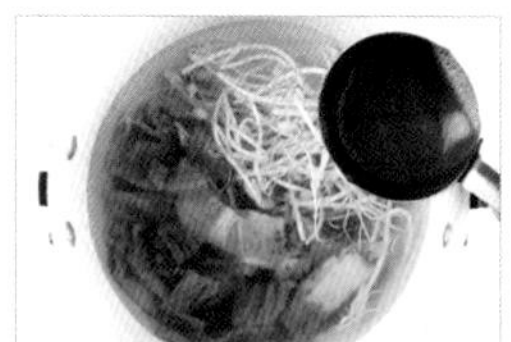

②锅内倒入鳀鱼昆布汤，用大火煮开，放入泡菜、黄豆芽、泡菜汁，改中小火煮 3 分钟。

③放入蒜末和虾酱，撇去浮沫，煮 2 分钟后放入葱片和青阳辣椒片，最后煮 30 秒即可。

3 黄豆芽汤

①将黄豆芽浸泡在水中涮洗片刻，洗净控干。大葱切斜片。

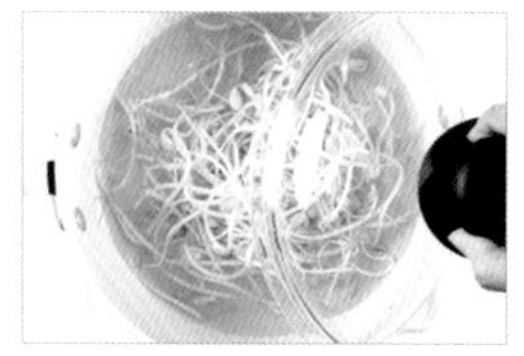

②锅内倒入鳀鱼昆布汤和黄豆芽，盖上锅盖，用大火煮 5 分钟后关火。

③打开锅盖，放入葱片、盐和蒜末，用勺子翻搅均匀后开火，开大火煮 1 分钟即可。

准备食材

泡菜汤

25 ～ 30 分钟

- □熟成泡菜 1⅓杯（200g）
- □豆腐（炖汤用，大块）⅓块（100g）
- □大葱（葱白）15cm
- □青阳辣椒 1 根
- □食用油 1 大匙
- □蒜末 ½ 大匙
- □鳀鱼昆布高汤 3½ 杯（700ml）
- □盐少许（按泡菜咸度酌量增减）

泡菜黄豆芽汤

25 ～ 30 分钟

- □熟成泡菜
- □½ 杯（100g）
- □黄豆芽 1 把（50g）
- □大葱（葱白）15cm
- □青阳辣椒 1 根
- □鳀鱼昆布高汤 3½ 杯（700ml）
- □泡菜汁⅓杯
- □蒜末 ½ 大匙
- □虾酱 1 大匙（½ 大匙）
- □虾米 1½ 大匙汤汁（按泡菜咸度酌量增减）

黄豆芽汤

25 ～ 30 分钟

- □黄豆芽 2 把（100g）
- □大葱（葱白）15cm
- □鳀鱼昆布高汤 3½ 杯（700ml）
- □盐（或虾酱）1 小匙
- □蒜末 1 小匙

干明太鱼汤

干明太鱼黄豆芽汤
干明太鱼萝卜丝汤
干明太鱼鸡蛋汤

干明太鱼黄豆芽汤

干明太鱼萝卜丝汤

干明太鱼鸡蛋汤

用明太鱼脯煮汤

使用一整片明太鱼脯煮汤时，先用湿棉布将鱼脯包裹起来，用擀面杖敲软后撕成鱼丝，再用相同方法煮制即可。

处理食材 **干明太鱼丝泡发后腌制**

①将明太鱼丝在温水中泡发 10～15 分钟。泡过的水可当作汤底。

②控干水分，长的明太鱼丝切成 5cm 左右，倒入清酒、蒜末和 2 小匙芝麻油，抓拌均匀。

→ 先用腌料腌制，可使明太鱼更加美味。

1 干明太鱼黄豆芽汤

①黄豆芽浸泡在水中涮洗片刻，控干。大葱切斜片。

②在热锅内倒入芝麻油，放入腌好的明太鱼丝，用小火翻炒 2 分钟，将泡过的水、黄豆芽和昆布倒入锅中，用大火煮开。

③煮沸后改中小火煮 10 分钟，捞出昆布，加入韩式酱油、盐（按个人口味增减）和胡椒粉调味，放入葱片，再煮 1 分钟即可。

→ 撇去浮沫。

2 干明太鱼萝卜丝汤

①萝卜去皮，切成 5cm 长的细丝。大葱切斜片。

②热锅内加入 1 大匙芝麻油，放入腌好的明太鱼丝，用小火翻炒 30 秒后将萝卜丝下锅，翻炒 1 分 30 秒。将泡过的水和昆布倒入锅中，用大火煮开。

③煮沸后改中小火煮 5 分钟，加入韩式酱油，调至中火，煮 4 分钟后捞出昆布，放入葱片和盐（按个人口味增减），再煮 1 分钟即可。

→ 撇去浮沫。

3 干明太鱼鸡蛋汤

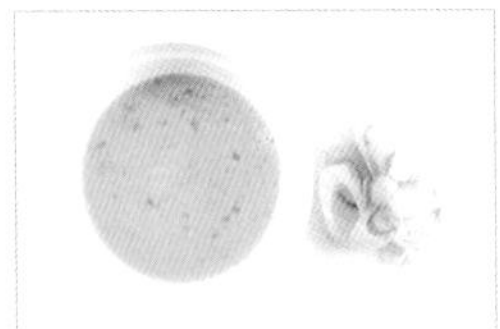

①鸡蛋打散，大葱切斜片。

②热锅内加入 1 大匙芝麻油，放入腌好的明太鱼丝，小火翻炒 2 分钟后将泡过的水和昆布倒入锅中，用大火煮开。煮沸后改中小火煮 10 分钟。

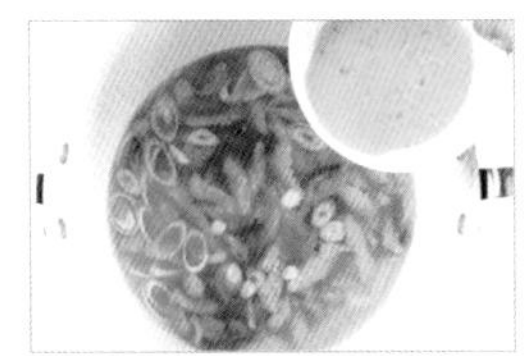

③捞出昆布，加入韩式酱油、盐（按个人口味增减）和胡椒粉调味，将葱片和蛋液倒入锅中，快速搅拌 2～3 下，再煮 1 分钟即可。

→ 撇去浮沫。

准备食材

干明太鱼黄豆芽汤

⏱ 25～30 分钟

- □干明太鱼丝 2 杯（50g）
- □黄豆芽 2 把（100g）
- □大葱（葱白）15cm
- □温水 4 杯（800ml，用于泡发干明太鱼）
- □清酒 1 大匙
- □蒜末 1 小匙
- □芝麻油 1 大匙 +2 小匙
- □昆布 5cm×5cm 3 片
- □韩式酱油 1 大匙
- □盐 ¼ 小匙
- □胡椒粉少许

干明太鱼萝卜丝汤

⏱ 25～30 分钟

- □干明太鱼丝 2 杯（50g）
- □直径 10cm、厚 1.5cm 的萝卜 1 块（150g）
- □大葱（葱白）15cm
- □温水 4 杯（800ml，用于泡发干明太鱼）
- □清酒 1 大匙
- □蒜末 1 小匙
- □芝麻油 1 大匙 +2 小匙
- □昆布 5cm×5cm 3 片
- □韩式酱油 1 小匙
- □盐⅔ 小匙

干明太鱼鸡蛋汤

⏱ 25～30 分钟

- □干明太鱼丝 2 杯（50g）
- □鸡蛋 2 个
- □大葱（葱白）15cm
- □温水 4 杯（800ml，用于泡发干明太鱼）
- □清酒 1 大匙
- □蒜末 1 小匙
- □芝麻油 1 大匙 +2 小匙
- □昆布 5cm×5cm 3 片
- □韩式酱油 1 大匙
- □盐 ¼ 小匙
- □胡椒粉少许

家常大酱汤

菠菜大酱汤
白菜大酱汤

菠菜大酱汤

白菜大酱汤

市售大酱与传统大酱的区别

市售大酱煮制时间短，10～15 分钟便可煮出喷香扑鼻的大酱汤。传统大酱则相反，煮制时间越久，味道越浓郁。而且相比市售大酱，传统大酱颜色深、咸味重，建议先加入食谱用量的一半，尝过咸淡后再适当加量。

用蛤蜊汤底煮大酱汤

用等量的蛤蜊汤（做法见 210 页）替代鳀鱼昆布汤，用相同方法煮制。制作大酱汤时，将蛤蜊同大葱或青阳辣椒、蒜末一起放入汤内炖煮。

准备食材 制作鳀鱼昆布高汤 见 210 页

1 菠菜大酱汤

①将菠菜用水涮洗片刻，洗净泥。

②摘去蔫叶，用刀轻轻将根茎间的泥垢刮去。

③较大棵的菠菜根部切十字，切成 4 等份，较长的部分对半切开。

④大葱切斜片。

⑤锅内倒入鳀鱼昆布汤，大火煮开后，加入大酱，将菠菜下锅。

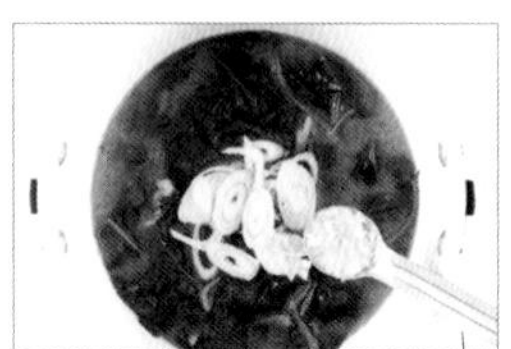
⑥煮至沸腾后盖上锅盖，改中火煮 10 分钟，放入葱片和蒜末，再煮 1 分钟即可。

2 白菜大酱汤

①白菜叶先对半切开，再切成 2cm 宽的片状。青阳辣椒切斜片。

②锅内倒入鳀鱼昆布汤，大火煮开后加入大酱，将白菜叶放入锅中。

③煮至沸腾后盖上锅盖，改中火煮 10 分钟，放入青阳辣椒片和蒜末，再煮 1 分钟即可。

准备食材

菠菜大酱汤

30 ～ 35 分钟

- □菠菜 2 把（100g）
- □大葱（葱白）15cm
- □鳀鱼昆布汤 3½ 杯（700ml）
- □大酱 2½ 大匙（按咸度酌量增减）
- □蒜末 1 小匙

白菜大酱汤

30 ～ 35 分钟

- □白菜叶 2 片（100g）
- □青阳辣椒 1 根（可省略）
- □鳀鱼昆布汤 3½ 杯（700ml）
- □大酱 2½ 大匙（按咸度酌量增减）
- □蒜末 1 小匙

风味大酱汤

荠菜大酱汤
冬苋菜大酱汤

荠菜大酱汤

冬苋菜大酱汤

+Recipe

莙荙菜大酱汤

莙荙菜（100g）折掉根茎末端，剥去透明丝状纤维质后，切成 2cm 见方的片状，可替换荠菜或冬苋菜，采用相同方法煮制即可。

准备食材 制作鳀鱼昆布高汤 见 210 页

1 荠菜大酱汤

①荠菜摘掉蔫叶，浸泡在水中，轻轻洗去根部的污泥。

②用小刀轻轻将根与茎部的泥垢刮去，再刮除根部的根须和泥垢，过冷水洗净。

③大葱切成斜片。

④锅内倒入鳀鱼昆布汤，用大火煮开后加入大酱，将荠菜放入锅中。

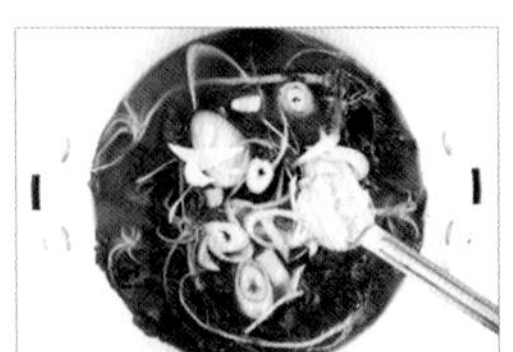
⑤煮至沸腾后盖上锅盖，改中火煮 10 分钟，放入葱片和蒜末，再煮 1 分钟即可。

2 冬苋菜大酱汤

①冬苋菜折掉根茎末端，剥去透明丝状纤维质。切掉粗茎，只保留细茎和叶片。

②将冬苋菜浸泡在水中，用手抓洗片刻至绿色汁液渗出。涮洗几遍后，控干水分。

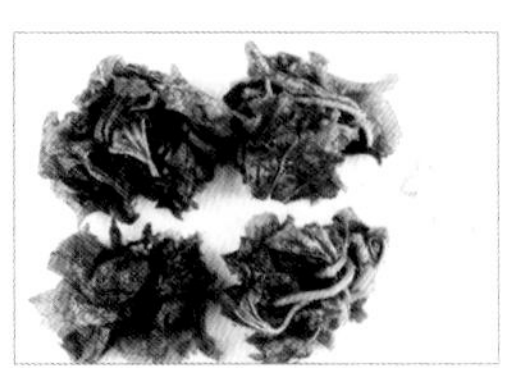
③将冬苋菜团成团后切十字，大葱切成斜片。

④锅内倒入鳀鱼昆布汤，用大火煮开后加入大酱，将冬苋菜和干虾放入锅中。

⑤煮至沸腾后盖上锅盖，改中火煮 10 分钟，放入葱片和蒜末，再煮 1 分钟即可。

→ 煮制过程中，用勺子撇去浮沫。

准备食材

荠菜大酱汤

30～35 分钟

- □荠菜 5 把（100g）
- □大葱（葱白）15cm
- □鳀鱼昆布汤 3½ 杯（700ml）
- □大酱 2½ 大匙（按咸度酌量增减）
- □蒜末 1 小匙

冬苋菜大酱汤

30～35 分钟

- □冬苋菜 1 把（100g）
- □去头干虾 ½ 杯（12g）
- □大葱（葱白）15cm
- □鳀鱼昆布汤 3½ 杯（700ml）
- □大酱 2½ 大匙（按咸度酌量增减）
- □蒜末 1 小匙

家常海带汤

牛肉海带汤
贻贝海带汤

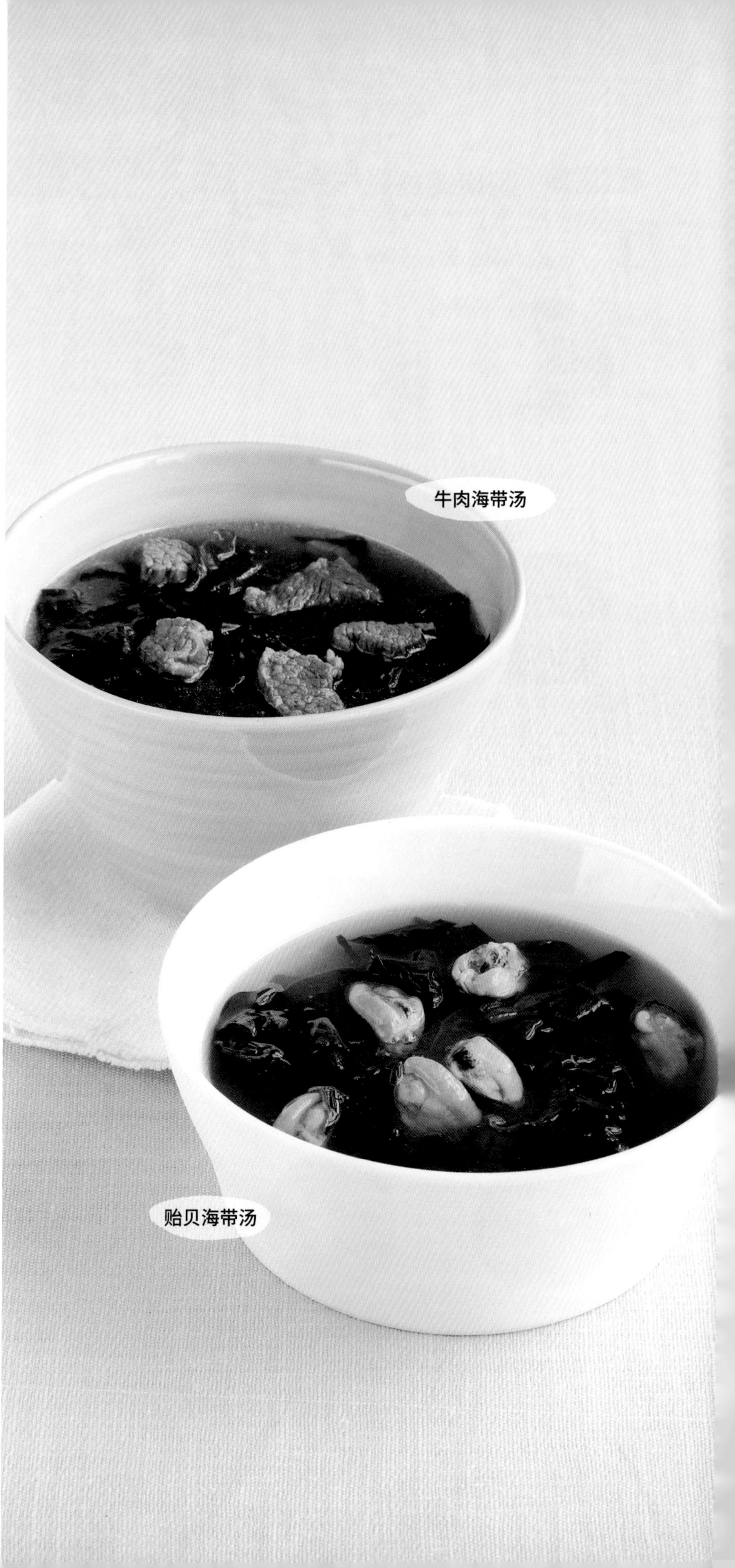

+Tips

不同牛肉部位煮出的汤味比较

①牛胸肉 80g+ 牛腱肉 70g

各取少量煮制，时间越短，味道越香醇，口感越浓郁。

②牛胸肉 80g+ 牛外脊 70g

汤汁浓郁香醇，但喝多了便会觉得油腻。装碗时，会有大量浮油。

③牛胸肉 150g

需长时间炖煮才能煮出香浓味道，短时间内料理时可增加一倍肉量。

处理食材 海带泡发后腌制

①将海带在冷水中泡发 15 分钟。

②用手抓洗片刻，中途换几遍水，直至不再有泡沫产生。

③将海带控干水分，加入⅓大匙韩式酱油，抓拌片刻。

→ 使用长海带时，要将水分完全控干，再切成 4 ~ 5cm 的长段后进行腌制。

1 牛肉海带汤

①牛胸肉和牛腱肉切成 2.5cm 大小的扁片，用酱料抓拌均匀。

②热锅内倒入芝麻油，将拌好的牛肉下锅，用中火翻炒 1 分钟，放入腌好的海带，翻炒 2 分钟后，倒入 ½ 杯清水，翻炒 2 分 30 秒。

③锅内倒入 5½ 杯清水、⅔ 大匙韩式酱油和盐调味。盖上锅盖，改中小火煮 15 分钟，再用小火炖煮 15 分钟。

2 贻贝海带汤

①去除贻贝上的须状物，搓洗片刻去除杂质，冲洗干净。

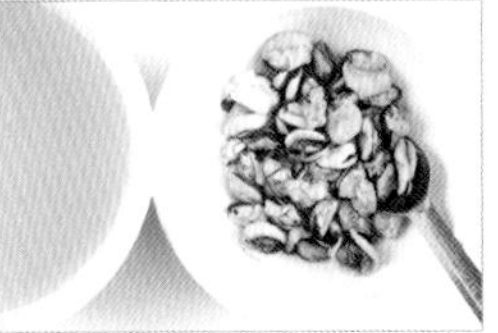

②锅内倒入贻贝和 7 杯水，用中火煮 6 分钟后关火。捞出贻贝，剥出贻贝肉，用酱料拌匀。汤水另外存放。

→ 撇去浮沫。

③热锅内倒入芝麻油，将拌好的贻贝肉下锅，用中火翻炒 1 分钟，放入腌好的海带，再翻炒 1 分钟。

④取 ½ 杯步骤②中煮好的高汤倒入锅中，翻炒 3 分钟，将剩余的贻贝汤（约 5½ 杯）全部倒入锅中，加盐调味。

⑤盖上锅盖，改中小火煮 5 分钟，改小火炖煮 10 分钟。

准备食材

牛肉海带汤

50 ～ 55 分钟

- □干海带 3 把（12g）
- □牛胸肉 80g
- □牛腱肉 70g
- □韩式酱油 1 大匙
- □芝麻油 ½ 大匙
- □水 7 杯（1.4L）
- □盐 1 小匙（按个人口味增减）

牛肉腌料

- □蒜末 ½ 大匙
- □韩式酱油 1 小匙
- □清酒 1 小匙
- □芝麻油 ½ 小匙
- □胡椒粉少许

贻贝海带汤

50 ～ 55 分钟

- □干海带 3 把（12g）
- □贻贝 30 个（700g）
- □韩式酱油⅓大匙
- □水 7 杯（1.4L）
- □芝麻油 ½ 小匙
- □盐⅔小匙（根据贻贝汤咸淡酌量增减）

贻贝腌料

- □蒜末 ½ 大匙
- □清酒 1 小匙
- □胡椒粉少许

风味海带汤

金枪鱼海带汤
紫苏海带汤

+Tips

海带汤不放葱的原因

海带汤里放葱的话，不仅会影响汤的口感，还会破坏汤的营养。葱内含有大量的磷和硫黄，会阻碍人体对海带中钙的吸收。另外，海带和大葱表面较滑，其成分附着在舌头的细胞表面，使舌头很难品尝出海带特有的香味。

1 金枪鱼海带汤

①将干海带在冷水中浸泡15分钟。泡发后用手抓洗片刻，中途换几遍水，直至不再有泡沫产生。

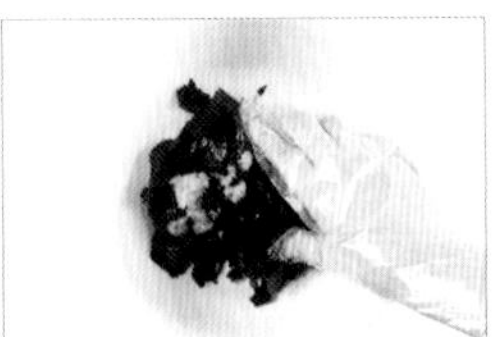

②海带控干水分，加入蒜末和韩式酱油，用手抓拌均匀。

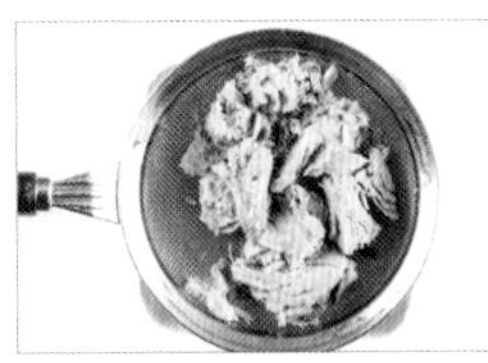

③金枪鱼控油。

④热锅内倒入芝麻油，将拌好的海带下锅，用中火翻炒2分钟。

⑤锅内倒入½杯水，翻炒2分30秒后加入3½杯水，用大火煮开。

⑥煮至沸腾后，放入金枪鱼，改中小火煮10分钟，加盐调味。

→ 撇去浮沫，使料理看起来更加清澈。

2 紫苏海带汤

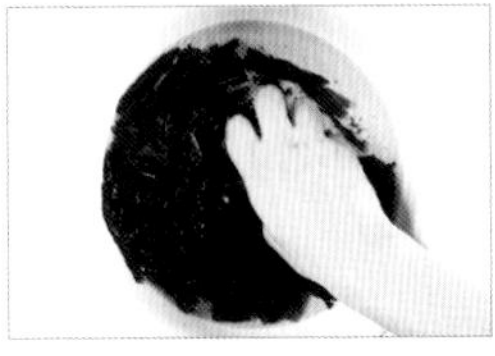

①将干海带在冷水中浸泡15分钟。泡发后抓洗片刻，中途换几遍水，直至不再有泡沫产生。

②海带控干水分，加入1小匙韩式酱油，用手抓拌均匀。

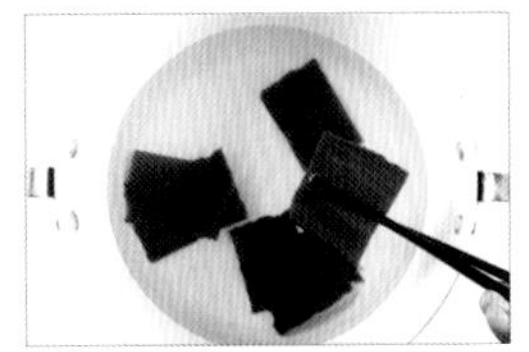

③锅内倒入昆布汤料，用大火煮开，改小火煮5分钟。捞出昆布，将昆布高汤倒入大碗中。

④将步骤③中的锅洗净，热锅后倒入紫苏籽油，将步骤②中拌好的海带下锅，用中火翻炒1分钟。

⑤取½杯步骤③中的昆布高汤翻炒1分30秒，将剩余的昆布高汤倒入锅中，加入2小匙韩式酱油和盐调味。

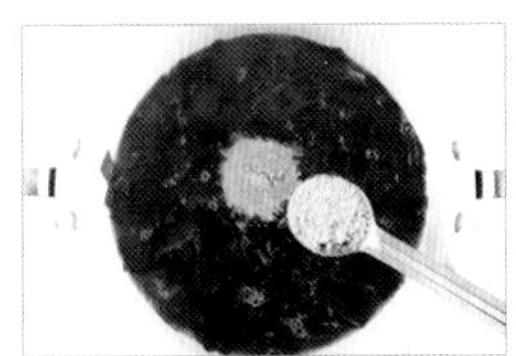

⑥改中小火煮10分钟后加入紫苏粉，再煮10分钟即可。

准备食材

金枪鱼海带汤

30～35分钟

- □干海带3把（12g）
- □金枪鱼罐头1罐（150g）
- □蒜末½大匙
- □韩式酱油1小匙
- □芝麻油½大匙
- □水4杯（800ml）
- □盐½小匙（按个人口味增减）

紫苏海带汤

50～55分钟

- □干海带3把（12g）
- □韩式酱油3小匙
- □紫苏籽油1½大匙
- □盐½小匙（按个人口味增减）
- □紫苏粉3大匙（按个人口味增减）

昆布高汤

- □昆布5cm×5cm 6片
- □水6½杯（1.3L）

萝卜汤

鱼糕萝卜汤
牛肉萝卜汤
杏鲍菇萝卜汤

牛肉萝卜汤

杏鲍菇萝卜汤

1 鱼糕萝卜汤

①锅内倒入鳀鱼昆布汤食材，大火煮开后改中小火煮 5 分钟。捞出昆布，再煮 10 分钟，捞出鳀鱼。

⊕ 撇去浮沫。

②萝卜去皮切丝，鱼糕切成 5cm 的长条，青、红辣椒切斜片。

③鱼糕条装入滤网，浇入 2 杯热水去除油分。

④将萝卜丝倒入步骤①中的鳀鱼昆布汤，用大火煮开后改中火煮 2 分钟。

⑤锅内加入鱼糕条和韩式酱油，煮 2 分钟后放入青、红辣椒片和蒜末，再煮 1 分钟即可。

2 牛肉萝卜汤

①萝卜去皮，切成 2.5cm 大小的扁片。大葱切斜片。

②在萝卜片上撒盐，腌制片刻，装入笊篱控干水分。

③牛肉逆着纹理切成扁片，用厨房纸擦干血水。

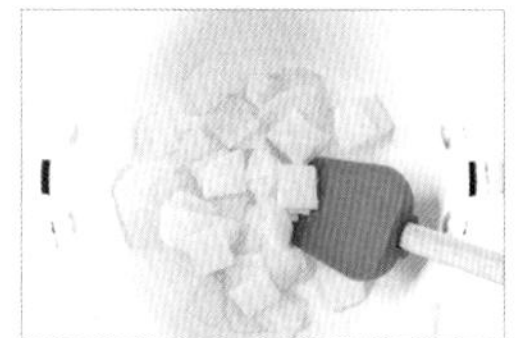

④在热锅内倒入芝麻油，放入蒜末和萝卜片，用中小火翻炒 2 分钟，将牛肉片下锅，翻炒 2 分钟。

⊕ 喜欢辣味萝卜汤的话，可加入 1 大匙辣椒粉翻炒。

⑤加入 5 杯水和昆布，用大火煮开。再煮 5 分钟，捞出昆布。

⊕ 也可将昆布切丝，在料理完成后放入。

⑥改中小火并撇去浮沫。煮 15 分钟后加入葱片、韩式酱油、盐和胡椒粉，再煮 1 分钟即可。

准备食材

鱼糕萝卜汤

30～35 分钟

- □直径 10cm、厚约 1cm 的萝卜 1 块（100g）
- □鱼糕 1½ 张（100g）
- □青辣椒 ¼ 根
- □红辣椒 ¼ 根
- □韩式酱油 1 大匙
- □蒜末 1 小匙

鳀鱼昆布高汤

- □汤用鳀鱼 15 条（15g）
- □昆布 5cm×5cm 2 片
- □水 4 杯（800ml）

牛肉萝卜汤

40～45 分钟

- □直径 10cm、厚约 1.5cm 的萝卜 1 块（150g）
- □牛腱肉 100g
- □牛胸肉 100g
- □大葱（葱白）15cm
- □盐 ¼ 小匙（腌萝卜用）
- □芝麻油 1 大匙
- □蒜末 1½ 小匙
- □水 5 杯（1L）
- □昆布 5cm×5cm 大小的 3 片
- □韩式酱油 2 小匙
- □盐少许（按个人口味增减）
- □胡椒粉少许

准备食材

杏鲍菇萝卜汤

⏱35～40分钟

□直径10cm、厚约2cm的萝卜1块（200g）
□杏鲍菇2个（150g）
□大葱（葱白）15cm
□香油1大勺
□蒜末1小勺
□韩式酱油1小勺
□盐½小勺（按个人口味增减）

鳀鱼昆布高汤

□汤用鳀鱼20只（20g）
□昆布5cm×5cm大小的3片
□水4杯（800ml）

3 杏鲍菇萝卜汤

①萝卜去皮切细丝。杏鲍菇去除根部，切成细丝。大葱切成斜片。

②热锅内倒入芝麻油，放入蒜末和萝卜丝，用中小火翻炒1分30秒。

③将杏鲍菇丝下锅，翻炒1分30秒，倒入鳀鱼昆布汤食材，用大火煮开。

→ 煮制过程中，用勺子撇去浮沫。

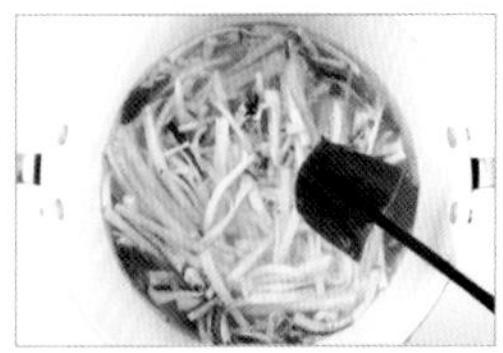

④煮至沸腾后，改中小火煮5分钟，捞出昆布。

→ 也可将昆布切丝，在料理完成后放入。

⑤加入韩式酱油，煮9分钟后放盐和葱片，再煮1分钟，捞出鳀鱼即可。

→ 可将鳀鱼装入汤料包后再下锅煮制，这样捞取时更加方便。

鱿鱼汤
鱿鱼炖汤

Tips

汤类料理中加入鱿鱼的注意事项

鱿鱼煮制过久的话，肉质发硬，口感不佳，建议在萝卜和西葫芦快要煮熟时再放入锅中炖煮。鱿鱼表皮含有牛磺酸等对人体有益的成分，煮汤时可将鱿鱼带皮放入。若想要卖相更佳，则建议去皮后放入。

准备食材

鱿鱼炖汤

30～35 分钟

- □鱿鱼 1 条（240g）
- □西葫芦 ½ 根（135g）
- □洋葱 ¼ 个（50g）
- □大葱（葱白）15cm
- □青阳辣椒（或青辣椒）1 根（可省略）
- □虾酱 1 小匙（½ 小匙虾米 +½ 小匙汤汁）

高汤

- □汤用鳀鱼 15 只（15g）
- □昆布 5cm×5cm 3 片
- □大葱（葱绿）10cm 4～5 段
- □水 4 杯（800ml）

调味料

- □辣椒粉 1 大匙
- □蒜末 ½ 大匙
- □大酱 ½ 大匙
- □辣椒酱 1 大匙

处理食材 处理鱿鱼

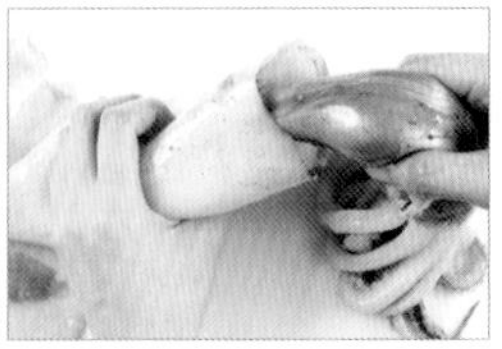

① -a 环状处理法

抓住鱿鱼身体，将内脏拽出，切断内脏和触须的连接部分，将内脏丢弃。

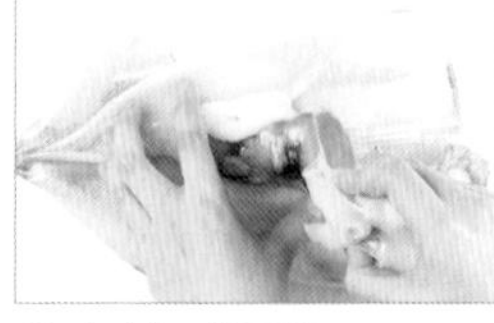

① -b 剖开处理法

用剪刀将鱿鱼身体剖开，取出内脏，切断内脏和触须的连接部分，将内脏丢弃。

②翻转触须，按压嘴部周边，去除软骨。

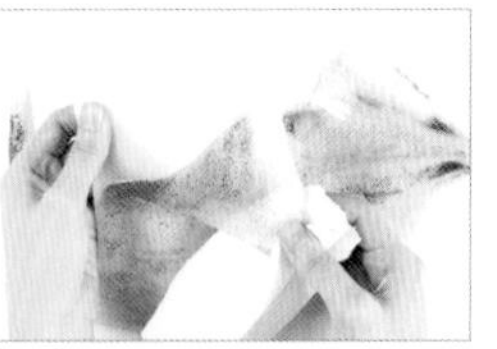

③切掉鱿鱼身体末端，用厨房纸捏住鱿鱼外皮一角向外拉扯。去除外皮后，用流水将鱿鱼洗净。

→ 也可抹上粗盐后用手剥去外皮。

④将鱿鱼须置于流水下用手捋洗几遍，将触须上的吸盘去除后，冲洗干净。

1 鱿鱼炖汤

①锅内放入高汤食材，用大火煮开。改小火煮 5 分钟，捞出昆布。再煮 10 分钟，将鳀鱼和大葱捞出。

②将西葫芦沿长边切成 4 等份，再切成 0.5cm 厚的月牙形。洋葱切成 2cm 见方的块状，大葱和青阳辣椒切成斜片。

③鱿鱼采用环状处理法处理干净并控干，鱼身切成 1cm 宽的条状、触须切成 4cm 长的段状。

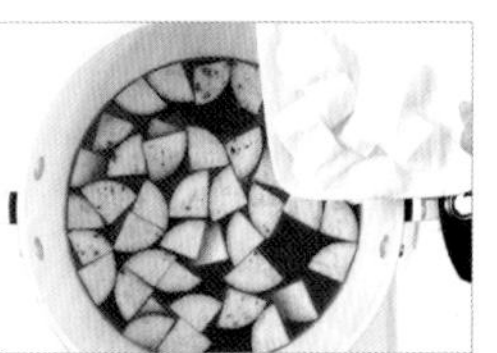

④在步骤①的高汤内加入调味料，大火煮开。改中小火煮 3 分钟后放入西葫芦片和洋葱块，再煮 5 分钟。

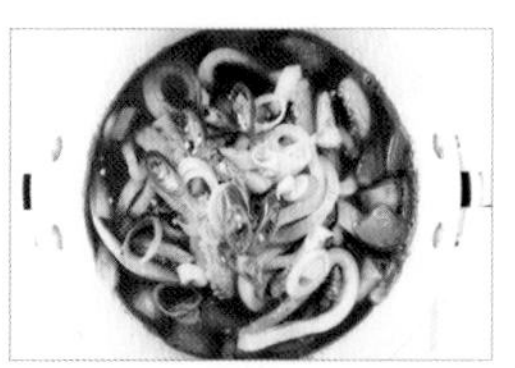

⑤依次放入鱿鱼段、葱片、青阳辣椒片和虾酱，再煮 3 分钟即可。

2 鱿鱼汤

①萝卜去皮，切成 0.3cm 厚的薄圆片，再切成 3cm 见方的扁片。大葱切斜片。

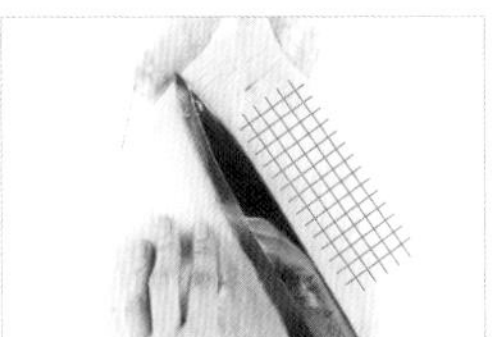

②将鱿鱼采用剖开处理法处理干净并控干，内面朝上，刀身尽可能放平，细细切成十字花刀。

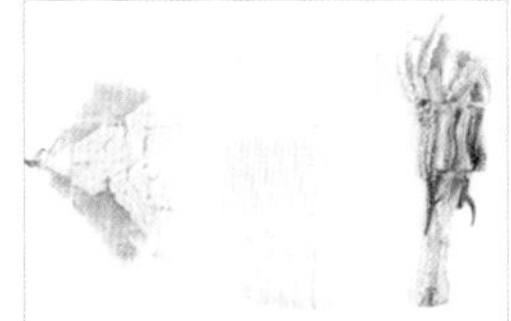

③鱿鱼头部朝左摆放，将鱼身切成 1cm×5cm 大小的片状，鱿鱼须切成 5cm 长的段。

④锅内放入萝卜片、昆布和 4 杯水，大火煮开后改中小火煮 3 分钟。

→ 可用鳀鱼昆布汤（做法见 210 页）替代清水。

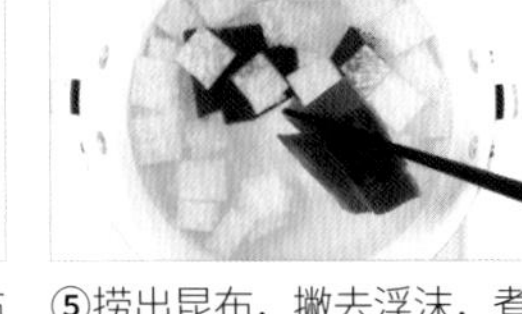

⑤捞出昆布，撇去浮沫，煮 7 分钟。将昆布用流水洗净，切成 1cm×5cm 大小。

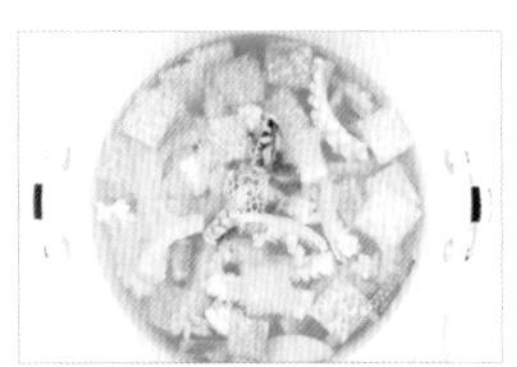

⑥锅内放入鱿鱼，煮至沸腾，改中火煮 3 分钟。

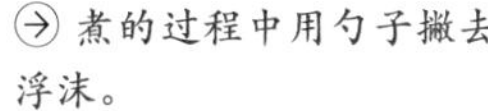

→ 煮的过程中用勺子撇去浮沫。

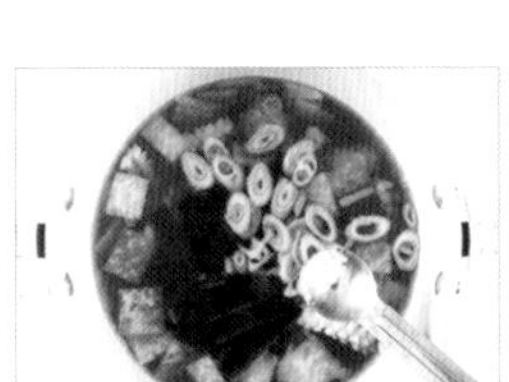

⑦放入蒜末和韩式酱油，煮 2 分钟后加入昆布丝、葱片和盐，再煮 1 分钟即可。

准备食材

鱿鱼汤

⏱ **30 ～ 35 分钟**

- □鱿鱼 1 只（240g）
- □直径 10cm、厚约 1cm 的萝卜 1 块（100g）
- □大葱（葱白）15cm
- □昆布 5cm×5cm 4 片
- □水 4 杯（800ml）
- □蒜末 1 小匙
- □韩式酱油 2 小匙
- □盐⅓小匙（按个人口味增减）

清麴酱

家常清麴酱汤
泡菜清麴酱汤

家常清麴酱汤

泡菜清麴酱汤

Tips

煮出美味清麴酱汤的秘诀

清麴酱不宜久煮，这样才不会破坏其含有的对人体有益的纳豆菌，才能留住清麴酱的香醇味道。用淘米水替代清水煮制，可以使清麴酱汤更加浓郁美味。头一道淘米水混有杂质，不宜使用，建议使用第二或第三道淘米水。

1 家常清麴酱汤

①锅内倒入鳀鱼昆布高汤材，用大火煮开，改中小火煮5分钟。捞出昆布，再煮10分钟，捞出鳀鱼。

→ 撇去浮沫。

②将豆腐切成1cm见方的小块。杏鲍菇去掉根部，切成1.5cm见方的小块。

③西葫芦从长边切成4等份，再切成0.5cm厚的月牙块。洋葱切成2.5cm见方的块状，青阳辣椒和红辣椒切成斜片。

④将杏鲍菇块、西葫芦片和洋葱块倒入步骤①中装有鳀鱼昆布汤的锅内，用大火煮开。改中火煮3分钟，再改中小火煮2分钟。

⑤汤内加入麴酱汤，调至中火，煮3分钟。撇去浮沫。

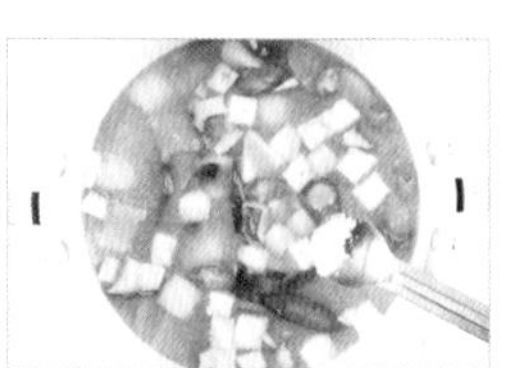

⑥放入豆腐块和蒜末，待煮沸后再煮2分钟。加入青阳辣椒片、红辣椒片和盐，最后煮30秒即可。

2 泡菜清麴酱汤

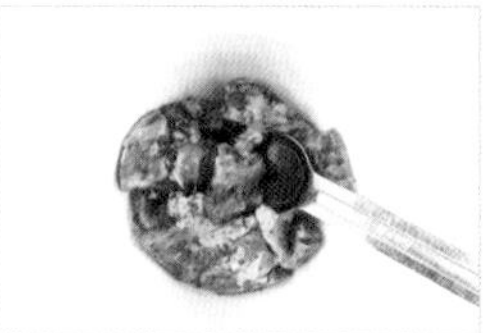

①将五花肉切成3cm宽的片状，用腌料腌制片刻。

②将豆腐切成8等份。泡菜抖掉多余汤汁，切成3cm宽的片状。大葱切成斜片。

③热锅内倒入紫苏籽油，蒜末下锅，用中小火炒30秒后调至中火，放入五花肉片，翻炒1分钟。

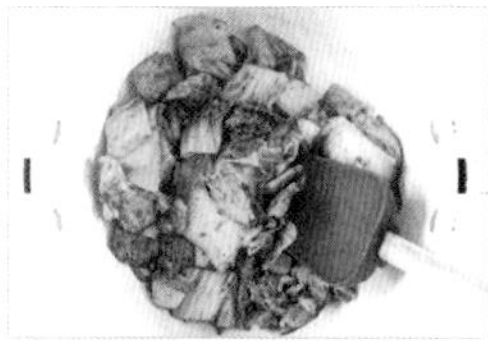

④锅内依次放入泡菜、泡菜汁、白砂糖、韩式酱油和½杯水，改中小火翻炒6分钟。

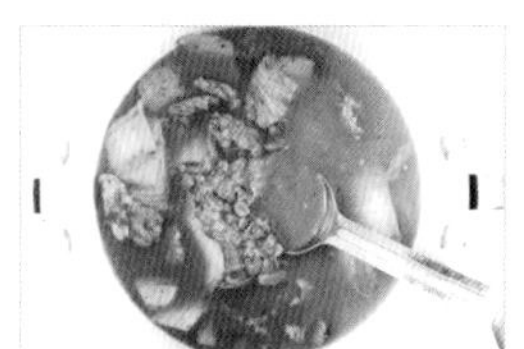

⑤大碗内加入清鞠酱和2杯水，待清鞠酱溶解后，倒入步骤④的锅中，大火煮开。

⑥煮至沸腾后，放入豆腐块，改中火煮5分钟，加入葱片和盐，再煮30秒即可。

→ 调味后尝咸淡。若味道太酸，可加少量白砂糖。

准备食材

家常清麴酱汤

25～30分钟

- □豆腐（炖汤用，大块）⅓块（100g）
- □杏鲍菇1个（80g）
- □西葫芦¼个（75g）
- □洋葱¼个（50g）
- □青阳辣椒1个
- □红辣椒1个
- □清鞠酱5大匙（50g，按咸度酌量增减）
- □蒜末1小匙
- □盐⅓小匙（按个人口味增减）

鳀鱼昆布高汤

- □汤用鳀鱼15只（15g）
- □昆布5cm×5cm 2片
- □水3杯（600ml）

泡菜清麴酱汤

25～30分钟

- □熟成泡菜1杯（150g）
- □五花肉100g
- □豆腐（炖汤用，大块）⅓块（100g）
- □大葱15cm（可省略）
- □紫苏籽油1大匙
- □蒜末1大匙
- □泡菜汁2大匙
- □白砂糖½小匙（可省略）
- □韩式酱油½小匙
- □水（或淘米水）2½杯（500ml）
- □清鞠酱5大匙（50g，按咸度酌量增减）
- □盐½小匙（按个人口味增减）

五花肉腌料

- □料酒1大匙
- □辣椒粉1小匙
- □姜末¼小匙
- □胡椒粉少许

嫩豆腐锅

蛤蜊嫩豆腐锅
牡蛎嫩豆腐锅

蛤蜊嫩豆腐锅

牡蛎嫩豆腐锅

Tips

嫩豆腐锅内放辣椒油的原因

使用一般辣椒粉只能增加辣味，而使用辣椒油的话，除了增加辣味，还能增添辣椒油特有的香味，使汤味更加浓郁。

1 蛤蜊嫩豆腐锅

①将蛤蜊用流水洗净，将水控干。

②鱿鱼处理干净后，身体内侧朝上，将鱼身尽可能放平，细细划出切花。将鱼身切成 1cm×5cm 的片状，触须切成 5cm 长的段。

→ 鱿鱼处理方法见 232 页。

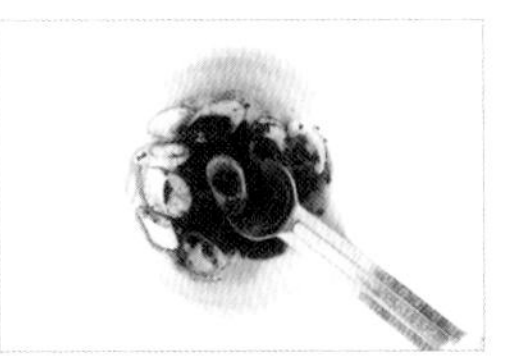

③大葱和青阳辣椒切斜片。取 ½ 的葱片和辣椒油调味料混合均匀。

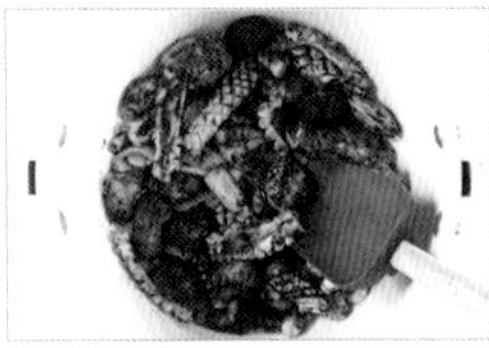

④在热锅（或石锅）内倒入食用油，倒入步骤③中调好的辣椒油酱料，用小火炒 2 分钟后倒入蛤蜊和鱿鱼，翻炒 1 分钟。

⑤锅内加 1½ 杯水，大火煮开后再煮 10 分钟。将嫩豆腐对半切开，放入锅中，用勺子断成大块，煮 3 分钟。

⑥放入蒜末、盐和胡椒粉调味，再将剩余的葱片、青阳辣椒片倒入锅中，打入鸡蛋。

2 牡蛎嫩豆腐锅

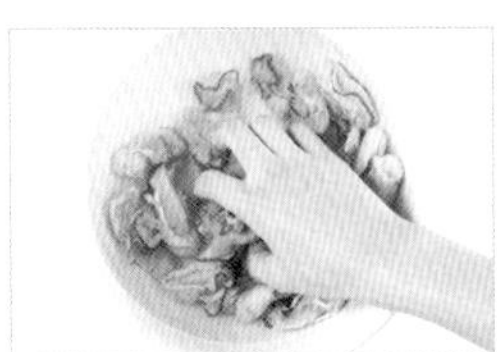

①将牡蛎浸泡在盐水（3 杯水 +2 小匙盐）中涮洗片刻，去除杂质后用笊篱捞出，用流水冲洗后控干水分。

②萝卜去皮，切成 3cm×4cm 的扁块。水芹摘掉蔫叶，洗净后切成 5cm 长的段状。大葱和红辣椒切成斜片。

③锅内放入萝卜块、昆布和 5 杯水，用大火煮开。改中小火煮 10 分钟后，捞出昆布。

④嫩豆腐对半切开，放入锅中，用勺子断成大块，用大火煮 5 分钟。放入牡蛎煮 1 分钟后，加入水芹段、葱片、红辣椒片、虾酱和盐，再煮 1 分钟即可。

→ 煮的过程中，用勺子撇去浮沫。

准备食材

蛤蜊嫩豆腐锅

25 ～ 30 分钟

- □嫩豆腐 1 盒（330g）
- □去沙蛤蜊 1 袋（200g）
- □鱿鱼 ½ 条（120g）
- □大葱（葱白）15cm 2 段
- □青阳辣椒 1 根（可省略）
- □食用油 3 大匙
- □水 1½ 杯（300ml）
- □蒜末 ½ 大匙
- □盐少许（按个人口味增减）
- □胡椒粉少许
- □鸡蛋 1 个（可省略）

辣椒油

- □辣椒粉 2 大匙
- □韩式酱油 1 大匙
- □姜末⅓小匙

牡蛎嫩豆腐锅

25 ～ 30 分钟

- □嫩豆腐 1 盒（330g）
- □牡蛎 1 袋（200g）
- □直径 10cm、厚约 2cm 的萝卜 1 块（200g）
- □水芹 1 把（50g）
- □大葱（葱白）15cm
- □红辣椒 1 根
- □昆布 5cm×5cm 2 片
- □水 5 杯（1L）
- □虾酱 1 大匙（½ 大匙虾米 +½ 大匙汤汁）
- □盐 ½ 小匙（按个人口味增减）

大酱汤

家常大酱汤
牛肉大酱汤

+Tips

市售大酱与传统大酱的区别

市售大酱短时间（10～15分钟）内便可煮出香味扑鼻的大酱汤，而煮制时间越久，后味越酸。传统大酱则相反，煮制时间越久，味道越浓郁，而且相比市售大酱，传统大酱颜色深、咸味重，建议先加入食谱用量的一半，尝过咸淡后再适当调整。另外，使用传统大酱时，须先用水将大酱溶解后再煮，这样才能煮出浓香味道。

+Recipe

家常大酱汤中加入春菜

山蒜或艾草等香气较重的春菜如煮制时间过久，会使香气尽失，因此建议在第⑥步时同豆腐一起放入，煮2～3分钟即可。

家常大酱汤中加入蛤蜊或田螺

蛤蜊或田螺如煮制时间过久，肉质会发硬，建议按个头大小在料理完成的1～3分钟前放入，炖煮片刻即可。

1 家常大酱汤

①锅内倒入鳀鱼昆布高汤食材，用大火煮开。

→ 煮的过程中，用勺子撇去浮沫。

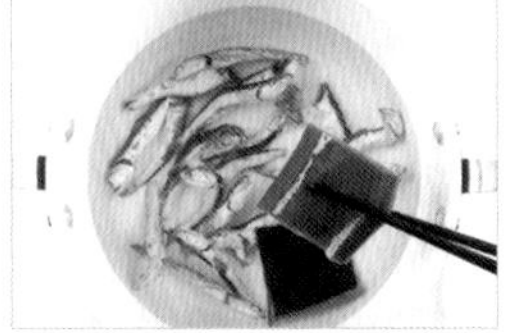

②改中小火煮 5 分钟，捞出昆布。再煮 10 分钟，捞出鳀鱼。

→ 也可将昆布切丝，放入完成的炖汤料理中。

③将豆腐切成 1cm 见方的小块，土豆切成 0.3cm 厚的片状，西葫芦切成 0.5cm 厚的扇形，洋葱切成 2.5cm 见方的块状，大葱切成斜片。

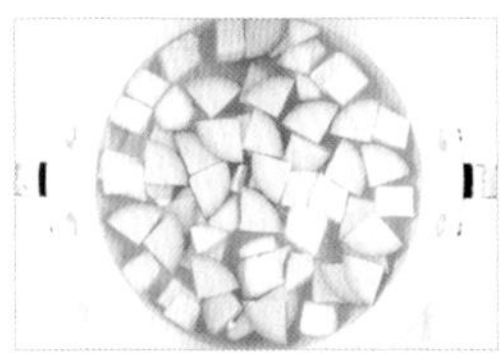

④将土豆片、西葫芦片、洋葱块倒入步骤②中装有鳀鱼昆布汤的锅中，用大火煮开后改中火煮 3 分钟，再改中小火煮 2 分钟。

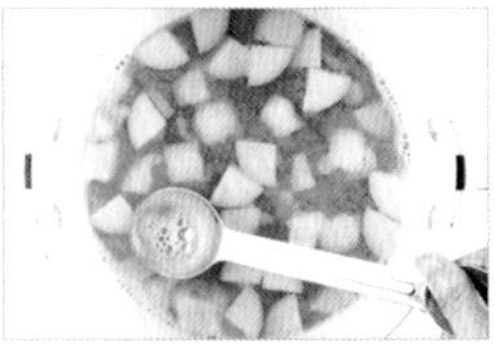

⑤在锅内加入大酱，调至中火，煮 3 分钟，撇去浮沫。

⑥锅内加入豆腐块和蒜末，煮开后再煮 2 分钟，加入葱片和盐，最后煮 30 秒即可。

→ 加入豆腐块和蒜末时，可按个人口味加入辣椒粉或青阳辣椒。

2 牛肉大酱汤

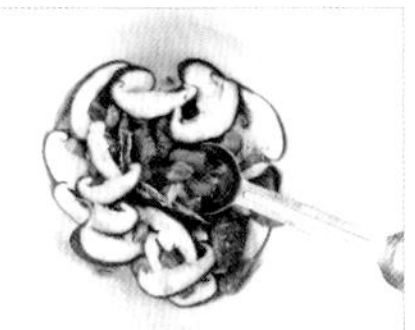

①香菇去蒂，按原形切片，同牛肉一起腌制。

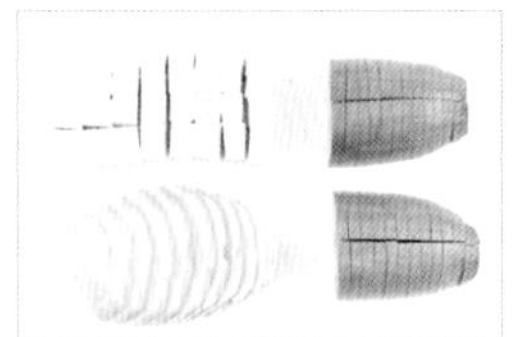

②豆腐切成 1.5cm 见方的小块。土豆切成 0.5cm 厚的片状。西葫芦切成 4 等份后再切成 0.5cm 厚的扇形。

③洋葱切成 1.5cm 见方的块状，大葱和青阳辣椒切成斜片。

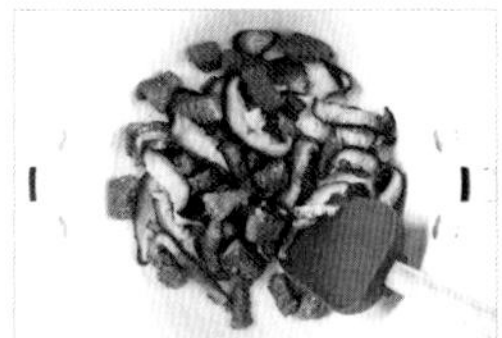

④热锅内倒入食用油，将腌好的牛肉和香菇下锅，用中火翻炒 3 分钟，谨防煳锅。

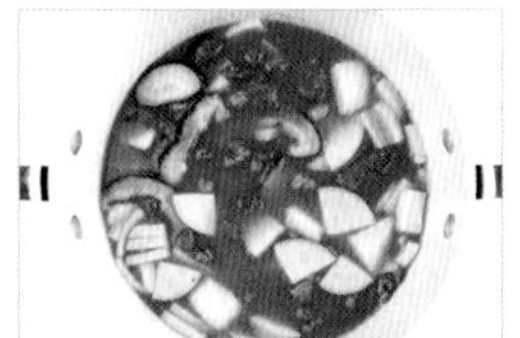

⑤锅内加 2½ 杯水，依次加入大酱、辣椒酱、土豆片、西葫芦片和洋葱块，用大火煮开后改中火煮 3 分钟，直至土豆片煮熟。

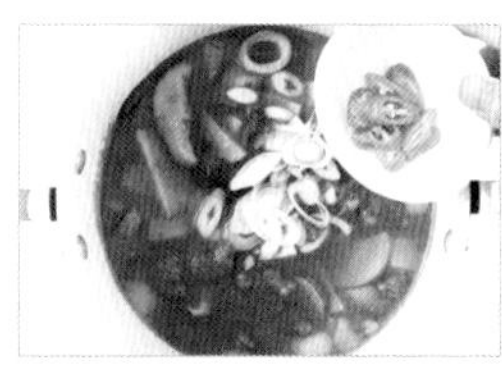

⑥放入豆腐块，煮 3 分钟后加入葱片、青阳辣椒片和蒜末，最后煮 1 分钟即可。

准备食材

家常大酱汤

⏱ 25～30 分钟

- □豆腐（炖汤用，小块）1 块（180g）
- □土豆 ¼ 个（50g）
- □西葫芦 ¼ 个（75g）
- □洋葱 ¼ 个（50g）
- □大葱（葱白）15cm
- □大酱 2½ 大匙（按咸度增减）
- □蒜末 1 小匙
- □盐⅓小匙（按个人口味增减）

鳀鱼昆布高汤

- □汤用鳀鱼 20 只（20g）
- □昆布 5cm×5cm 3 片
- □水 3 杯（600ml）

牛肉大酱汤

⏱ 25～30 分钟

- □汤用牛肉 150g
- □香菇 3 朵（75g）
- □豆腐（炖汤用，小块）1 块（180g）
- □土豆 ½ 个（100g）
- □西葫芦⅓个（90g）
- □洋葱 ¼ 个（50g）
- □大葱（葱白）15cm
- □青阳辣椒 1 根（可省略）
- □食用油 ½ 大匙
- □水（或淘米水）2½ 杯（500ml）
- □大酱 2 大匙（按咸度增减）
- □辣椒酱 1 大匙
- □蒜末 1 小匙

牛肉、香菇腌料

- □蒜末 ½ 大匙
- □韩式酱油 ½ 大匙
- □白砂糖 ¼ 小匙

泡菜汤

金枪鱼泡菜汤
猪肉泡菜汤

+Tips

泡菜过酸或未熟透时

用酸泡菜煮泡菜汤时，可以加入少许白砂糖来中和酸味。用尚未熟成的泡菜煮泡菜汤时不易出味，可在料理即将完成前加入 ½ 大匙食醋。食醋的酸味可有效填补泡菜味道的不足，使炖汤更加美味。

1 金枪鱼泡菜汤

①洋葱切成1cm厚的丝状，大葱和青阳辣椒切成斜片。

②泡菜切成2cm宽的片状，金枪鱼用滤网控油。

③锅内倒入食用油，放入蒜末，用中小火炒30秒，将洋葱丝下锅，翻炒30秒。

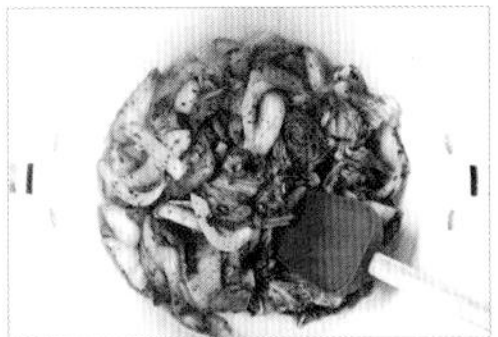

④将泡菜和辣椒粉倒入锅中，调至中火翻炒1分30秒。

⑤锅内倒入金枪鱼、泡菜汁、2杯水，煮开后继续煮5分钟。加入葱片、青阳辣椒片和盐，最后煮30秒即可。

→ 将⅓块豆腐（大块，100g）切成8等份，在料理完成前1分钟放入锅内。

→ 煮的过程中撇去浮油，可使炖汤的味道更加清淡可口。

2 猪肉泡菜汤

①洋葱切成1cm厚的丝状，大葱和青阳辣椒切成斜片。泡菜切成2cm宽的片状。

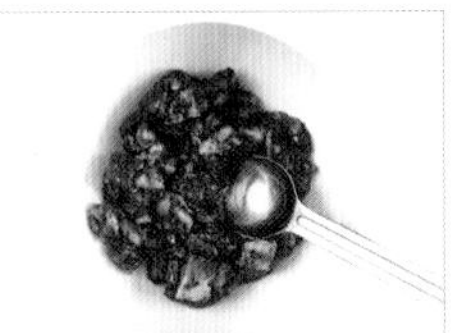

②五花肉切成1cm宽的片状，用腌料腌制片刻。

③热锅内倒入食用油，将蒜末、泡菜和腌好的五花肉下锅，用中火翻炒3分钟，再倒入洋葱丝，翻炒2分钟。

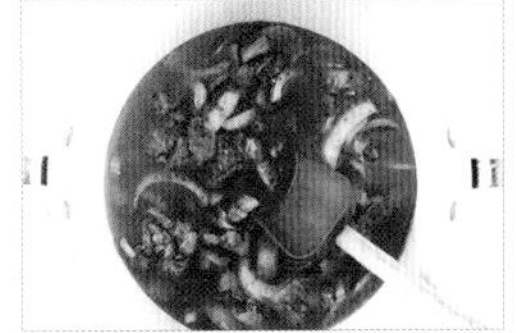

④锅内加入泡菜汁和2杯水，调至大火，煮开后改中火煮5分钟，并不时搅拌。

⑤放入葱片和青阳辣椒片，煮2分钟后加盐调味。

→ 将⅓块豆腐（大块，100g）切成8等份，在料理完成前1分钟放入锅内。

准备食材

金枪鱼泡菜汤

30～35分钟

- □熟成泡菜1¼杯（250g）
- □金枪鱼罐头1罐（210g）
- □洋葱1个（200g）
- □大葱（葱白）15cm
- □青阳辣椒1根（可省略）
- □食用油2大匙
- □蒜末1大匙
- □辣椒粉1大匙
- □泡菜汁¼杯（50ml）
- □水2杯（400ml）
- □盐少许（按个人口味增减）

猪肉泡菜汤

30～35分钟

- □熟成泡菜2杯（300g）
- □五花肉200g
- □洋葱½个（100g）
- □大葱（葱白）15cm 3段
- □青阳辣椒1根（可省略）
- □食用油2大匙
- □蒜末1½大匙
- □泡菜汁¼杯（50ml）
- □水2杯（400ml）
- □盐少许（按个人口味增减）

五花肉腌料

- □辣椒粉1大匙
- □清酒1大匙
- □辣椒酱1大匙
- □韩式酱油1小匙
- □大酱1小匙

辣椒酱锅

牛肉辣椒酱锅
土豆辣椒酱锅

辣椒酱锅的美味秘诀

①建议用淘米水代替清水，因为大米酵素可以使炖汤的味道更加柔和。建议使用第二次淘米的水。

②相比一般炖汤，辣椒酱锅应用中火慢炖至汤汁黏稠，这样一来可以使食材充分入味，二来可以减弱辣椒酱的苦涩口感。

③煮制辣椒酱锅时，建议使用带少许油脂的外脊或牛胸肉等煎烤用牛肉。这样不仅可在短时间内出味，还可使煮出的辣椒酱锅更加浓郁美味。

1 牛肉辣椒酱锅

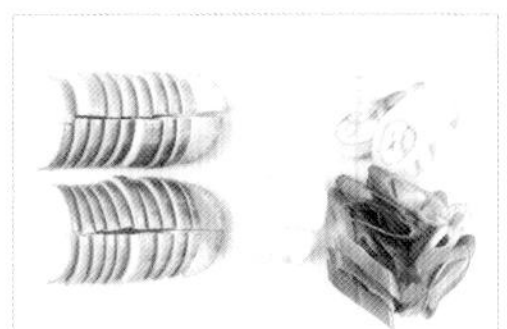

①将西葫芦横切成 4 等份，再切成 0.5cm 厚的扇形。洋葱切成 2cm 见方的块状，大葱切斜片。

②牛外脊切成 2cm 见方的小块，装入笊篱，浇入 2 杯热水，控干水分。

→ 如外脊脂肪较多，可适当去除。

③锅内放入牛肉块、昆布、4½ 杯水，用大火煮开。

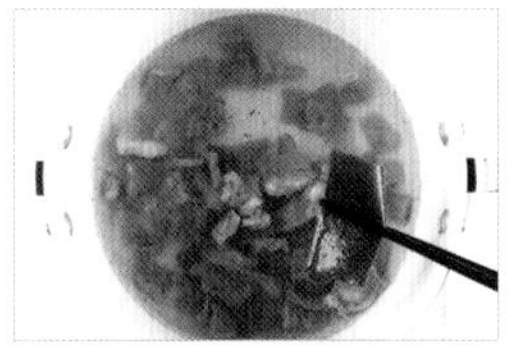

④煮至沸腾，改中火，撇去浮沫，再煮 10 分钟后关火，捞出昆布。

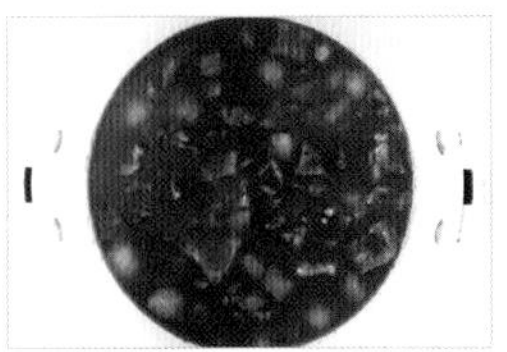

⑤锅内加入辣椒酱、洋葱块和蒜末，用中火煮 5 分钟。

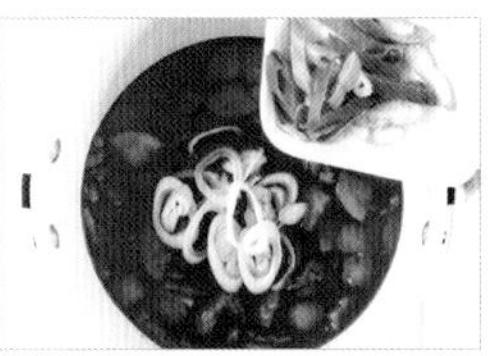

⑥加入西葫芦片和韩式酱油煮 3 分钟，加入葱片，继续煮 5 分钟。

2 土豆辣椒酱锅

①锅内倒入昆布高汤食材，用大火煮开。改中小火继续煮 5 分钟，捞出昆布。

②土豆用刮皮器去皮，连同西葫芦一起切成 0.5cm 厚的扇形。紫苏叶去蒂，切成 5 等份。洋葱切成 2cm 大小的块状，大葱切斜片。

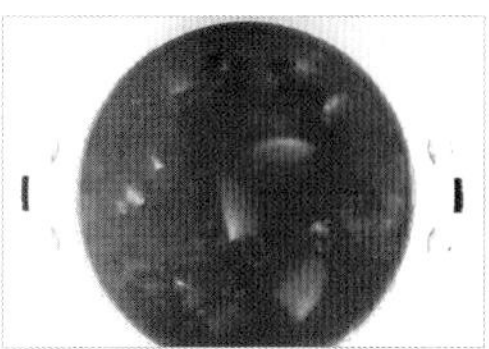

③在步骤①中装有昆布高汤的锅内加入辣椒酱、土豆片和辣椒粉，用大火煮开后改中火煮 4 分钟。

④锅内放入西葫芦片和洋葱块，煮 3 分钟后加入紫苏叶、葱片和蒜末，再煮 1 分钟即可。

准备食材

牛肉辣椒酱锅

30 ～ 35 分钟

- □煎烤用牛外脊（厚约 0.5cm）200g
- □西葫芦 ½ 根（135g）
- □洋葱 ¼ 个（50g）
- □大葱（葱白）15cm
  大葱（葱绿）15cm
- □昆布 5cm×5cm
- □水 4½ 杯（900ml）
- □辣椒酱 4½ 大匙
- □蒜末 ½ 大匙
- □韩式酱油 1 大匙

土豆辣椒酱锅

30 ～ 35 分钟

- □土豆 1½ 个（300g）
- □西葫芦 ¼ 个（65g）
- □紫苏叶 3 片（6g）
- □洋葱 ¼ 个（50g）
- □大葱（葱绿）15cm
- □辣椒酱 3 大匙
- □辣椒粉 ½ 大匙
- □蒜末 1 小匙

昆布高汤

- □昆布 5cm×5cm 4 片
- □水 3½ 杯（700ml）

部队锅
金枪鱼辣椒酱锅

部队锅

金枪鱼辣椒酱锅

1 部队锅

①洋葱切成1cm厚的丝状，大葱切成斜片。

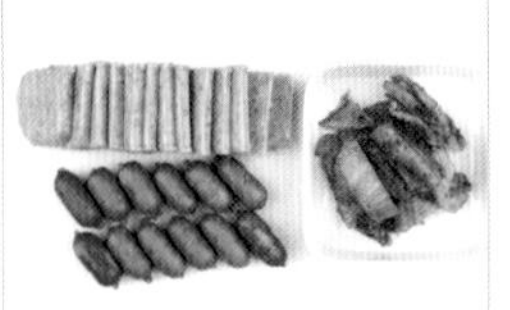

②午餐肉切成0.5cm厚的片状，维也纳香肠斜划2～3刀，泡菜切成2cm宽的片状。

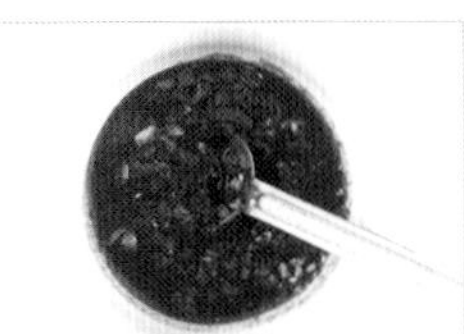

③将调味料混合均匀。

④热锅内倒入食用油，将泡菜、洋葱丝和调味料倒入锅中，用中小火翻炒4分钟。

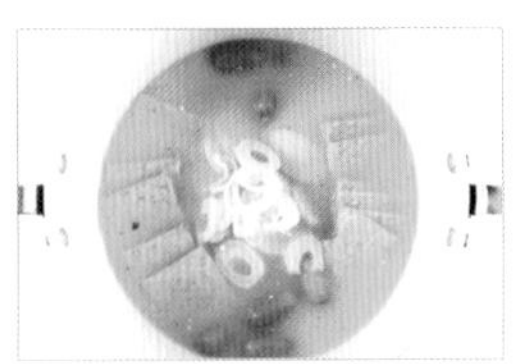

⑤锅内依次加入牛腿骨汤、午餐肉、香肠、年糕和葱片，用大火煮开后尝咸淡，加盐调味，再煮10分钟即可。

→ 市售的牛腿骨汤咸度各有不同，建议先尝过咸淡后再调味。

2 金枪鱼辣椒酱锅

①将西葫芦从长边对切，再切成0.5cm厚的片状。洋葱切丝，大葱和青阳辣椒切成斜片。

②锅内加4杯水、蒜末、韩式酱油、料酒和辣椒酱，用大火煮开。

③煮至沸腾后放入金枪鱼，改中火煮15分钟。

→ 将罐内的鱼油一同倒入锅中，汤味更加香醇浓郁。

→ 煮的过程中撇去浮油，可使汤味更加清淡可口。

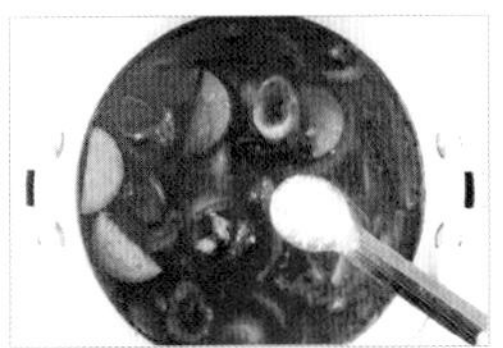

④锅内放入西葫芦片、洋葱丝、葱片和青阳辣椒片，煮1分钟后，加盐和胡椒粉调味。

准备食材

部队锅

⏱ **20～25分钟**

- □熟成泡菜⅔杯（100g）
- □洋葱½个（100g）
- □大葱15cm
- □午餐肉罐头1罐（200g）
- □维也纳香肠100g
- □年糕½杯（50g）
- □食用油1大匙
- □市售牛腿骨汤2½杯（500ml）
- □盐少许（按个人口味增减）

调味料

- □青阳辣椒碎1根份
- □辣椒粉2大匙
- □葱末1大匙
- □蒜末1大匙
- □辣椒酱1大匙
- □白砂糖1小匙
- □韩式酱油2小匙
- □泡菜汁¼杯（50ml）

金枪鱼辣椒酱锅

⏱ **30～35分钟**

- □金枪鱼罐头1罐（210g）
- □西葫芦½个（135g）
- □洋葱½个（100g）
- □大葱（葱白）15cm
- □青阳辣椒1根
- □水4杯（800ml）
- □蒜末1大匙
- □韩式酱油½大匙
- □料酒½大匙
- □辣椒酱4大匙
- □盐1小匙（按个人口味增减）
- □胡椒粉少许

辣牛肉汤
鱼子汤

辣牛肉汤

鱼子汤

冷冻鱼子的解冻方法

市售的大多是冷冻明太鱼子，而明太鱼子要经正确处理后才不会有腥味。解冻时，将明太鱼子用淡盐水（1 杯水 +1 小匙盐）浸泡 5 分钟，轻轻涮洗片刻即可。不建议用手强行掰开，以免鱼子破裂散开。

1 辣牛肉汤

①绿豆芽过水洗净，捞出控干。煮好的蕨菜和芋梗用流水洗净并控干，切成4cm长的小段。

②萝卜去皮，切成2cm×3cm的扁块。大葱和青阳辣椒切成斜片。

③将调味料倒入大碗中混合均匀，放入牛肉、蕨菜和芋梗，抓拌均匀。

④热锅内倒入食用油，将步骤③中拌好的食材下锅，用中小火翻炒5分钟。

⑤锅内倒入牛腿骨汤、2杯水、绿豆芽和萝卜块，盖上锅盖，调至大火煮12分钟，放入葱片和青阳辣椒片，改中火煮5分钟，加盐调味。

→ 市售的牛腿骨汤咸度各有不同，建议先尝过咸淡后再调味。

2 鱼子汤

①锅内倒入鳀鱼昆布汤食材，大火煮开后改中小火煮5分钟。捞出昆布，再煮10分钟，用滤网滤汤。

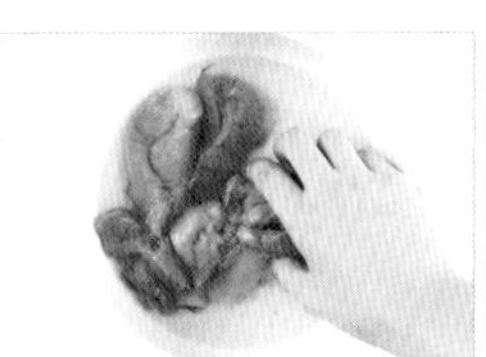

②将冷冻明太鱼子浸泡在盐水（1杯水+1小匙盐）中，轻轻涮洗，捞出控干。

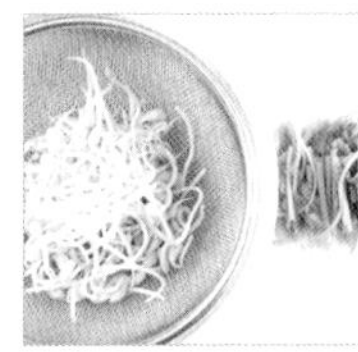

③将黄豆芽涮洗片刻，用流水洗净并控干。将水芹摘去蔫叶并洗净，切成4～5cm的小段。

④萝卜去皮，切成1cm厚的片状，再切成4cm×5cm大小的扁片。大葱、青阳辣椒、红辣椒切成1cm厚的斜片。将调味料混合均匀。

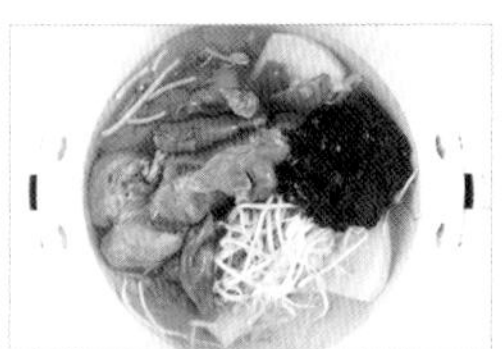

⑤将步骤①中的锅洗净，倒入一半的鳀鱼昆布汤和萝卜块，大火煮开后再煮5分钟，放入明太鱼子、黄豆芽和调味料，煮2～3分钟。

→ 煮制过程中，用勺子撇去浮沫。

⑥将剩余的高汤倒入锅中，煮2～3分钟后，加入水芹段、葱片、青阳辣椒片、红辣椒片和盐，改小火再煮2分钟即可。

准备食材

辣牛肉汤

30～35分钟

- □汤用牛肉100g
- □绿豆芽2把（100g）
- □熟蕨菜100g
- □熟芋梗100g
- □直径10cm、厚约1cm的萝卜1块（100g）
- □大葱（葱白）15cm2段
- □青阳辣椒1根
- □食用油4大匙
- □市售牛腿骨汤2½杯（500ml）
- □水2杯（400ml）
- □盐少许（按个人口味增减）

调味料

- □辣椒粉5大匙
- □葱末2大匙
- □蒜末1大匙
- □韩式酱油1大匙

鱼子汤

30～35分钟

- □明太鱼子200g（⅔杯）
- □黄豆芽2把（100g）
- □水芹1把（50g）
- □直径10cm、厚约1cm的萝卜1块（100g）
- □大葱15cm1根
- □青阳辣椒（或青辣椒）1根
- □红辣椒1根
- □盐½小匙

高汤

- □汤用鳀鱼20只（20g）
- □昆布5cm×5cm大小的3片
- □洋葱¼个 蒜瓣2粒
- □清酒1大匙 水6杯

调味料

- □辣椒粉1大匙
- □蒜末2大匙
- □韩式酱油2大匙
- □清酒1大匙
- □辣椒酱1大匙
- □胡椒粉少许

鲜辣鱼汤

Tips

“生太”与“冻太”的处理方法

生太是指未经干燥或冷冻的新鲜明太鱼；冻太，顾名思义，是经冷冻处理的明太鱼。相比生太，冻太的肉质紧实、更易入味，常用来做酱炖或汤类料理。

生太 用剪刀将鱼鳍剪掉，用刀尖剖开鱼腹，取出鱼子和内脏。用流水洗净，切成块状，料理方法同鳕鱼一样。

冻太 置于冷藏室自然解冻，之后的处理方法与生太一样。解冻时产生的水分会使明太鱼腥味很重，须用厨房纸尽量擦干。生太和冻太的所有部位都可食用，处理时取出的鱼子和内脏不要丢弃，在第⑦步放黄豆芽时，一同放入锅内煮制即可。

①将调味料混合均匀。黄豆芽在水中涮洗片刻，用流水洗净，捞出控干。

②萝卜去皮，以十字刀切成4等份，再切成0.3cm厚的片状。洋葱切成丝，青、红辣椒和大葱切成1cm厚的斜片。艾蒿用流水洗净，切成5cm长的小段。

③锅内倒入鳀鱼昆布汤食材，用大火煮开。

④煮至沸腾后改小火煮5分钟，捞出昆布；再煮10分钟，捞出鳀鱼。

⑤处理好的鳕鱼用1小匙盐腌制10分钟，再用热水冲洗干净，捞出控干。

⑥步骤④中煮好的高汤再次用大火煮开，放入鱼块、清酒和萝卜块，改中火煮2分钟。

→ 煮制过程中，撇去浮沫。

⑦倒入调味料，煮8分钟后加入黄豆芽和洋葱丝，再改中小火煮7分钟。

⑧加入青、红辣椒片、艾蒿、葱片和1小匙盐，调至中火再煮1分钟即可。

→ 盐量按个人口味增减。

准备食材

40～45分钟

- □处理好的鳕鱼（或生太、冻太）1条（550g）
- □黄豆芽1把（50g）
- □直径10cm、厚约1cm的萝卜1块（100g）
- □洋葱¼个（50g）
- □大葱15cm
- □青辣椒1根
- □红辣椒1根
- □艾蒿8棵（25g）
- □盐2小匙
- □清酒1大匙

调味料

- □辣椒粉1½大匙
- □蒜末1大匙
- □酿造酱油1大匙
- □姜末½小匙
- □鱼露（玉筋鱼或鳀鱼）½小匙

鳀鱼昆布高汤

- □汤用鳀鱼20只（20g）
- □昆布5cm×5cm大小的3片
- □水4½杯（900ml）

花蟹汤

Tips

母蟹 vs 公蟹

母蟹 母蟹腹盖呈圆形，蟹腿比公蟹粗。整体呈暗紫色并微微泛青。春季的母蟹肉质饱满，最为美味。有蟹黄的母蟹煮制后会有涩味，因此相比蒸制或煮汤，母蟹更适合用来制作蟹酱。

公蟹 公蟹腹盖呈尖山状，个头整体比母蟹要大。公蟹肉质饱满，适宜用来做多种料理，尤其是秋季的公蟹，肉厚膏多，异常美味。

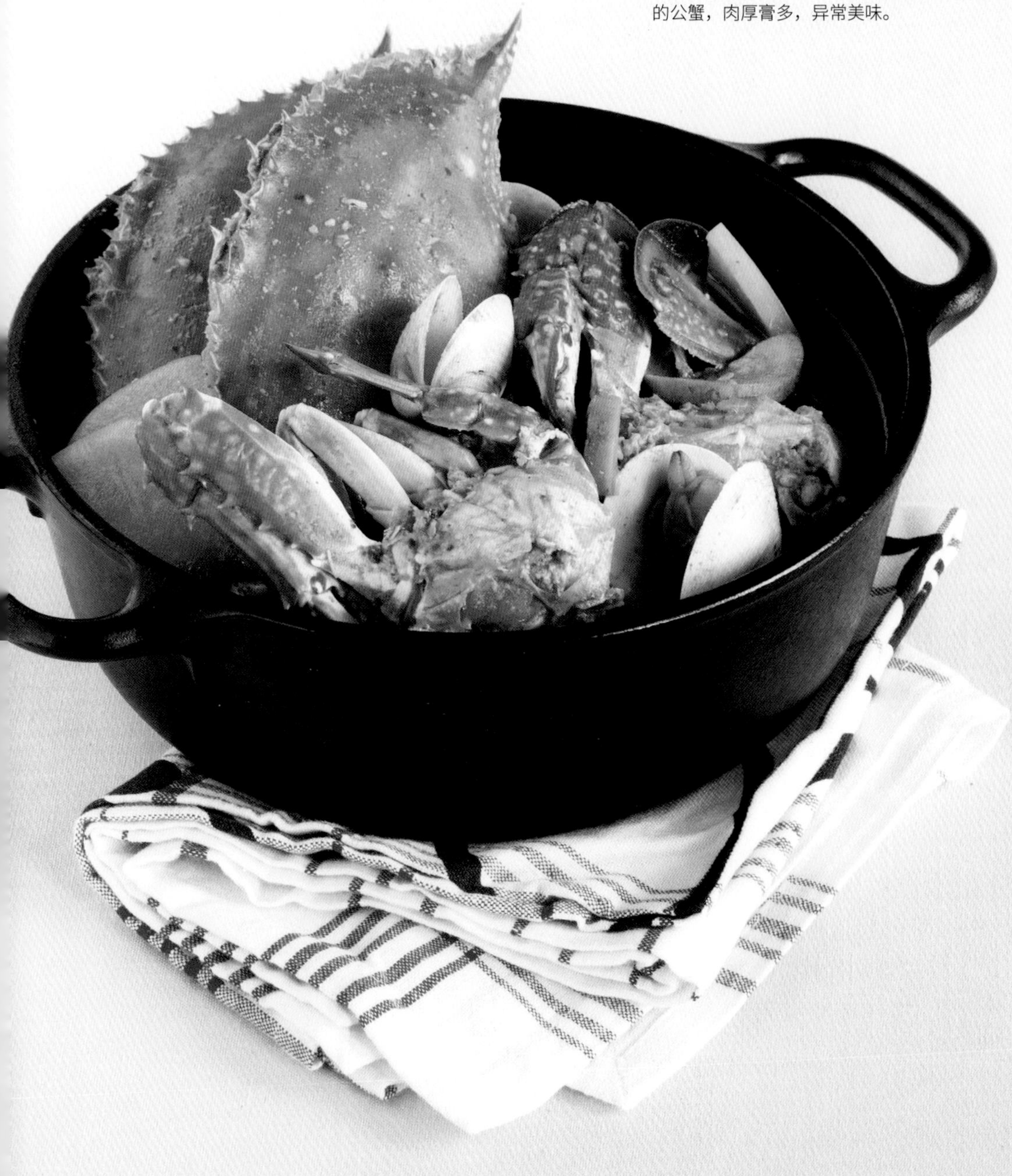

处理食材 处理花蟹

①双手用力将蟹壳和蟹身分离。

②用剪刀剪去蟹嘴。

③用手去除蟹腮。

④剪掉蟹腿末端杂乱带毛的部分。

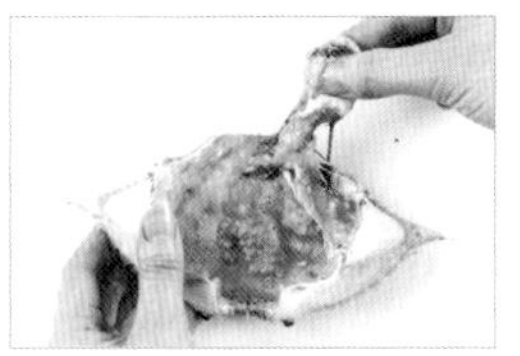
⑤将蟹壳里的内脏和蟹黄刮出，去除黑膜。

制作 煮花蟹汤

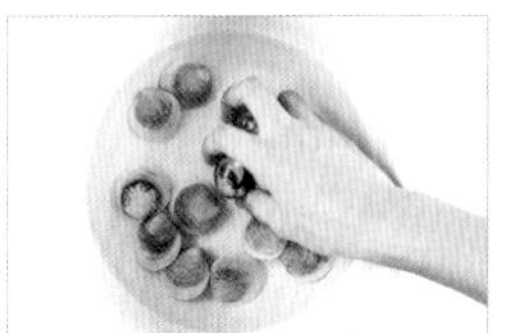
①将文蛤搓洗片刻，用流水洗净，捞出控干。

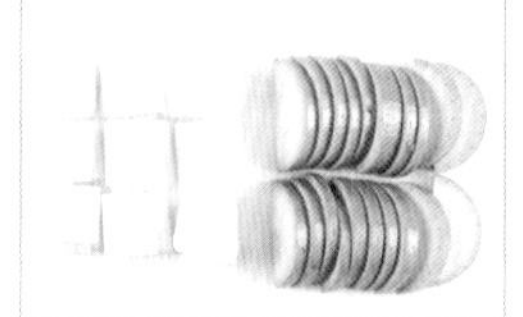
②萝卜去皮，切成2cm见方的扁片。西葫芦从长边对半切开，再切成0.5cm厚的片状。

③洋葱切成1.5cm大小的块状，红辣椒切成斜片。

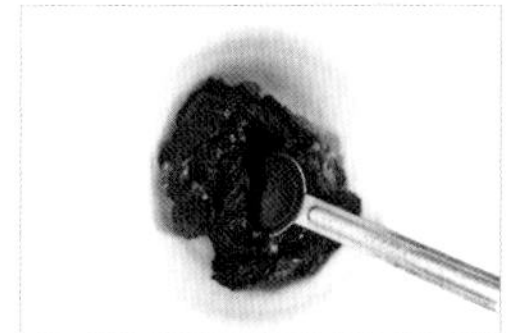
④将调味料混合均匀。

⑤锅内加入3杯清水、处理好的花蟹、文蛤和萝卜片，用大火煮开后改中小火煮10分钟。

⑥锅内依次放入西葫芦片、洋葱块、红辣椒片和调味料，撇去浮沫，再煮8分钟即可。

准备食材

30～35分钟

- □花蟹2只（250g）
- □去沙文蛤½袋（100g）
- □直径10cm、厚约1cm的萝卜1块（100g）
- □西葫芦¼根（65g）
- □洋葱¼个（50g）
- □红辣椒1根
- □水3杯（600ml）

调味料

- □蒜末½大匙
- □清酒1大匙
- □大酱2½大匙
- □辣椒酱1大匙
- □辣椒粉1小匙
- □姜末⅓小匙

Tips

活花蟹处理法

将活蟹置于冷冻室30分钟后取出，用剪刀剪掉蟹钳的尖锐部分，按步骤处理即可。

贻贝汤
蛤蜊汤

蛤蜊汤

蛤蜊吐沙处理的方法

若购买的是未吐沙的蛤蜊，可将蛤蜊浸泡在淡盐水（3 杯水 +1 小匙盐）中，用黑色托盘或塑料袋盖住，在室温下放置 30 分钟左右。

1 贻贝汤

①去除贻贝上的须状物，搓洗片刻后冲洗干净，捞出控干。

②大蒜切成片，大葱和青阳辣椒切成斜片。

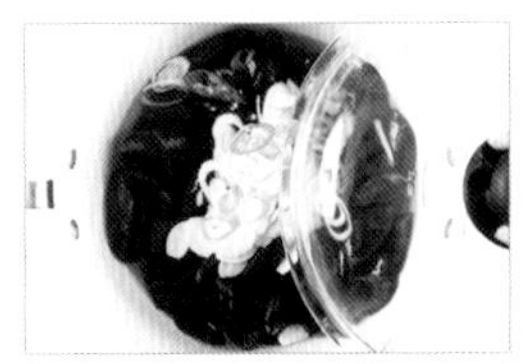

③锅内放入除盐之外的其他食材，盖上锅盖，用大火煮开，打开锅盖，撇去浮沫，继续煮 4 分钟。

→ 根据贻贝的大小，合理调整煮制时间。

④尝一下步骤③中的贻贝汤的咸淡，加盐调味。

2 蛤蜊汤

①将文蛤和花蛤用淡盐水（3 杯水 +1 小匙盐）涮洗片刻，捞出控干。

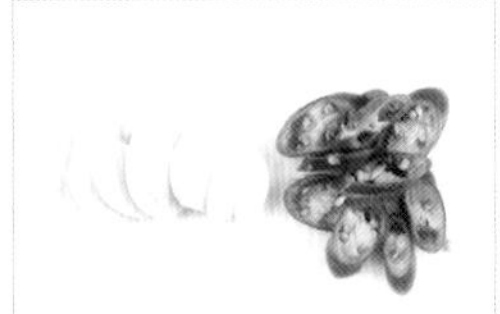

②大蒜切成片，青阳辣椒切成斜片。

③锅内放入除盐之外的其他食材，盖上锅盖，用大火煮开，打开锅盖，撇去浮沫，继续煮 2 分钟。

④尝一下步骤③中的蛤蜊汤的咸淡，加盐调味。

准备食材

贻贝汤

20 ～ 25 分钟

- □贻贝 800g
- □蒜瓣 5 粒（25g）
- □大葱（葱白）15cm
- □青阳辣椒 1 根
- □清酒 1 大匙
- □水 3 杯（600ml）
- □盐少许（按个人口味增减）

蛤蜊汤

20 ～ 25 分钟

- □吐沙文蛤 1 袋（200g）
- □吐沙花蛤 1 袋（200g）
- □蒜瓣 3 粒（15g）
- □青阳辣椒 1 根（按个人口味增减）
- □清酒 1 大匙
- □水 3 杯（600ml）
- □盐少许（按个人口味增减）

无须外出，特殊日子里可在家享用的 **单品料理**

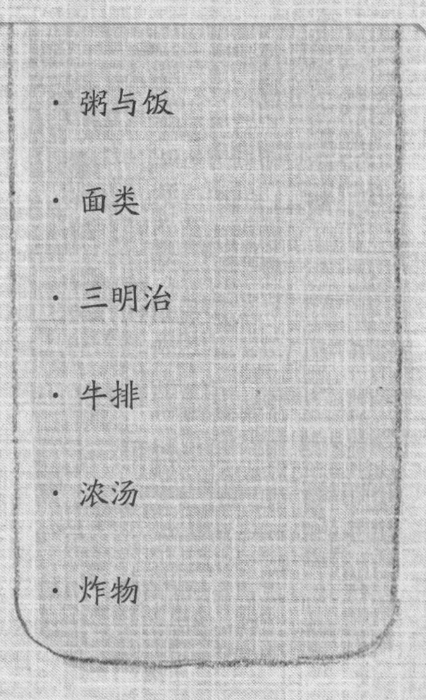

没胃口或家常料理吃腻的时候，最先想到的就是单品料理了吧。无须其他小菜，只需满满一碗下肚，顿觉舒服熨帖。想做点新花样时，不妨参考这一章的内容。本章食谱均为基础食谱，简单不复杂，不管是一人食的饭面料理，还是一群人享用的下酒菜和零食，或宴客料理，厨房新手皆可完美复制。

简易粥

牛肉香蒜粥
蔬菜鸡蛋粥

牛肉香蒜粥

蔬菜鸡蛋粥

大米粥的做法

食材 大米 ¾ 杯（120g，或泡过的米 160g）、水 8 杯、芝麻油 1 大匙

① 大米淘净，用 3 杯水浸泡 30 分钟以上。

② 捞出控干，取一半量，用擀面杖捣碎。

③ 小火热锅后倒入芝麻油，将米粒下锅翻炒 3 分钟至透明，加入 5 杯水，搅匀后煮 15 ～ 17 分钟。最后将牛肉、蔬菜等辅料下锅，一同翻炒。

1 牛肉香蒜粥

①牛肉末用厨房纸拭去血水，用腌料腌制 10 分钟。

②大蒜切成薄片。

③热锅内倒入食用油，将蒜片下锅，用中火炒 30 秒，将步骤①中腌好的牛肉末倒入锅中，翻炒 1 分钟。

④锅内加入 ½ 杯水和米饭，搅拌片刻使饭粒散开，翻炒 1 分钟。

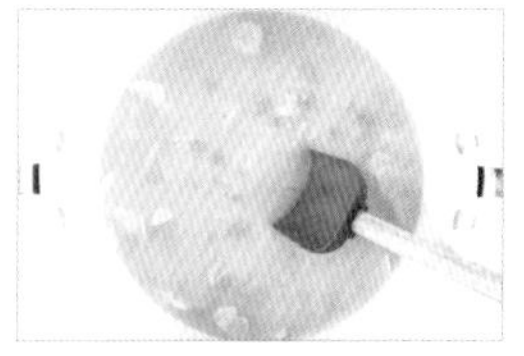

⑤锅内倒入 3 杯水，调至大火，煮开后盖上锅盖，改小火煮 15 ～ 17 分钟，不时搅拌。

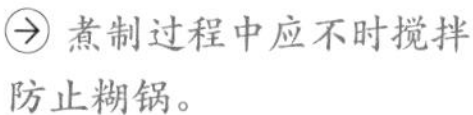

煮制过程中应不时搅拌，防止糊锅。

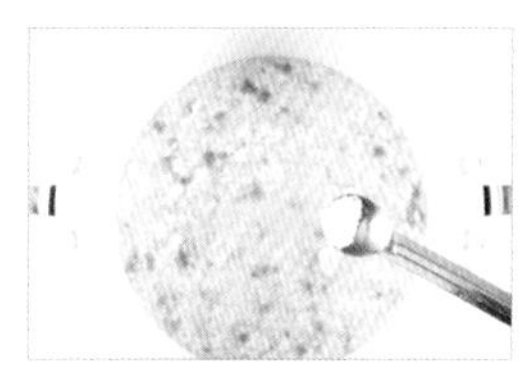

⑥关火，加盐调味。

2 蔬菜鸡蛋粥

①洋葱和彩椒切碎，鸡蛋打散。

也可用胡萝卜或南瓜等食材替代。

②热锅内倒入食用油，将洋葱碎和彩椒碎下锅，用中火翻炒 30 秒。

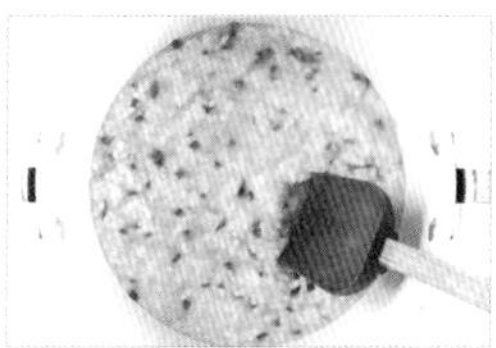

③锅内加 2 杯水和米饭，用大火煮开并不时搅拌。煮至沸腾后，改中小火煮 4 分钟至饭粒开花。

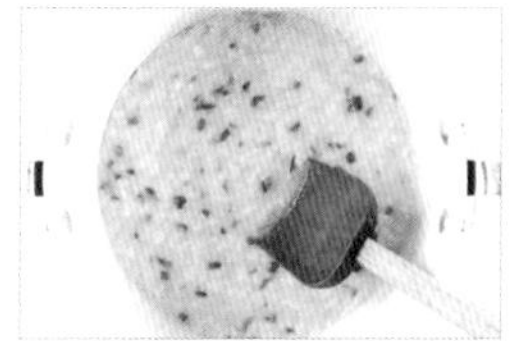

④倒入蛋液，煮 30 秒后搅拌，继续煮 30 秒。

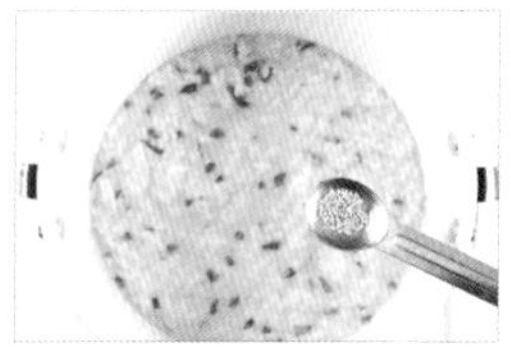

⑤加盐调味，放入芝麻和芝麻油。

想要粥的味道更香醇，可加入芝麻碎或 ½ 小匙紫苏粉。

准备食材

牛肉香蒜粥

25 ～ 30 分钟

- □热饭 1 碗（200g）
- □牛肉末 50g
- □蒜瓣 5 粒（25g）
- □食用油 1 小匙
- □水 4 杯（800ml）
- □盐 ½ 小匙（按个人口味增减）

牛肉腌料

- □芝麻 ½ 小匙
- □白砂糖 ⅔ 小匙
- □葱末 1 小匙
- □蒜末 1 小匙
- □酿造酱油 1½ 小匙
- □清酒 1 小匙
- □芝麻油 ½ 小匙
- □胡椒粉少许

蔬菜鸡蛋粥

15 ～ 20 分钟

- □热饭 1 碗（200g）
- □洋葱 ¼ 个（50g）
- □彩椒 ⅕ 个（40g）
- □鸡蛋 1 个
- □食用油 ½ 大匙
- □水 2½ 杯（500ml）
- □盐 1 小匙（按个人口味增减）
- □芝麻 ½ 小匙
- □芝麻油 ½ 小匙（按个人口味增减）

风味紫菜包饭

金枪鱼紫菜包饭
特辣紫菜包饭
水芹紫菜包饭

Tips

怎样卷出好看的紫菜包饭?

卷紫菜包饭时，将紫菜的末端部分稍稍沾水。卷好后不要立即切开，将紫菜收尾部分朝下放在盘子或砧板上放置片刻后再切。切紫菜包饭时，刀刃要沾点冷水，这样切出来的紫菜包饭更整洁美观。

1 金枪鱼紫菜包饭

①紫苏叶用流水一片片洗净，抖掉水分，去除叶柄。

②金枪鱼装入滤网控油。黄瓜切成4等份，去籽。洋葱切碎。

→可用日式腌萝卜条替代黄瓜。

③大碗中倒入金枪鱼，用汤匙细细碾碎，放入洋葱碎和金枪鱼调味料，搅拌均匀。

④大碗中倒入米饭和调味料，混合均匀后，取¼分量的米饭铺在紫菜上，约铺满紫菜⅔的面积即可。

⑤将2片紫苏叶、1根黄瓜条、步骤③中的金枪鱼铺在步骤④的米饭上，压实后卷好，切成一口大小的量。剩下的食材按照相同方法制作。

2 特辣紫菜包饭

①将4根青阳辣椒剖开去籽，切成辣椒碎。胡萝卜切碎。

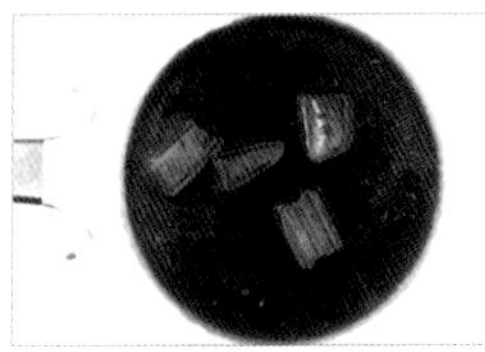

②将用作调味汁的青阳辣椒切成4等份。小锅内倒入酱汁材料，用小火煮至边缘沸腾后再熬5分钟，并不时搅拌。

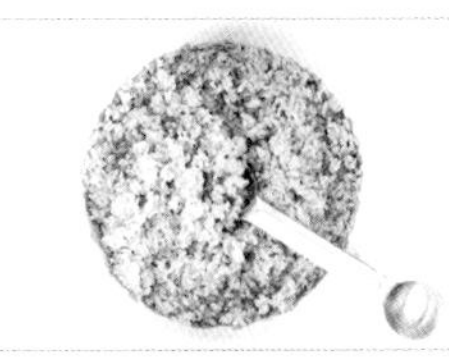

③大碗内倒入米饭、4大匙酱汁、青阳辣椒碎、胡萝卜碎、芝麻和芝麻油，拌匀。

④取步骤③中的米饭铺在紫菜上，约铺满紫菜⅔的面积即可。铺平后卷好，切成一口大小的量。剩下的食材采用相同方法制作。

准备食材

金枪鱼紫菜包饭

25～30分钟

- □热饭3碗（600g）
- □紫菜（A4纸大小）4片
- □金枪鱼罐头1罐（200g）
- □紫苏叶8片（16g）
- □黄瓜½根（从长边对半切开，100g）
- □洋葱½个（100g）

金枪鱼调味料

- □蛋黄酱8大匙
- □盐⅓小匙
- □胡椒粉少许
- □米饭调味料
- □盐⅔小匙（按个人口味增减）
- □芝麻油1大匙

特辣紫菜包饭

25～30分钟

- □热饭3碗（600g）
- □紫菜（A4纸大小）5片
- □青阳辣椒4根（按个人口味增减）
- □胡萝卜约⅕根（40g）
- □芝麻1大匙
- □芝麻油2大匙

酱汁

- □青阳辣椒1根
- □酿造酱油4大匙
- □水2大匙
- □白砂糖½小匙
- □蒜末1小匙

准备食材

水芹紫菜包饭

30～35 分钟

□热饭 1½ 碗（300g）
□紫菜（A4 纸大小）2 片
□牛肉丝 100g
□水芹 2 把（140g）
□食用油 1 小匙
□芝麻油少许

牛肉腌料

□酿造酱油⅔大匙
□低聚糖 ½ 大匙
□蒜末 ½ 小匙
□芝麻油 1 小匙
□胡椒粉少许

水芹调味料

□盐⅓小匙
□芝麻油 ½ 小匙

米饭调味料

□芝麻 1 小匙
□盐⅓ 小匙
□芝麻油 1 小匙

3 水芹紫菜包饭

①牛肉用腌料腌 5 分钟。

②水芹洗净，用热盐水（5 杯热水 +1 大匙盐）焯 10 秒后，过冷水冲洗并控干。

③焯好的水芹切成 2cm 长的小段，放入调味料，抓拌片刻。

④热锅内倒入食用油，将步骤①中腌好的牛肉下锅，用中火翻炒 1 分钟。

⑤大碗中倒入米饭和调味料，混合均匀后取 ½ 分量的米饭铺在紫菜上，约铺满紫菜⅔的面积即可。

⑥各取一半分量的牛肉和水芹，铺在步骤⑤的米饭上。铺平后卷好，用料理刷在紫菜表面轻轻抹一层芝麻油，切成一口大小的量。剩下的食材用相同方法制作。

风味饭团

小鲲鱼紫苏叶饭团

泡菜金枪鱼饭团

鱿鱼丝饭团

小鲲鱼紫苏叶饭团

泡菜金枪鱼饭团

鱿鱼丝饭团

制作饭团的米饭

刚蒸好的米饭黏性最好，饭团很容易捏成形。另外，饭要不硬不软，太软的米饭黏糊糊的，口感不佳。使用冷饭捏饭团时，先放入微波炉（700W）加热 1 分 30 秒。

准备食材

小鳀鱼紫苏叶饭团

⏲ 20～25 分钟

- □热饭 1½ 碗（300g）
- □小鳀鱼 ¾ 杯（30g）
- □紫苏叶 5 片（10g）
- □芝士片 1 片
- □葵花籽 3 大匙（24g）
- □芝麻油 1 大匙

调味料

- □白砂糖 1 大匙
- □酿造酱油 1 大匙
- □料酒 1 大匙
- □食用油 1 大匙

泡菜金枪鱼饭团

⏲ 20～25 分钟

- □热饭 1½ 碗（300g）
- □金枪鱼罐头 ½ 罐（50g）
- □熟泡菜⅔杯（100g）
- □紫菜（A4 纸大小）2 片

内馅调味料

- □芝麻 1 小匙
- □白砂糖 1 小匙
- □芝麻油 1 小匙

米饭调料

- □芝麻 1 小匙
- □盐⅓ 小匙
- □芝麻油 2 小匙

1 小鳀鱼紫苏叶饭团

①紫苏叶用流水一片片洗净，抖掉水分，去除叶柄后卷成卷，再切丝。隔着包装袋将芝士片分成 12 等份。

②热锅内倒入小鳀鱼，用中火翻炒 30 秒，加入葵花籽和调味料翻炒 2 分钟。

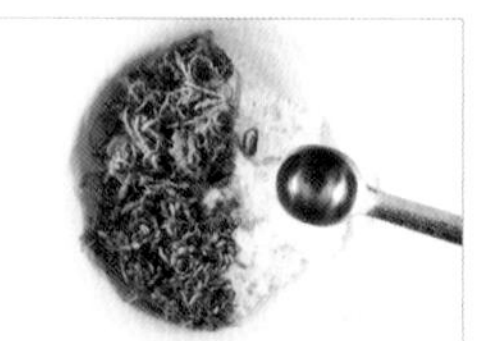

③大碗内倒入米饭、步骤②中炒好的小鳀鱼、紫苏叶和芝麻油，拌匀。

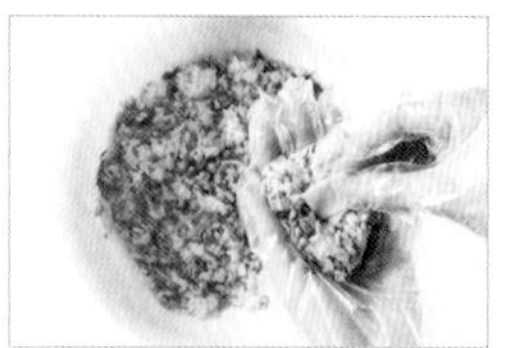

④将步骤③中拌好的饭分成 6 等份并团成圆形，中间按扁，放入 2 小片芝士。

⑤裹好芝士，将饭团捏成三角形。

➔ 如果觉得在米饭中放芝士片麻烦，可以先将芝士和米饭拌匀，再捏成三角形。

2 泡菜金枪鱼饭团

①金枪鱼控油。泡菜控干汁水后切碎。

②小火热锅，紫菜置于锅上方，两面各烤 1 分～1 分 30 秒，待紫菜泛青即可。将烤好的紫菜装入保鲜袋，隔袋用手捏碎。

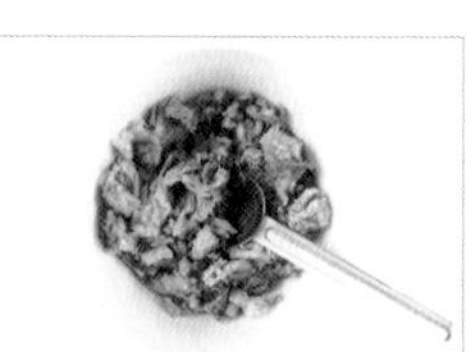

③碗内倒入金枪鱼、泡菜、内馅调味料，搅拌均匀。

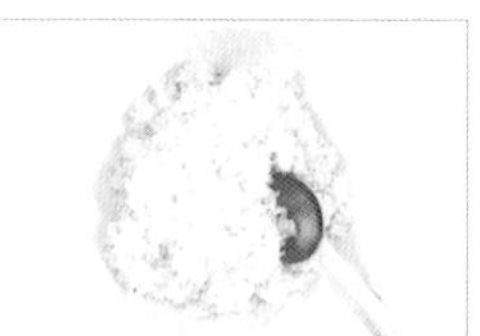

④另取一只大碗，倒入米饭和调味料，拌匀后分成 6 等份，捏成圆形。

⑤将步骤④的圆形饭团中间按扁，取步骤③中馅料的⅙装入米饭，将饭团团成圆形。

➔ 如果觉得米饭中放馅料麻烦的话，可以先将馅料和米饭拌匀，再捏成圆形。

⑥将饭团装入步骤②中的保鲜袋，轻轻晃动片刻，使紫菜碎均匀地沾裹在饭团表面。

3 鱿鱼丝饭团

①鱿鱼丝用冷水浸泡 5 分钟，捞出控干。

②青辣椒对半切开，去籽后切碎。步骤①中的鱿鱼丝切成 0.5cm 宽的小段。

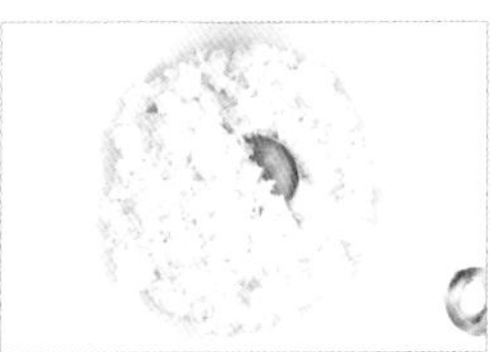

③将米饭与调料混合均匀。

④另取一只大碗，倒入鱿鱼丝和调味料，拌匀。

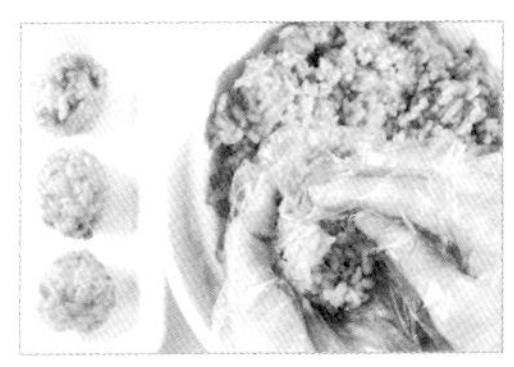

⑤将步骤③中拌好的米饭和青椒碎倒入步骤④大碗中拌匀，再捏成一口大小的饭团。

准备食材

鱿鱼丝饭团

20 ～ 25 分钟

- □热饭 1 碗（200g）
- □鱿鱼丝 1½ 杯（70g）
- □青辣椒（或青阳辣椒）2 根

米饭调料

- □盐少许
- □芝麻油 1 小匙

调味料

- □蛋黄酱 ½ 大匙
- □辣椒酱 1½ 大匙
- □芝麻 1 小匙
- □蒜末 1 小匙
- □低聚糖 ½ 小匙
- □芝麻油 1 小匙

简易黄豆芽饭
泡菜炒饭

+Recipe

用炒锅做黄豆芽饭

食材 米1½杯（260g）、黄豆芽3把（150g）、盐水（1杯水+1小匙盐）

①大米淘净，泡30分钟后捞出控干。黄豆芽洗净，捞出控干。

②厚底锅内倒入泡好的大米和盐水，铺上黄豆芽。盖上锅盖，用大火煮开后，改小火煮15分钟。

③关火，打开锅盖，将饭拌匀，盖上锅盖焖5分钟。另取一只平底锅，热锅后倒入1小匙食用油，将腌好的牛肉末下锅，开中小火炒2分30秒，搭配豆芽饭食用。

1 简易黄豆芽饭

①牛肉末用腌料腌制片刻。调味汁食材混合均匀。

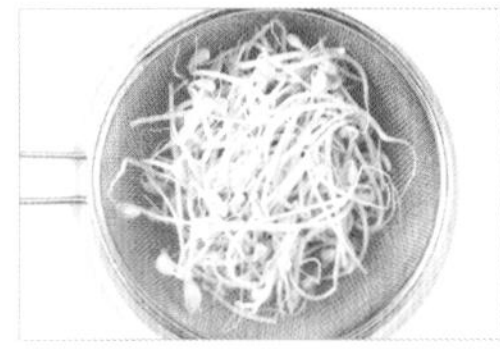

②黄豆芽浸泡在水中涮洗片刻，用流水洗净。捞出控干。

③切掉金针菇根部，撕成小束，再切成 2cm 长的小段。大葱切成斜片。

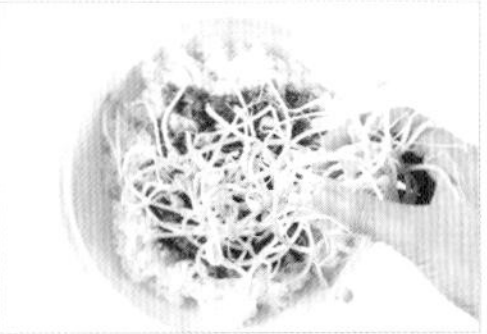

④将饭倒入耐热容器中，铺上牛肉和黄豆芽，盖保鲜膜裹好后用筷子戳 3～4 个孔，放入微波炉（700W）加热 7 分钟。

⑤在完成的黄豆芽饭上铺金针菇段和葱片，搭配调味汁食用。

2 泡菜炒饭

①培根和泡菜切成 1cm 宽。

②热锅内加入 1 大匙食用油，打入鸡蛋，用中小火煎 1 分 30 秒，煎至半熟。

→ 想要全熟的话，将鸡蛋翻面再煎 1 分 30 秒。具体做法见 31 页。

③用厨房纸将步骤②中的平底锅擦净，用中小火热锅后加入 1 大匙食用油，将培根和泡菜下锅，翻炒 3 分钟。

④锅内加入米饭、辣椒酱和白砂糖，翻炒 1 分 30 秒，加入芝麻油和芝麻拌匀。炒饭装盘，搭配步骤②中的煎蛋食用。

准备食材

简易黄豆芽饭

20～25 分钟

- □米饭 2 碗（400g）
- □黄豆芽 2 把（100g）
- □牛肉末 50g
- □金针菇 ½ 袋（75g）
- □大葱（葱白）15cm

牛肉腌料

- □清酒 1 大匙
- □白砂糖 ½ 小匙
- □酿造酱油 1 小匙
- □芝麻油 1 小匙

调味汁

- □白砂糖 ½ 大匙
- □酿造酱油 1 大匙
- □水 1 大匙
- □芝麻油 ½ 大匙
- □芝麻 1 小匙
- □辣椒粉 ½ 小匙
- □蒜末 1 小匙
- □胡椒粉少许

泡菜炒饭

20～25 分钟

- □米饭 1½ 碗（300g）
- □熟泡菜 1½ 杯（200g）
- □培根 7 片（100g）
- □鸡蛋 2 个
- □食用油 2 大匙
- □辣椒酱 1 大匙
- □白砂糖⅓ 勺
- □芝麻油 1 小匙
- □芝麻少许

蛋包饭

Tips

炒饭的美味秘诀

使用不硬不软的热饭来炒制才能更加入味。若只有冷饭，可放入微波炉（700W）中加热 1 分 30 秒后再使用。另外，做炒饭用的米饭量要少于做主食的米饭量，这样才能做出粒粒分明的炒饭。炒饭时，将锅铲立起翻炒，可使饭粒不结团。

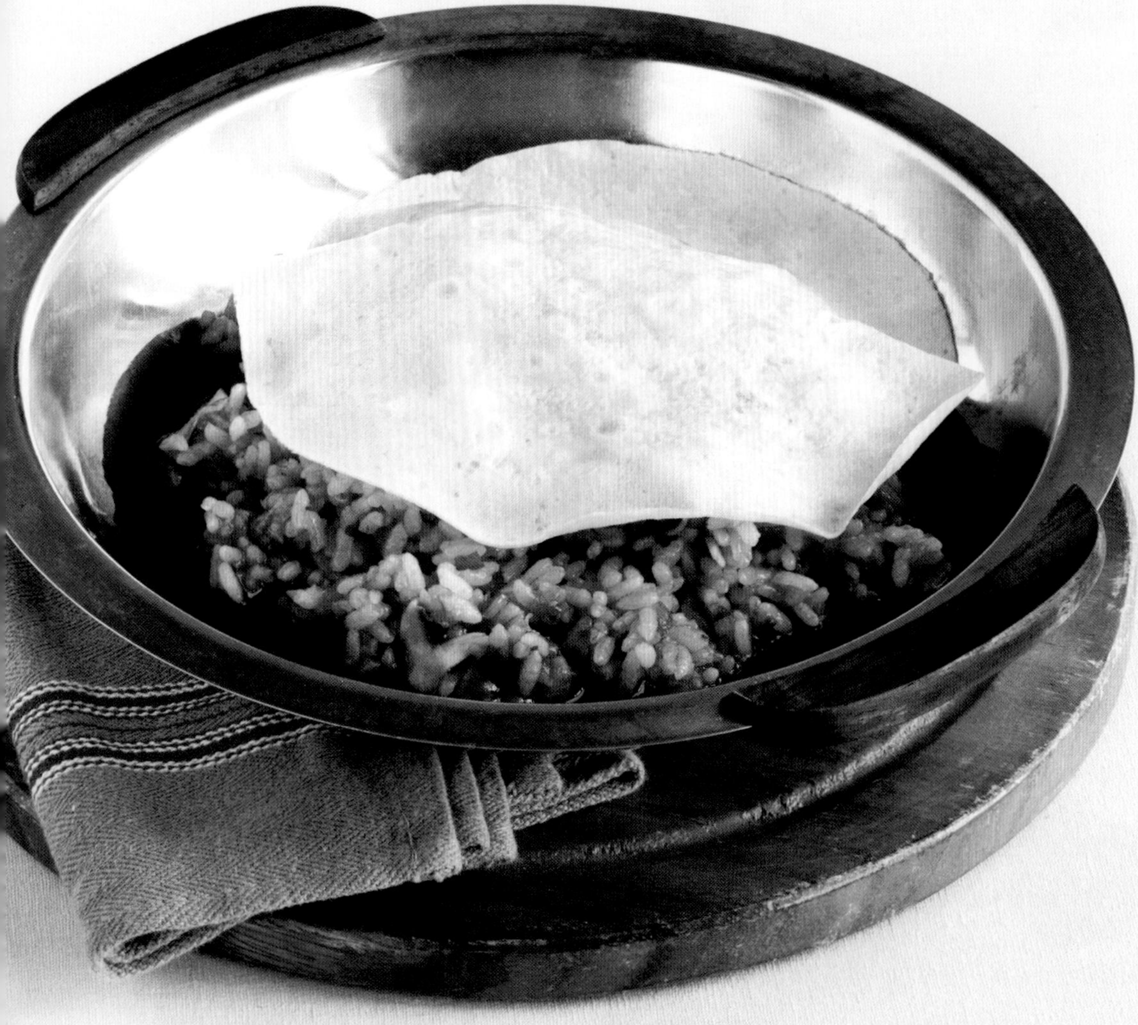

准备食材

⏱ 25～30 分钟

- □热饭 1½ 碗（300g）
- □双孢菇 3 朵（60g）
- □洋葱 ¼ 个（50g）
- □圆椒 ½ 个（50g）
- □大葱（葱白）15cm
- □鸡蛋 2 个
- □食用油 1⅓大匙
- □酿造酱油 1 大匙
- □番茄酱 1½ 大匙

调味汁

- □酿造酱油 1 大匙
- □清酒 2 大匙
- □番茄酱 3 大匙
- □低聚糖 1 大匙（按个人口味增减）
- □水 1 杯（200ml）

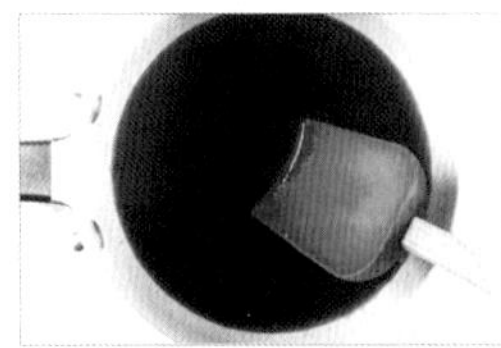

①小锅内倒入调味汁食材，用大火煮开后再煮 6 分 30 秒，并不时搅拌。

②双孢菇去掉根部，按原形切片。洋葱和圆椒切碎，大葱切成斜片。

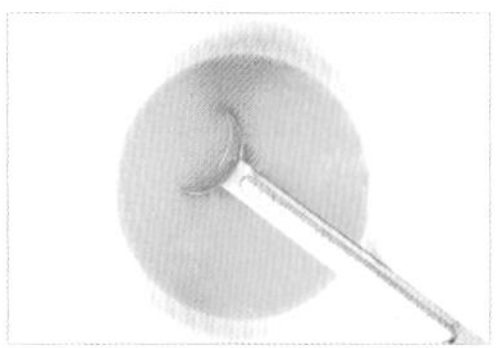

③鸡蛋打散。

→ 将蛋液过筛滤掉卵黄系带，可使蛋液更轻薄柔滑。

④热锅内倒入 1 大匙食用油，葱片下锅，用中小火炒 30 秒，加入洋葱碎翻炒 1 分钟。

⑤将饭倒入锅内翻炒 1 分 30 秒，倒入双孢菇片和圆椒碎，翻炒 1 分钟。

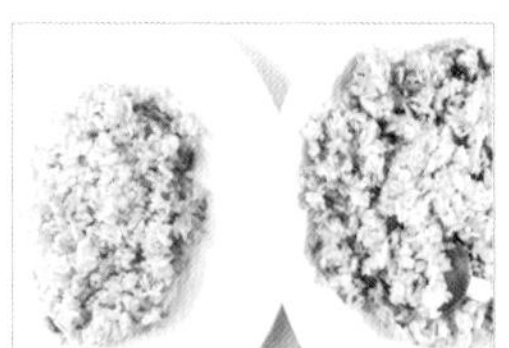

⑥加入酿造酱油和番茄汁，翻炒 1 分钟后出锅，装入两个盘中，摆成椭圆形状。

→ 可按个人口味加入少许盐调味。

⑦用厨房纸将步骤⑥中的平底锅擦净，小火热锅后加入⅓大匙食用油，将一半分量的蛋液倒入锅中煎 1 分 30 秒。剩余蛋液采用相同方法煎制。

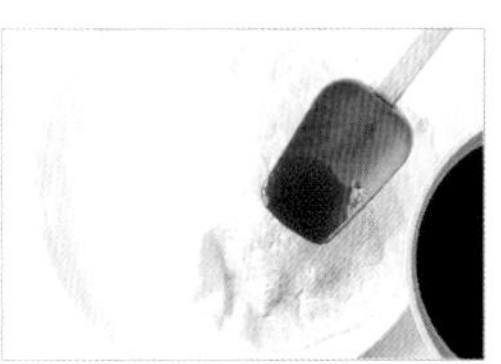

⑧将步骤⑦中制好的蛋皮铺在步骤⑥的炒饭上，搭配步骤①的调味汁食用。

→ 也可先将调味汁倒入盘中，再将炒饭装盘，最后盖上蛋皮。可按个人喜好搭配蛋黄酱或番茄酱食用。

饺子

泡菜饺子
鲜肉饺子

Tips

饺子的保存方式

饺子要用湿棉布盖住，皮才不会变干。另外，饺子蒸好以后一定要静置晾凉，保持一定间距装入不锈钢容器后才能置于冷冻室冷冻。饺子上冻后，用保鲜袋或保鲜盒装好冷冻保存。料理时无须解冻，可直接煎炸、蒸、煮。

1 泡菜饺子

①将豆腐用刀面细细碾碎，装入棉布包（或汤料包）中挤干水分。

②绿豆芽用热水焯 30 秒后装盘，静置冷却。控干水分后切碎。

③韭菜洗净切末，泡菜控掉汁水切碎。

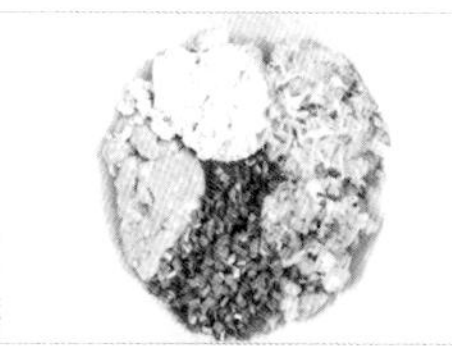

④大碗内倒入调味料，混合均匀。将除饺子皮之外的其他食材倒入碗中，拌匀后腌制 10 分钟。

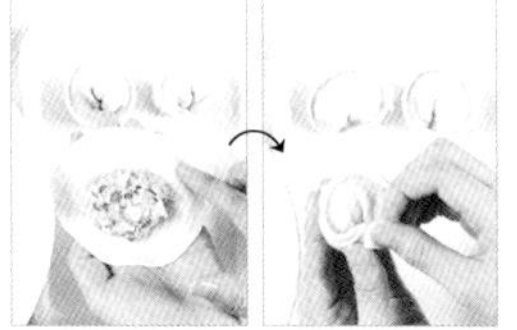

⑤取一张饺子皮，填入 1½ 大匙步骤④中腌好的馅料，在饺子皮边缘抹一圈水，将边缘贴合捏紧，再将饺子两端贴紧，沾水黏合。

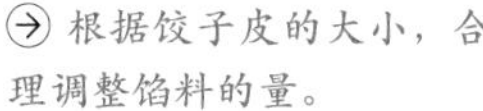

⊕ 根据饺子皮的大小，合理调整馅料的量。

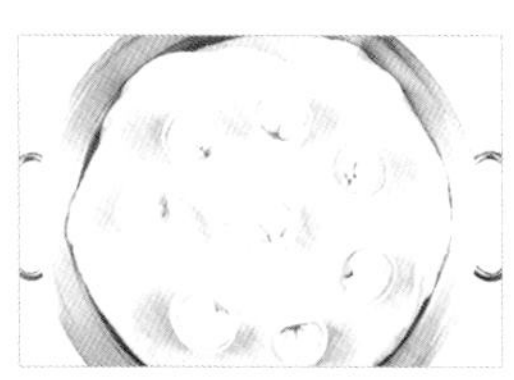

⑥将包好的饺子装入蒸笼，用中火蒸 11 分钟。

2 鲜肉饺子

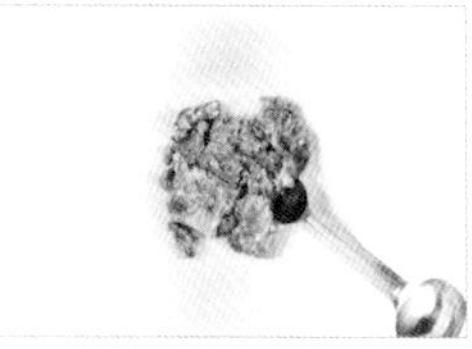

①用厨房纸将牛肉末的血水擦干，与猪肉末混合均匀。

②将豆腐用刀面细细碾碎，装入棉布包（或汤料包）中挤干。

③绿豆芽用热水焯 30 秒后装盘，静置冷却。控干后切碎。韭菜洗净切末。

④大碗内倒入调味料并混合均匀，将除饺子皮之外的其他食材倒入碗中，拌匀后腌制 10 分钟。

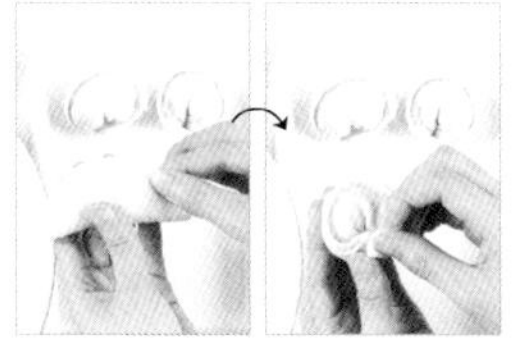

⑤取一张饺子皮，填入 1½ 大匙步骤④中腌好的馅料，饺子皮边缘抹一圈水，将边缘贴合捏紧，再将饺子两端贴紧，沾水黏合。

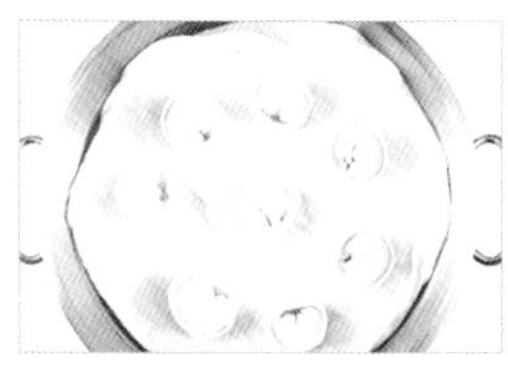

⑥将包好的饺子装入蒸笼，用中火蒸 11 分钟。

准备食材

泡菜饺子

40～45 分钟

- ☐饺子皮（直径 10cm）14 张
- ☐熟泡菜 1 杯（150g）
- ☐猪肉末 80g
- ☐豆腐（煎制用，大块）½ 块（150g）
- ☐绿豆芽 2 把（100g）
- ☐韭菜 ½ 把（25g）

调味料

- ☐葱末 2 大匙
- ☐蒜末 1 大匙
- ☐芝麻油 1½ 大匙
- ☐白砂糖 ½ 小匙
- ☐姜末⅓小匙
- ☐酿造酱油 1 小匙
- ☐胡椒粉少许

鲜肉饺子

40～45 分钟

- ☐饺子皮（直径 10cm）14 张
- ☐牛肉末 50g
- ☐猪肉末 50g
- ☐豆腐（大块）½ 块（150g）
- ☐绿豆芽 8 把（400g）
- ☐韭菜约 ½ 把（25g）

调味料

- ☐葱末 1 大匙
- ☐蒜末 ½ 大匙
- ☐清酒 ½ 大匙
- ☐芝麻油 1 大匙
- ☐白砂糖 ½ 小匙
- ☐姜末⅓小匙
- ☐酿造酱油 1 小匙
- ☐盐少许
- ☐胡椒粉少许

年糕汤
饺子汤

年糕汤

+Recipe

使用市售牛骨汤煮制

使用市售牛骨汤煮年糕汤或饺子汤，可以很快就煮好。在热锅内倒入少许芝麻油，将 150g 牛肉下锅，用中小火翻炒 5 分钟，倒入 4 杯牛骨汤和 2 杯清水，大火煮开后，倒入年糕或饺子，煮至浮起时加入葱片。尝过汤味咸淡后，加入适量盐调味。

若只有牛胸肉或只有牛腱肉，使用的肉量要增加至同时使用两种肉的分量。

准备食材

⏲1 小时 30 分钟～1 小时 40 分钟

- □年糕 4 杯（400g）或饺子 10 个（300g）

★饺子做法见 268 页

- □牛胸肉 300g
- □牛腱肉 150g
- □大葱（葱白）15cm

高汤食材

- □直径 10cm、厚约 1.5cm 的萝卜 1 块（150g）
- □大葱（葱绿）15cm
- □蒜瓣 2 粒
- □水 10 杯（2L）
- □昆布 5cm×5cm 大小的 2 片

牛肉腌料

- □葱末 2 大匙
- □蒜末 ½ 大匙
- □韩式酱油 1 大匙
- □芝麻油 2 小匙

高汤调味料

- □盐 1 小匙（按个人口味增减）
- □蒜末 2 小匙
- □韩式酱油 1 小匙
- □胡椒粉少许

①将牛胸肉和牛腱肉在冷水中浸泡 30 分钟～1 小时，去除血水。

→ 中途换几遍水。

②将牛胸肉和牛腱肉放入锅中，加入 4 杯热水，用大火焯 2 分钟后将水倒掉。放入除昆布之外的所有高汤食材，盖上锅盖，用大火煮开。

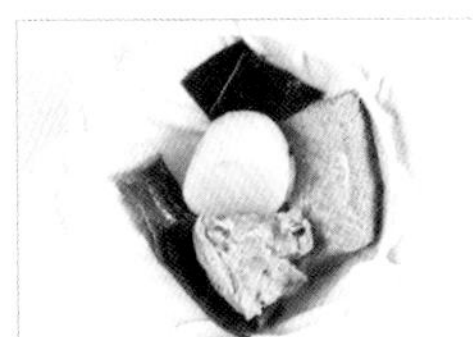

③煮至沸腾后，改中小火炖煮 1 小时 20 分钟。放入昆布后再煮 5 分钟，用湿棉布滤掉汤水。

→ 煮的过程中，撇去浮沫。

④煮好的牛胸肉按纹理撕成条状，加入牛肉酱料，抓拌均匀。牛腱肉切成 3cm×4cm×0.5cm 大小的量，倒入汤中。

⑤捞出的昆布切丝，大葱切斜片。

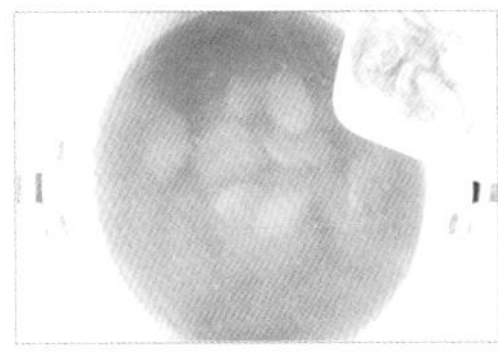

⑥将步骤③中煮好的汤和汤底食材倒入锅中，开大火煮沸，加入年糕（或饺子），煮至浮起时加入葱片，继续煮 30 秒即可。

→ 若年糕较硬，可用冷水浸泡 20～30 分钟后使用。用剩的年糕要冷冻保存，再次烹调前，用冷水解冻。

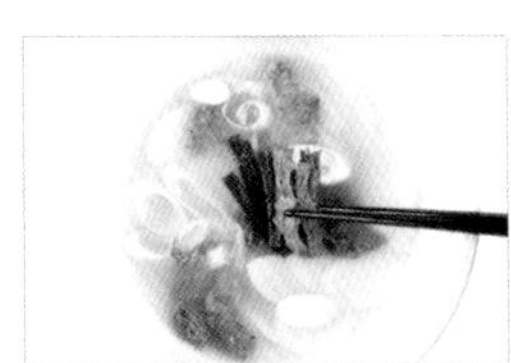

⑦将年糕汤（或饺子汤）盛入碗中，加入步骤④中调好的牛胸肉和昆布丝。

刀切面

蛤蜊刀切面
鸡丝刀切面

蛤蜊刀切面

鸡丝刀切面

Tips

怎样使面汤更浓稠？

蛤蜊刀切面的第③步跳过，即不另外煮面，而是在第⑥步时将面放入锅中，煮 2～3 分钟。鸡丝刀切面则是在完成前的 10 分钟，加入 ½ 大匙糯米粉或紫苏粉煮制即可。

1 蛤蜊刀切面

①将蛤蜊浸泡在水中涮洗片刻，用流水冲洗 2～3 遍，捞出控干。

②西葫芦和洋葱切丝，大蒜切成薄片。混合调味料。

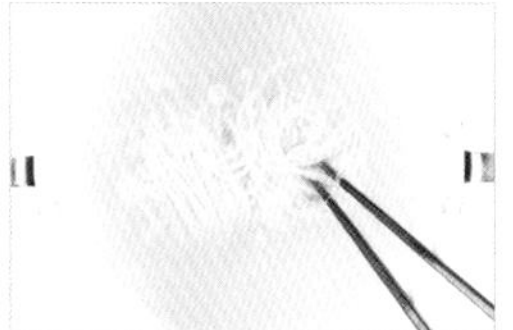

③锅内加入 5 杯热水，将面下锅，大火煮 2 分钟，边煮边搅拌。煮好后过冷水冲洗，装入漏勺控干。

④大锅内依次放入蛤蜊、蒜片、8 杯水和清酒，用大火煮开后改中火煮 10 分钟。捞出蛤蜊和蒜片。

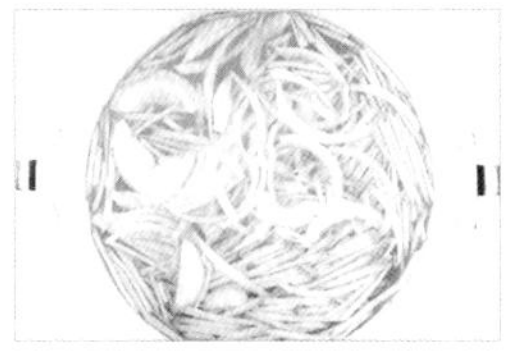

⑤将西葫芦丝和洋葱丝倒入步骤④的锅中，大火煮开后，改中火继续煮 5 分钟。

⑥锅内放入煮好的面和盐，搅拌片刻，煮 3～4 分钟后将步骤④中的蛤蜊和蒜片倒入锅中，再煮 1 分钟即可。按个人喜好搭配调味汁食用。

2 鸡丝刀切面

①西葫芦和洋葱切成丝，大葱切成 1cm 厚的斜片。

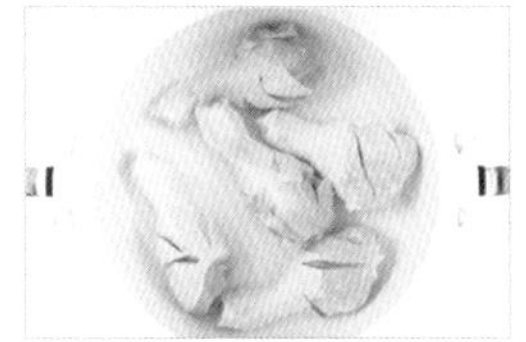

②鸡腿去除皮和脂肪，在鸡肉上划 2～3 刀。用热水焯 1 分钟去除油脂，捞出控干。

③锅内放入焯好的鸡腿和高汤食材，用大火煮开后改中小火炖煮 40 分钟。捞出鸡腿，滤去汤汁。

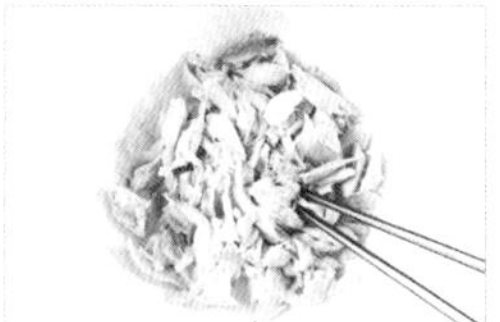

④煮好的鸡腿放凉，将肉剥除，按纹理撕成细丝，加入胡椒粉和芝麻油，拌匀。

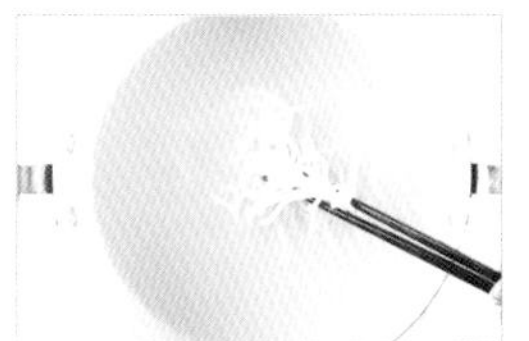

⑤步骤③中的锅子洗净，将高汤重新倒回锅中，用大火煮开后将面放入锅中，煮 1～2 分钟。

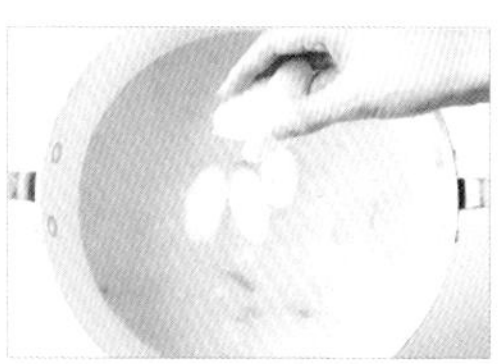

⑥改中火并放入西葫芦丝和洋葱丝，煮 4 分钟后放入葱片，加盐调味，再煮 1 分钟即可。将煮好的面盛入碗中，码上步骤④中的鸡丝即可食用。

准备食材

蛤蜊刀切面

30～35 分钟

- □市售刀切面 ½ 袋（175g）
- □吐沙蛤蜊 2 袋（400g）
- □西葫芦 ⅔根（180g）
- □洋葱 ⅓个（70g）
- □蒜瓣 3 粒（15g）
- □水 8 杯（1.6L）
- □清酒 1 大匙
- □盐 1½ 小匙（按个人口味增减）

调味汁

- □小葱末 2 大匙（2 根份，大葱亦可）
- □青阳辣椒碎 1 大匙（1 根份）
- □辣椒粉 1½ 大匙
- □水 1½ 大匙
- □白砂糖 ½ 小匙
- □蒜末 ½ 小匙
- □酿造酱油 1 小匙
- □韩式酱油 2 小匙
- □芝麻油 1 小匙

鸡丝刀切面

50～55 分钟

- □市售刀切面 1 袋（350g）
- □鸡腿 5 根（500g）
- □西葫芦 ½ 根（135g）
- □洋葱 ½ 个（100g）
- □大葱（葱白）15cm
- □胡椒粉 ¼ 小匙
- □芝麻油 1 小匙
- □盐 ¼ 小匙（按个人口味增减）

高汤

- □大葱（葱绿）20cm 3 段
- □蒜瓣 5 粒（25g）
- □生姜（蒜粒大小）2 块（10g）
- □水 10 杯（2L）

面片汤

土豆面片汤
辣酱面片汤

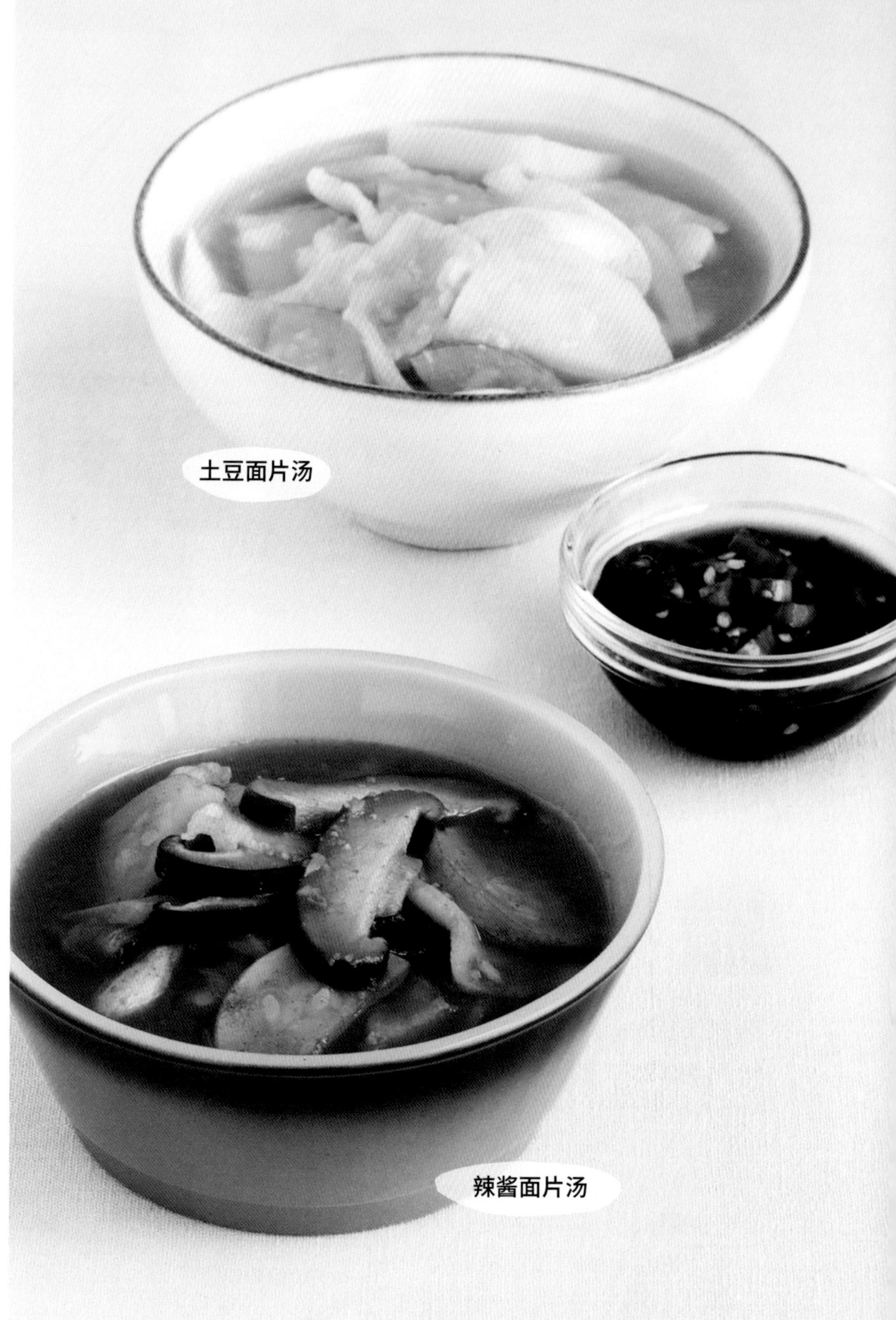

+Recipe

土豆面片汤搭配辣椒调味汁

食材 青辣椒 2 根、青阳辣椒 2 根、热水 ½ 杯、昆布 5cm×5cm 1 片、韩式酱油 4 大匙

① 青辣椒与青阳辣椒切碎。

② 昆布用 ½ 杯热水浸泡 5 分钟后捞出。

③ 将昆布水（3 大匙）、青辣椒碎、青阳辣椒碎和韩式酱油混合均匀。

1 土豆面片汤

①土豆去皮，同西葫芦一起切成0.5cm厚的扇形。洋葱切成丝，大葱切成1cm厚的斜片。

②用料理机将揉面用的土豆磨碎，倒入大碗中，再加入面粉和盐揉搓成面团，用湿棉布或保鲜膜包裹。

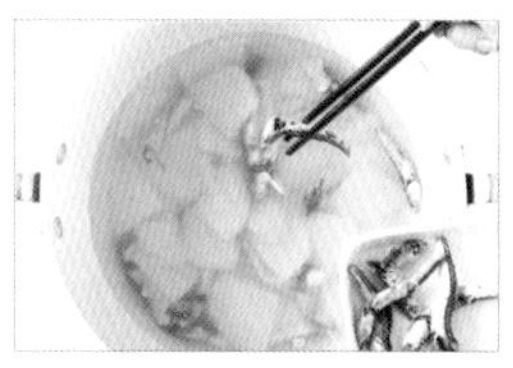

③将剩余的土豆片和高汤食材倒入锅内，用大火煮开，再改中小火煮5分钟。捞出昆布，继续煮5分钟，捞出鳀鱼和一半分量的土豆。

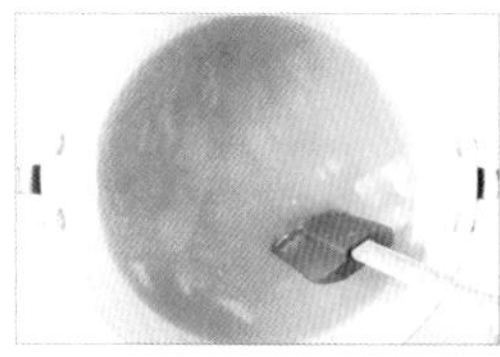

④用锅铲将步骤③中锅内剩余的土豆片碾碎，再次大火煮开。

⑤煮至沸腾后改中小火，放入洋葱丝和韩式酱油，再改小火，放入揪面片。

→ 面团较软的话，可以在手上沾一点面粉或冷水。

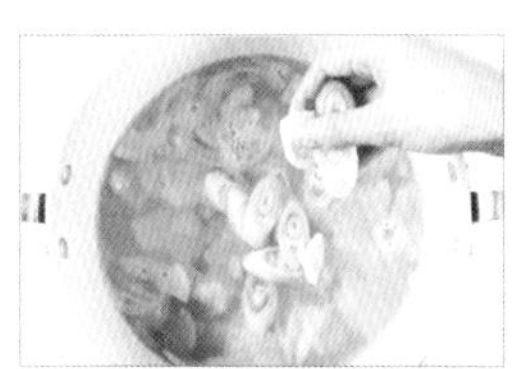

⑥锅内放入西葫芦片、步骤③中捞出的土豆片、蒜末，调至中火煮7分钟，加葱片和盐，再煮1分钟即可。

2 辣酱面片汤

①锅内放入高汤食材，大火煮开后捞出昆布，改小火煮10分钟，用滤网滤汤。

②大碗内放入制作面团的食材，揉搓片刻后装入保鲜袋，置于冷藏室静置15分钟。

③蘑菇去蒂后按形状切片，平菇撕成条状。

④将西葫芦对半切开，再切成0.5cm厚的半月形。洋葱切成丝，大葱和青阳辣椒切斜片。

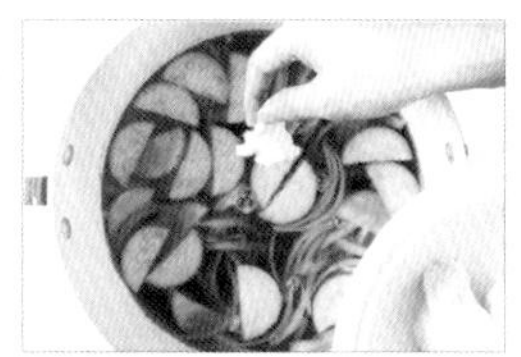

⑤将大酱和辣椒酱倒入步骤①的汤中化开，大火煮至沸腾后改中小火，放入西葫芦片和洋葱丝，揪面片。

→ 面团较软的话可以在手上沾一点面粉或冷水。

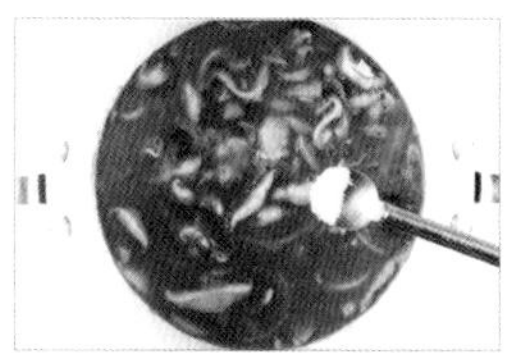

⑥调至大火煮5分钟后，加入蘑菇片、葱片、青阳辣椒片、蒜末、韩式酱油和盐，再煮1分钟即可。

准备食材

土豆面片汤

35～40分钟

- □土豆1个（200g）
- □西葫芦¼根（75g）
- □洋葱¼个（50g）
- □大葱（葱白）15cm
- □韩式酱油1小匙
- □蒜末2小匙
- □盐1½小匙（按个人口味增减）

面团

- □土豆½个（100g，或土豆泥½杯）
- □面粉1杯
- □盐¼小匙

鳀鱼昆布高汤

- □汤用鳀鱼30条（30g）
- □昆布5cm×5cm 3片
- □水7杯（1.4L）

辣酱面片汤

35～40分钟

- □香菇3朵（60g）
- □平菇1把（50g）
- □西葫芦½根（135g）
- □洋葱¼个（50g）
- □大葱（葱白）5cm
- □青阳辣椒1根
- □大酱2大匙（按咸度酌量增减）
- □辣椒酱3大匙
- □蒜末½大匙
- □韩式酱油1大匙
- □盐1小匙（按个人口味增减）

高汤

- □汤用鳀鱼20条（20g）
- □昆布5cm×5cm大小的4片
- □大葱（葱绿）10cm
- □水8杯（1.6L）

面团

- □面粉1½杯
- □冷水½杯（100ml）
- □盐½小匙

鳀鱼汤面

泡菜鳀鱼汤面
西葫芦鳀鱼汤面

泡菜鳀鱼汤面

西葫芦鳀鱼汤面

Tips

浓郁可口的鳀鱼昆布汤提味法

高汤并不一定要炖煮很长时间。鳀鱼煮制过久，反而会使汤底浑浊有腥味。在煮用于煮面的鳀鱼昆布汤时，加入洋葱可减少鳀鱼的腥味。煮汤之前，先将鳀鱼的头部和内脏去除，再用平底锅稍稍翻炒，这样也可以有效地减少腥味。煮汤时所使用的昆布可捞出切丝，摆做菜码。

1 泡菜鳀鱼汤面

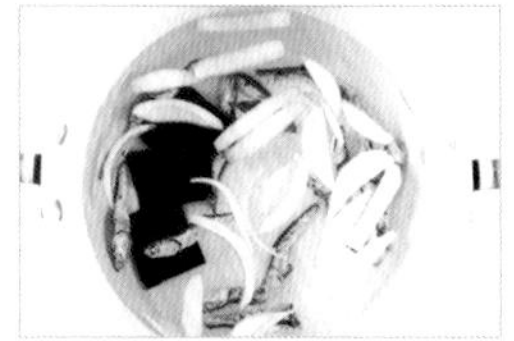
①锅内放入高汤食材，大火煮开后，改小火煮 3 分钟。

②捞出步骤①中的昆布继续煮 10 分钟，用滤网滤汤。昆布切成丝。

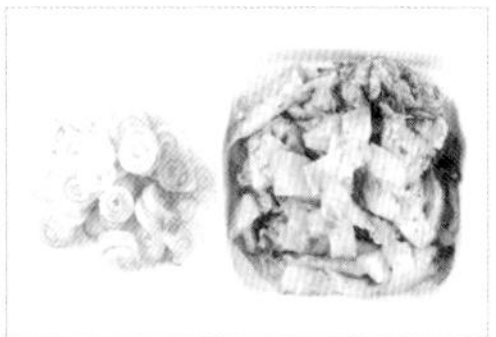
③大葱切圆片，泡菜抖掉多余汤汁，切成 1cm 宽的片状。

④将步骤②的锅子洗净，重新倒入高汤，大火煮开后加入泡菜。再次煮开后倒入泡菜汁，将面下锅，煮 3 分钟并不时搅拌。

⑤锅内加入蒜末和鳀鱼汁，煮开后加入葱片，关火。汤面盛碗，码上昆布丝。

→ 尝过咸淡后若觉得汤味淡，可加入少许盐调味。

2 西葫芦鳀鱼汤面

①锅内放入高汤食材，大火煮开后改小火煮 5 分钟。捞出昆布，继续煮 15 分钟，用滤网滤汤。

②西葫芦与洋葱切成丝，大葱切成斜片。

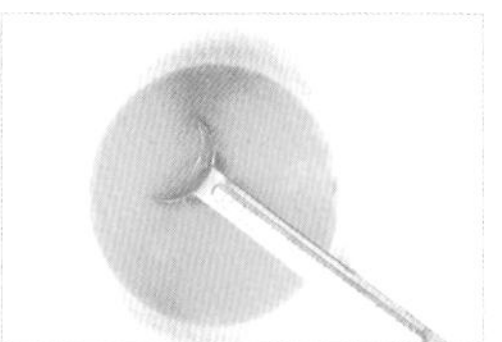
③鸡蛋打散。

④将步骤①的锅子洗净，重新倒入汤底，大火煮开后改中火，加入西葫芦丝、洋葱丝、葱片和韩式酱油，煮 3 分钟。

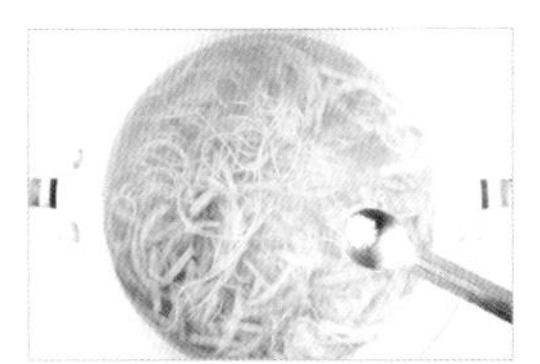
⑤将面下锅，煮 2 分 50 秒后，加盐和胡椒粉调味。

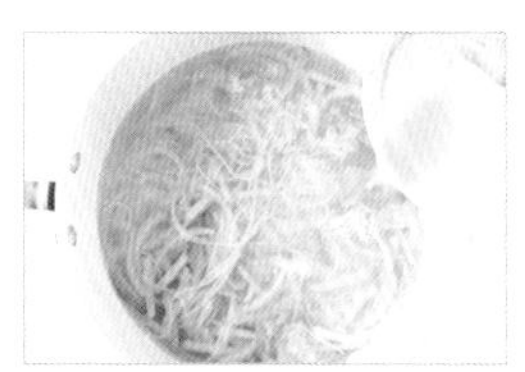
⑥倒入蛋液，静置 30 秒，关火。

准备食材

泡菜鳀鱼汤面

30～35 分钟

- □素面 2 把（160g）
- □熟泡菜 1 杯（200g）
- □大葱（葱白）15cm
- □泡菜汁 3 大匙
- □蒜末 1 小匙
- □鱼露（玉筋鱼或鳀鱼）2 小匙
- □盐少许（按口味增减）

高汤

- □汤用鳀鱼 15 条（15g）
- □昆布 5cm×5cm 3 片
- □粗洋葱丝 ½ 个份（100g）
- □水 10 杯（2L）

西葫芦鳀鱼汤面

30～35 分钟

- □素面 2 把（160g）
- □西葫芦 ½ 个（135g）
- □洋葱 ¼ 个（50g）
- □大葱（葱白）10cm
- □鸡蛋 1 个
- □韩式酱油 1 小匙
- □盐少许（按口味增减）
- □胡椒粉少许

高汤

- □汤用鳀鱼 15 条（15g）
- □昆布 5cm×5cm 大小的 2 片
- □红辣椒（对半切开）1 个（可省略）
- □水 8 杯（1.6L）

拌面

水芹拌面
泡菜拌面

+Recipe

其他面的使用方法

使用冷面、荞麦面、筋面等面条时，按产品包装上标注的煮制时间煮好，用冷水冲 3～4 遍后使用。

准备食材 煮面

①将素面摊开放入热水中，用中火煮 3 分 30 秒。每次煮沸时，将 ½ 杯冷水分 3 次倒入。

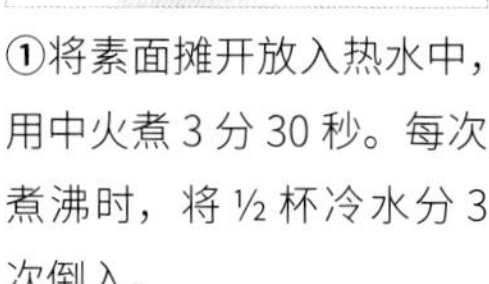

→ 将素面摊开呈扇形放入锅中，过程中不时搅拌，这样煮出来的面不会结团。

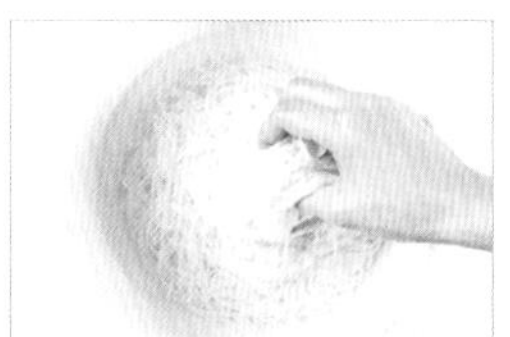

②煮好的面迅速浸泡在冷水中，用手抓洗 3～4 次，待淀粉去除后，捞出控干。

1 水芹拌面

①水芹摘掉蔫叶并洗净，根茎切成 4～5cm 长、叶切成 2cm 宽。

②大碗内倒入调味料，混合均匀。

③将煮好的面和水芹段倒入步骤②中装有调味汁的大碗中，抓拌均匀。

2 泡菜拌面

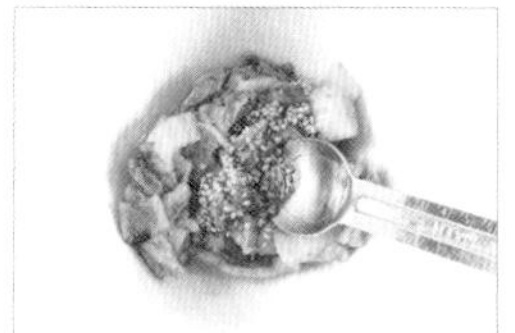

①泡菜切成 1cm 宽的块状，用泡菜调味料拌匀。

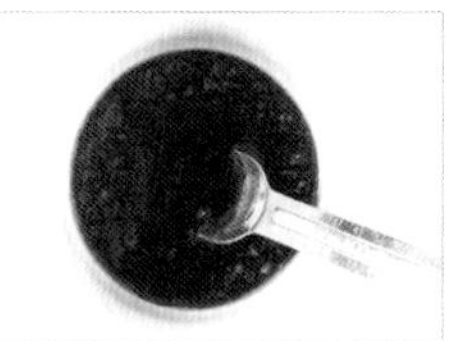

②大碗内倒入调味料，混合均匀。

③将 5 大匙调味汁浇在煮好的面上，拌匀盛碗，上铺小叶蔬和步骤①中切好的泡菜，取 5 大匙剩余调味汁，搭配食用即可。

准备食材

水芹拌面

20～25 分钟

- □素面 2 把（160g）
- □水芹 1 把（70g）

调味料

- □白砂糖⅔大匙
- □食醋 1 大匙
- □酿造酱油 ½ 大匙
- □辣椒酱 3 大匙
- □芝麻 ½ 小匙
- □辣椒粉 1 小匙
- □蒜末 1 小匙
- □芝麻油 1 小匙

泡菜拌面

20～25 分钟

- □素面 2 把（160g）
- □熟泡菜 ½ 杯（75g）
- □小叶蔬 1 把（20g，可省略）

泡菜调味料

- □芝麻 ½ 小匙
- □低聚糖 ½ 小匙
- □芝麻油 1 小匙

调味料

- □辣椒粉 2 大匙
- □洋葱碎 1 大匙
- □蒜末 ½ 大匙
- □食醋 2 大匙
- □酿造酱油 2 大匙
- □料酒 1 大匙
- □低聚糖 2½ 大匙
- □芝麻油 1 大匙
- □盐⅔小匙

酱油拌面
乌冬面

乌冬面

酱油拌面

用鳀鱼昆布高汤煮乌冬面

没有鲣节时，可用鳀鱼昆布汤替代。将20条鳀鱼（20g）、3片5cm×5cm大小的昆布和5杯水倒入锅中，大火煮开后，改中小火煮5分钟，捞出昆布，再煮10分钟。用滤网滤汤后，可替代鲣节汤底使用。

1 酱油拌面

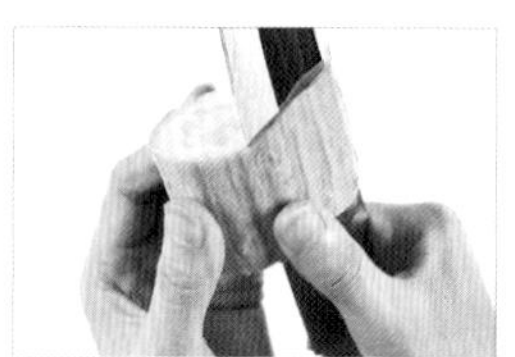

①将黄瓜切成5cm长的块状，削去外皮，去籽切丝。洋葱切细丝，与黄瓜丝一起用糖、盐腌制10分钟，捞出控干。

②调味料混合均匀，制成调味汁。牛肉用牛肉腌料和3大匙调味汁拌匀腌制。

③热锅内倒入食用油，将黄瓜丝和洋葱丝下锅，用中火翻炒1分30秒后装盘，静置冷却。

④用厨房纸将步骤③中的平底锅擦净，中火热锅后倒入牛肉翻炒2分钟，装入步骤③的盘中。

⑤将素面摊开放入滚水中，用中火煮3分30秒。每次煮沸时，将½杯冷水分3次倒入。煮好后过冷水冲洗，捞出控干。

⑥碗中装入煮好的面和步骤②中剩余的调味汁，再铺上牛肉、黄瓜丝和洋葱丝，撒上芝麻和芝麻油，拌匀即可。

2 乌冬面

①茼蒿摘掉蔫叶，用流水洗净，切成5cm长的小段。

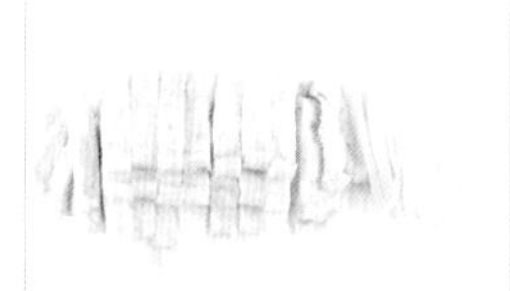

②洋葱切成丝。油豆腐切成1cm宽的条状，装入笊篱，淋上2杯热水去油。

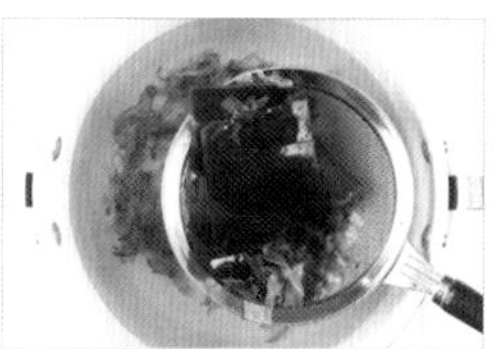

③锅内加入昆布和6杯清水，大火煮开后改中小火继续煮5分钟，关火。放入鲣节，浸泡5分钟后，用滤网滤汤。

④将乌冬面放入滚水中煮2分钟，捞出过冷水冲洗并控干。

→ 乌冬面放入热水后静置不动待其自然散开。

⑤将步骤③的锅子洗净，重新倒入高汤，加入酿造酱油、料酒和洋葱，大火煮开后继续煮2分钟。

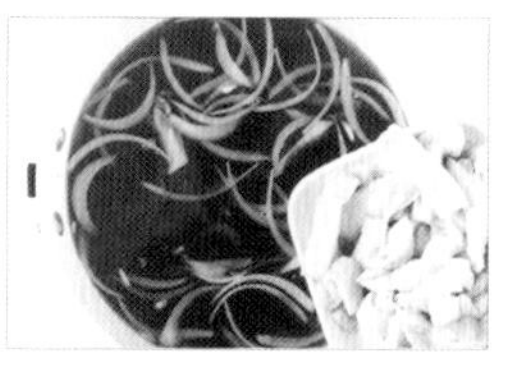

⑥锅内倒入煮好的乌冬面和油豆腐，煮1分钟后装碗。加入茼蒿、紫菜碎和辣椒粉。

准备食材

酱油拌面

⏱25～30分钟

- □素面2把（160g）
- □牛肉100g
- □黄瓜1根（200g）
- □洋葱⅛个（25g）
- □白砂糖⅓小匙
- □盐¼小匙
- □食用油1小匙
- □芝麻少许
- □芝麻油少许

调味料

- □白砂糖⅔小匙
- □葱末½大匙
- □酿造酱油2大匙（按个人口味增减）
- □蒜末1小匙

牛肉腌料

- □清酒½大匙
- □胡椒粉少许

乌冬面

⏱25～30分钟

- □乌冬面2包（400g）
- □茼蒿1把（50g）
- □油豆腐4.5cm×10cm 4片
- □洋葱¼个（50g）
- □酿造酱油¼杯（50ml，按个人口味增减）
- □料酒¼杯（50ml）
- □紫菜碎少许
- □辣椒粉少许

高汤

- □昆布5cm×5cm大小的3片
- □水6杯（1.2L）
- □鲣节1杯（5g）

炒乌冬面
乌冬面沙拉

+Tips

用一般贻贝代替绿贻贝

相比一般贻贝，绿贻贝的肉更饱满，看起来也让人更有食欲，适合制作沙拉等料理。产自新西兰的绿贻贝品质较好，可在超市买到冷冻产品。用一般贻贝替代绿贻贝时，需要先将贻贝处理（见 253 页）干净后再使用，也可用 1 整条鱿鱼替代贻贝和虾。

1 炒乌冬面

①冷冻生虾仁用淡盐水（3杯水+1小匙盐）浸泡10分钟解冻后，用流水冲洗干净。

②绿贻贝用淡盐水（3杯水+1小匙盐）浸泡10分钟解冻后，用流水洗净，同生虾仁一起放入漏勺控干。蒜粒切片。

③乌冬面放入滚水中煮1分30秒，用笊篱捞出，过冷水冲洗并控干。

→ 乌冬放入热水后，静置不动待其自然散开。

④热锅内倒入辣椒油，将蒜片下锅，用中火炒30秒，放入绿贻贝和生虾仁，调至大火翻炒2分钟。

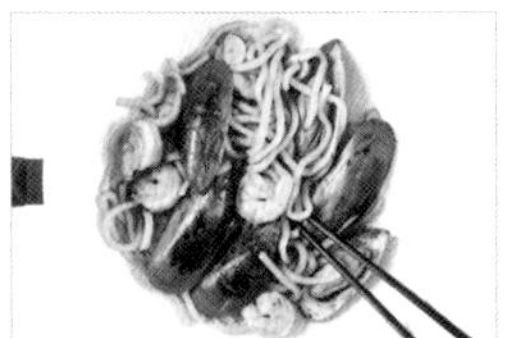

⑤锅内倒入煮好的乌冬面、酿造酱油和白砂糖，翻炒1分30秒即可。

→ 也可加入2把绿豆芽（100g）一同翻炒。完成的炒乌冬可搭配鲣节食用。

2 乌冬面沙拉

①紫苏叶卷成卷后切细丝，用冷水浸泡5分钟后用笊篱捞出控干。洗净长叶莴苣，撕成一口大小的片状，装入笊篱控干。

②乌冬面放入滚水中煮1分30秒，用漏勺捞出，过冷水冲洗并控干。

→ 乌冬面放入热水后，静置不动待其自然散开。

③大碗内倒入调味汁，放入乌冬面，轻轻拌匀。

④将长叶莴苣装入盘中，铺上步骤③中拌好的乌冬面，洒上剩余的调味汁，放上紫苏叶。

准备食材

炒乌冬面

⏱ **20～25分钟**

- ☐乌冬面1包（200g）
- ☐绿贻贝150g
- ☐冷冻生虾仁特大号10～13只（150g）
- ☐蒜瓣3粒（15g）
- ☐辣椒油1½大匙
- ☐酿造酱油2大匙
- ☐白砂糖2小匙

乌冬面沙拉

⏱ **20～25分钟**

- ☐乌冬面1包（200g）
- ☐紫苏叶15片（30g）
- ☐长叶莴苣（莴苣或生菜亦可）1把（75g）

调味汁

- ☐白砂糖2大匙
- ☐蒜末1大匙
- ☐食醋1大匙
- ☐酿造酱油2大匙
- ☐橄榄油3大匙
- ☐芝麻油1大匙

什锦粉条

Tips

怎样制作口感更柔软的粉条？

想要粉条的口感更加柔软，就将步骤⑩中粉条的煮制时间延长至2分钟，省略炒制的过程，用调味料将粉条抓拌均匀。

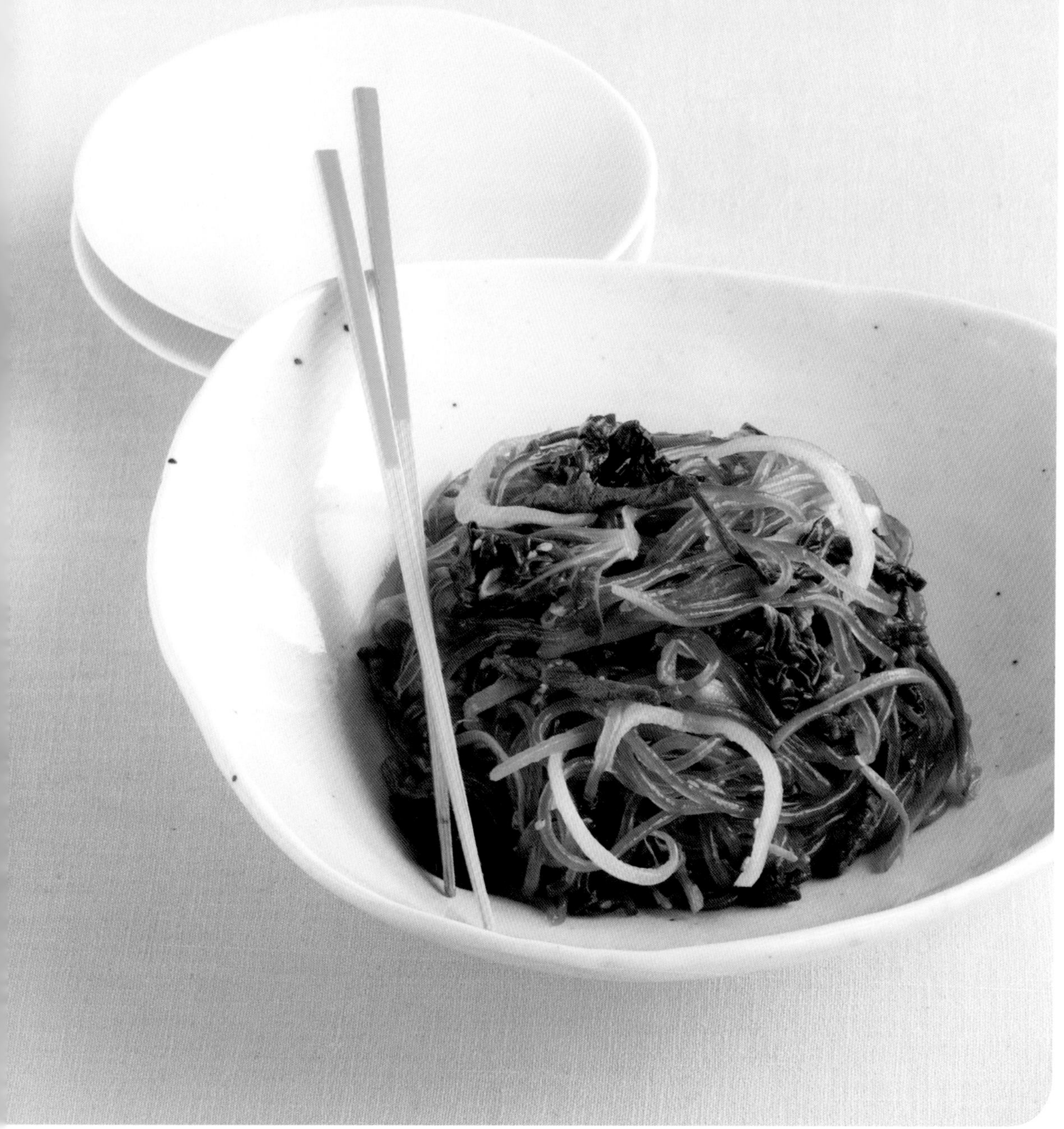

准备食材

⏱ 30～35 分钟（+粉条、木耳的泡发时间 1 小时）

- □粉条 1 把（100g）
- □牛肉 50g
- □干木耳 6 朵（6～8g）
- □菠菜 ½ 把（100g）
- □洋葱 ¼ 个（50g）
- □胡萝卜 ¼ 个（50g）
- □食用油 3 小匙
- □盐少许
- □白砂糖 1½ 大匙
- □酿造酱油 3 大匙
- □蒜末 1 小匙
- □芝麻油 1 大匙
- □芝麻少许

牛肉腌料

- □酿造酱油 ½ 大匙
- □芝麻⅓小匙
- □白砂糖⅔小匙
- □蒜末 ½ 小匙
- □清酒 ½ 小匙
- □芝麻油 ½ 小匙
- □胡椒粉少许

菠菜调味料

- □盐 ¼ 小匙
- □蒜末 ½ 小匙
- □芝麻油 ½ 小匙

粉条调味料

- □白砂糖 ½ 大匙
- □酿造酱油 1 大匙

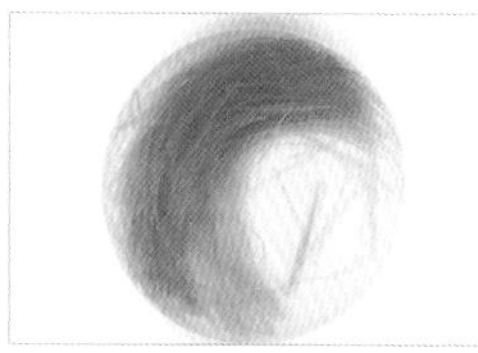

①粉条用足量冷水浸泡 1 小时左右，泡发后切成方便食用（约 15cm）的长度。

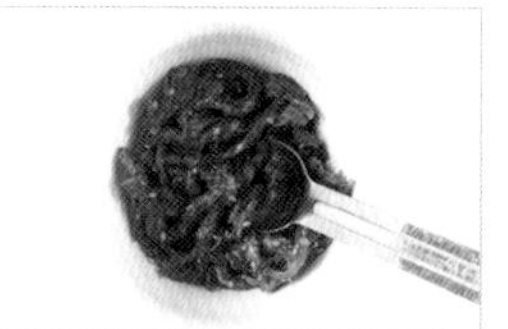

②牛肉用腌料拌好，放入冷藏室静置 30 分钟。

③干木耳用温水浸泡 30 分钟，泡发后控干水分，去掉坚硬的部分，切成 3～4 等份。

④将菠菜浸泡在水中涮洗片刻，将根部浸泡在热盐水（5 杯水 +½ 小匙盐）中焯 5 秒，再连菜叶一起浸泡在热盐水中焯 5 秒钟。

⑤焯好的菠菜用冷水冲洗，控干水分后切成 5cm 宽的大小，用调味料拌匀。

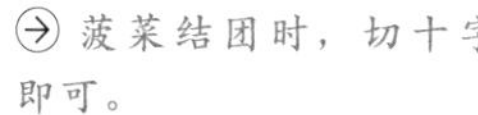

→ 菠菜结团时，切十字即可。

⑥洋葱和胡萝卜切成相同长度的细丝。

⑦热锅内倒入 ½ 小匙食用油，放入洋葱丝和少许盐，用中火翻炒 30 秒，盛入盘子的一侧。

⑧步骤⑦平底锅内再加入 ½ 小匙食用油，放入胡萝卜丝和少许盐，用中火翻炒 1 分钟，盛入盘子的另一侧。

⑨步骤⑧的平底锅内加入 1 小匙食用油，将牛肉下锅，用中火翻炒 1 分钟后，放入木耳，翻炒 30 秒。

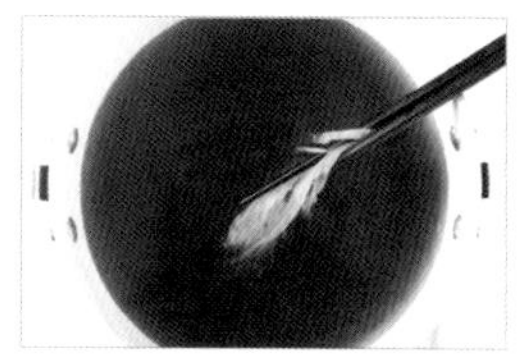

⑩在 5 杯滚水中加入 1½ 大匙白砂糖、3 大匙酿造酱油，放入步骤①中泡好的粉条，煮 1 分 30 秒，捞出控干。

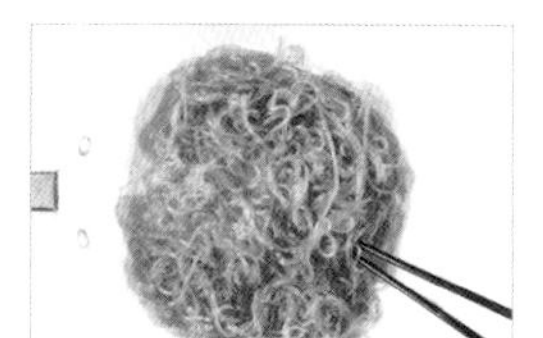

⑪步骤⑨的锅中加入 1 小匙食用油，将步骤⑩中的粉条下锅，加入调味料，用中火翻炒 40 秒。

⑫将准备的所有食材倒入大碗，用手抓拌片刻，防止粉条结团。最后加入蒜末、芝麻油和芝麻，拌匀。

辣炒筋面
辣炒年糕

+Recipe

制作辣炒拉面

拉面用热水煮2分30秒，过冷水冲洗备用。在辣炒筋面料理的第⑥步中，用拉面替代筋面，煮2分钟即可。另外，虾仁用一半量即可，还可加入1½片（100g）鱼糕。

1 辣炒筋面

①冷冻生虾仁用淡盐水（3杯水+1小匙盐）浸泡10分钟解冻，用流水洗净并控干水分。

②卷心菜切成1cm×5cm大小。洋葱和紫苏叶切成1cm宽的丝状，大葱切斜片。）

③将筋面一根根分开。调味料混合均匀。

④取一只深底锅，热锅后倒入食用油，下蒜末，用小火炒30秒，加入卷心菜和洋葱丝，翻炒1分钟。

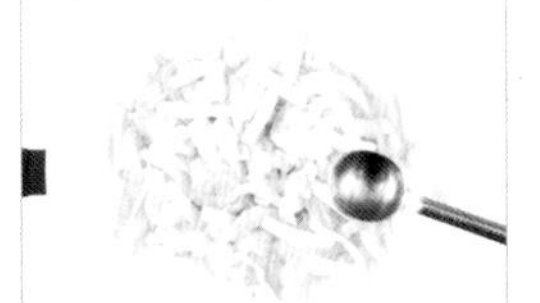

⑤锅内倒入虾仁，调至中火翻炒1分钟，加入清酒，调至大火炒30秒。

⑥锅内倒入调味汁，待煮沸后放入筋面，煮2分30秒。加入紫苏叶丝、葱片和芝麻油，再炒30秒即可。

2 辣炒年糕

①锅内放入汤底材料，大火煮开后改中小火再煮5分钟，捞出昆布。

②将长条糕横切成4等份。紫苏叶用流水洗净，抖掉水分后卷成卷，切成细丝。调味料混合均匀。

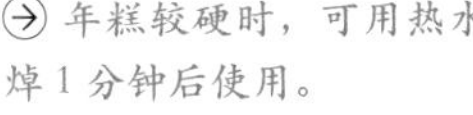

→ 年糕较硬时，可用热水焯1分钟后使用。

③深底锅内倒入步骤①中煮好的高汤和调味汁，大火煮沸后倒入年糕。

④改小火煮12～15分钟，将锅内汤汁煮至剩⅓左右，加入紫苏叶丝。

准备食材

辣炒筋面

30～35分钟

- □筋面1⅓把（200g）
- □冷冻生虾仁特大号10～12只（200g）
- □卷心菜10cm×10cm大小的5片（150g）
- □洋葱½个（100g）
- □紫苏叶15片（30g）
- □大葱（葱白）20cm（葱绿）20cm
- □食用油1大匙
- □蒜末1大匙
- □清酒1大匙
- □芝麻油1小匙

调味料

- □青阳辣椒碎1根份（按个人口味增减）
- □白砂糖2大匙（按个人口味增减）
- □辣椒粉1½大匙
- □番茄酱2大匙
- □辣椒酱2大匙
- □韩式酱油2小匙
- □水1½杯（30ml）

辣炒年糕

30～35分钟

- □长7cm、直径2cm的长条年糕6根（300g）
- □紫苏叶5片（10g，按个人口味增减）

高汤

- □水3杯（600ml）
- □昆布5cm×5cm大小的2片

调味料

- □白砂糖1大匙
- □辣椒粉2大匙
- □低聚糖1大匙
- □辣椒酱2大匙
- □蒜末1小匙
- □酿造酱油2小匙

风味辣炒年糕

炸酱炒年糕
宫廷炒年糕

炸酱炒年糕

宫廷炒年糕

Tips

年糕较硬时需焯水后烹调

质地较硬的年糕可用热水焯过后再烹调。小球糕和年糕片焯30秒，年糕条视硬度焯1～2分钟，长条糕则需煮5分钟。也可用保鲜袋装好，放入微波炉（700W）加热1～2分钟。

1 炸酱炒年糕

①将鱼糕与卷心菜切成2cm×5cm大小。洋葱切成1cm厚的丝状，大葱切成斜片。

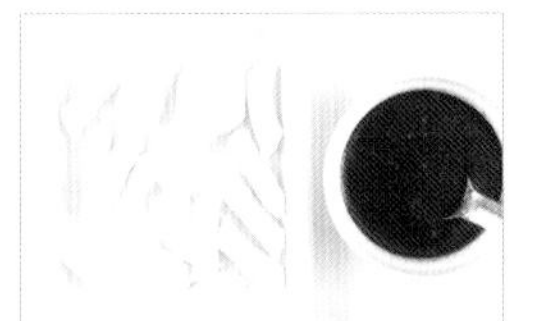

②将年糕一根根分开后，用冷水冲洗。调味料混合均匀。

→ 年糕较硬时，可用热水焯1分钟再使用。

③深底锅（或炒锅）烧热后倒入食用油，将鱼糕条、卷心菜和洋葱丝下锅，用中火翻炒2分钟。

④锅内加入年糕和2杯清水，调至大火煮沸，改中小火煮3分钟。

⑤倒入调味汁，改小火煮，煮沸后不时搅拌，继续煮3分钟后加入葱片，最后煮1分钟即可。

2 宫廷炒年糕

①牛肉用腌料拌匀，腌制片刻。

②青、红甜椒和洋葱切丝。

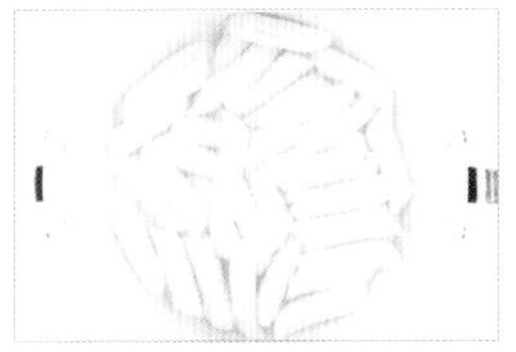

③将年糕一根根分开，放入热水中，用大火焯1分钟。

④深底锅烧热，倒入食用油，放入蒜末、腌好的牛肉和洋葱丝，用中火翻炒1分钟。

⑤锅内放入年糕和调味料，翻炒2分钟后放入青、红椒丝炒30秒。撒上芝麻，拌匀即可。

准备食材

炸酱炒年糕

25～30分钟

- □年糕约1½杯（200g）
- □鱼糕1½片（100g，可省略）
- □卷心菜10cm×10cm大小的3片（90g）
- □洋葱½个（100g）
- □大葱（葱白）10cm 3段（可省略）
- □食用油1大匙
- □水2杯（400ml）

调味料

- □炸酱粉3大匙
- □辣椒粉1½大匙（按个人口味增减）
- □蒜末1大匙
- □低聚糖1大匙
- □辣椒酱1大匙
- □水½杯（100ml）

宫廷炒年糕

25～30分钟

- □年糕约2⅔杯（360g）
- □牛肉150g
- □青甜椒½个（50g）
- □红甜椒½个（50g）
- □洋葱¼个（50g）
- □食用油1大匙
- □蒜末1小匙
- □芝麻少许（可省略）

牛肉腌料

- □白砂糖½小匙
- □葱末1小匙
- □蒜末½小匙
- □酿造酱油1小匙

调味料

- □白砂糖1大匙
- □酿造酱油2大匙
- □芝麻油2小匙

炒血肠

清炒血肠
辣炒血肠

Tips

吃剩的血肠怎样保存?

将吃剩的血肠装入保鲜袋冷冻保存。烹饪前可用蒸笼蒸制片刻或移至冷藏室解冻后使用。直接使用冷冻血肠的话，血肠内部的粉条受热膨胀，会导致血肠散开。

1 清炒血肠

①将血肠放入蒸笼中蒸 5 分钟，晾凉后切成 1cm 厚。将筋面一根根分开。

②卷心菜和胡萝卜切成 1cm×6cm 的大小。洋葱切成 1cm 厚的丝状，大葱切成 1cm 厚的斜片。

③青阳辣椒和红辣椒切碎，蒜粒切薄片。紫苏叶用流水洗净，抖掉水分后装入笊篱。

④取一只深底锅，热锅后倒入食用油，将除紫苏叶之外的其他蔬菜、筋面和 2 大匙清水倒入锅中，用中火翻炒 2～3 分钟至蔬菜炒熟。

⑤锅内放入血肠、紫苏粉、盐和胡椒粉，翻炒 30 秒后盛入碗中，用紫苏叶包裹食用。

2 辣炒血肠

①卷心菜切成 1cm×6cm 的大小，紫苏叶切成 3cm 宽。洋葱切成 1cm 厚的丝状，大葱切成 1cm 厚的斜片。

②血肠切成 2cm 宽的大小。

→ 冷冻血肠需放入冰箱冷藏室解冻半天，热血肠直接翻炒会导致血肠散开，建议冷却后再料理。

③调味料混合均匀。

④选一只带锅盖的深底锅，热锅后倒入食用油，将卷心菜和洋葱丝下锅，用中火翻炒 2 分钟。

⑤锅内加入血肠和调味汁，翻炒 1 分钟后加 ½ 杯水，盖上锅盖，煮 2 分钟。

⑥放入紫苏叶、葱片和紫苏粉，调至大火，翻炒 30 秒即可。

准备食材

清炒血肠

25～30 分钟

- □血肠 12～14cm（200g）
- □筋面⅓把（50g）
- □卷心菜 10cm×10cm 大小的 7 片（210g）
- □胡萝卜¼根（50g）
- □洋葱½个（100g）
- □大葱（葱白）15cm
- □青阳辣椒 1 根
- □红辣椒 1 根
- □蒜瓣 2 粒（10g）
- □紫苏叶 20 片（40g，按个人口味增减）
- □食用油 2 大匙
- □水 2 大匙
- □紫苏粉 2 大匙（按个人口味增减）
- □盐 1 小匙（按个人口味增减）
- □胡椒粉½小匙

辣炒血肠

25～30 分钟

- □血肠 24～28cm（400g）
- □卷心菜 10cm×10cm 大小的 5 片（150g）
- □紫苏叶 10 片（20g）
- □洋葱½个（100g）
- □大葱（葱白）15cm
- □食用油 1 大匙
- □水½杯（100ml）
- □紫苏粉 1 大匙（可省略）

调味料

- □青阳辣椒碎 1 根份（可省略）
- □辣椒粉 2 大匙
- □蒜末 1 大匙
- □酿造酱油 1 大匙
- □料酒 1 大匙
- □水 2 大匙
- □低聚糖 1 小匙
- □胡椒粉少许

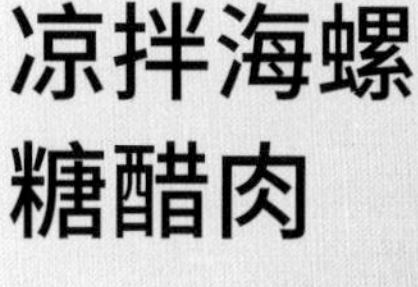

凉拌海螺
糖醋肉

糖醋肉

+Recipe

糖醋汁的多种调配法

番茄糖醋汁

白砂糖3大匙+食醋3大匙+番茄酱2大匙+盐⅔小匙+水½杯（100ml）

辣味糖醋汁

青阳辣椒碎1根份+白砂糖3大匙+食醋3大匙+辣椒酱1大匙+盐⅔小匙+水½杯（100ml）

1 凉拌海螺

①水芹摘掉蔫叶并洗净，切成 4cm 长的小段。洋葱切细丝。

→ 洋葱用冷水浸泡 10 分钟，可有效去除辣味。

②将海螺装入滤网控干汁水，个头较大的切成两半。

③大碗内倒入调味料混合均匀，放入海螺和洋葱丝，拌匀后加入水芹，再轻轻拌匀。

→ 可按个人喜好加入切好的卷心菜（100g）。做好的凉拌海螺可搭配煮熟的素面食用。

2 糖醋肉

①碗内加入淀粉和 2 小匙水，制成水淀粉。

②猪肉切成 3cm×4cm 的大小，用刀背捶松，再用腌料腌制 10 分钟。

③大碗内倒入除食用油之外的面糊食材，将步骤②中腌好的猪肉放入，抓拌片刻后加入 1 大匙食用油，混合均匀。

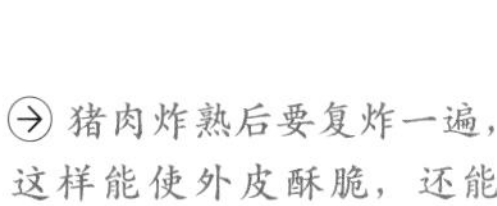

④青、红甜椒和洋葱切成 1cm 厚的丝状。热锅内加入 1 大匙食用油，将蔬菜下锅，用中火炒 30 秒。

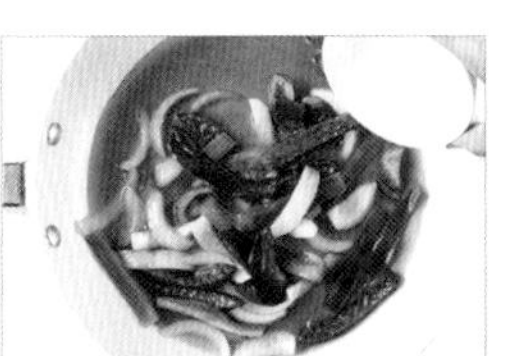

⑤在步骤④的锅中倒入糖醋调味汁炒 1 分钟，将步骤①的水淀粉倒入锅中（倒入之前搅拌一次），快速搅拌后煮 30 秒。

⑥另取一只小锅，倒入 2 杯食用油，加热至 170℃（炸衣下锅后先在中间位置停留片刻，随即浮起）。将步骤③中腌好的猪肉下锅炸 2 分钟，用笊篱捞出。

→ 根据锅的大小，分 2～3 次炸完。

⑦将步骤⑥中的油加热至 190℃（炸衣下锅后随即浮在油的表面），将炸好的猪肉再次下锅，炸 1 分钟后捞出，控油后装盘，搭配步骤⑤中做好的调味汁食用。

→ 猪肉炸熟后要复炸一遍，这样能使外皮酥脆，还能锁住猪肉水分。

→ 炸剩的废油处理法见第 6 页。

准备食材

凉拌海螺

15～20 分钟

- □海螺罐头 1 罐（235g）
- □水芹 1 把（50g）
- □洋葱 ¼ 个（50g）

调味料

- □芝麻 1 大匙
- □辣椒粉 1 大匙
- □蒜末 ½ 大匙
- □食醋 1½ 大匙
- □酿造酱油 1 大匙
- □料酒 1 大匙
- □低聚糖 1 大匙
- □辣椒酱 2 大匙
- □芝麻油 1 大匙

糖醋肉

40～45 分钟

- □猪外脊（炸猪排用）300g
- □青椒 ½ 个（50g）
- □红椒 ½ 个（50g）
- □洋葱 ¼ 个（50g）
- □淀粉 2 小匙
- □水 2 小匙
- □食用油 1 大匙（炒蔬菜用）
- □食用油 2 杯（炸肉用）

猪肉腌料

- □清酒 1 大匙
- □姜末 ½ 小匙
- □胡椒粉少许

面糊

- □蛋清 1 个份
- □淀粉 ½ 杯
- □清酒 1 大匙
- □盐⅔小匙
- □姜末 ¼ 小匙
- □食用油 1 大匙

糖醋汁

- □白砂糖 3 大匙
- □食醋 3 大匙
- □酿造酱油 1 大匙
- □盐⅔小匙
- □水 ½ 杯（100ml）

炸肉块

辣炸猪肉块
酱油炸鸡块

辣炸猪肉块

酱油炸鸡块

怎样去除鸡肉的腥味?

鸡肉腥味较重时，用牛奶浸泡 15 ～ 30 分钟就能去除。

酱料替换

炸猪肉块和炸鸡块所使用的酱料可替换使用。和小朋友一起食用时，可将辣酱汁中的辣椒粉去除，辣椒酱减至 ½ 大匙，再加入 1 大匙番茄酱。

1 辣炸猪肉块

①猪肉切成 3cm 见方的小块。将除清水之外的其他腌料食材混合，加入 1 大匙水，抓拌片刻，腌制 15 分钟。

②大碗内倒入蛋清、炸粉和清酒，放入步骤①中腌好的猪肉抓拌片刻，加入 1 大匙食用油，拌匀。

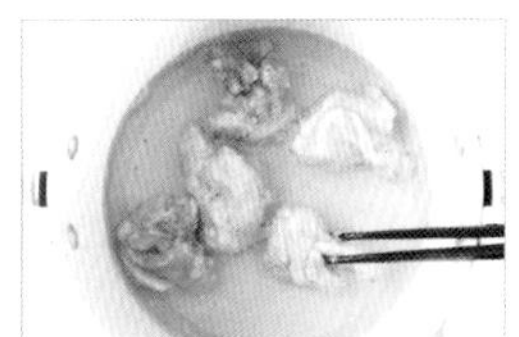

③小锅内倒入 2 杯食用油，加热至 180℃（炸衣下锅后先在中间位置停留片刻，随即浮起）。每次取⅓ 分量的猪肉下锅，炸 1 分 30 秒后用漏勺捞出。

④将步骤③中的油温升至 200℃（炸衣下锅后立刻浮起），每次取 ½ 的分量。将炸好的猪肉下锅，复炸 30 秒后捞出，控干油分。

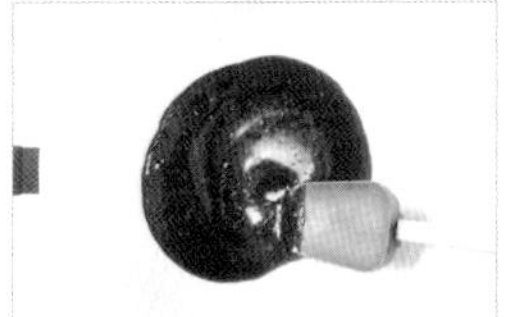

⑤另取一只深底锅，倒入调味料，用中火熬至调味汁边缘沸腾，搅拌熬煮 2 分钟后关火。

⑥锅内倒入步骤⑤中炸好的猪肉块和坚果，快速拌匀。

→ *也可将坚果磨碎后放入。*

2 酱油炸鸡块

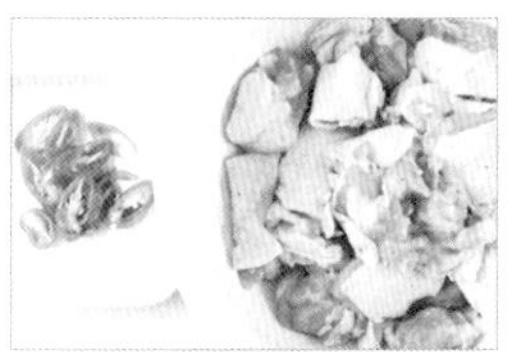

①青阳辣椒切斜片。鸡腿肉切成 4 等份，用腌料腌制 10 分钟。

→ *肉厚的部位可作划刀处理。*

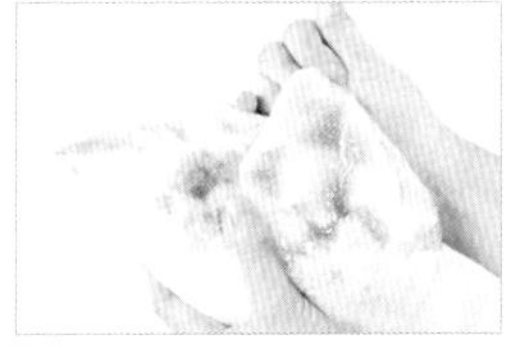

②将鸡腿肉和淀粉装入保鲜袋，扎紧袋口隔袋按压，使鸡腿均匀裹粉。

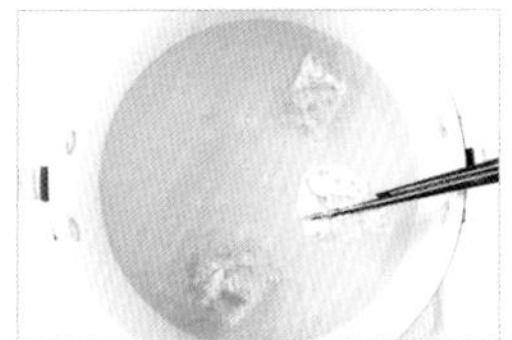

③小锅内倒入食用油，加热至 180℃（炸衣下锅后先在中间位置停留片刻，随即浮起）。将步骤②的鸡腿肉下锅，炸 8 分钟至颜色金黄，用笊篱捞出，控干油分。

→ *炸剩的废油处理法见第 6 页。*

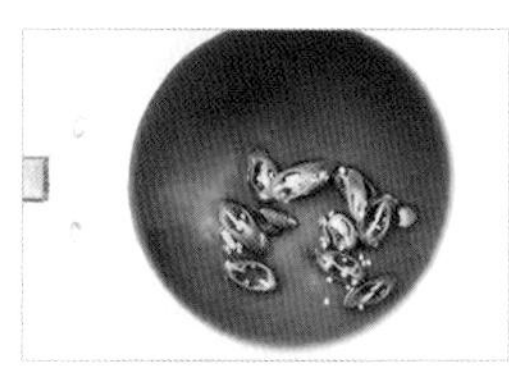

④另取一只深底锅，倒入调味料，用中火熬至调味汁边缘沸腾后改中小火，拌煮 3 分钟后关火。

⑤锅内倒入步骤④中炸好的鸡肉块，细细拌匀使调味汁入味。

准备食材

辣炸猪肉块

40 ～ 45 分钟

- □猪里脊 300g
- □蛋清 1 个份
- □炸粉 杯（75g）
- □清酒 1 大勺
- □食用油 1 大勺（面糊用）
- □食用油 2 杯（炸肉用）
- □坚果 3 大勺（36g）

猪肉腌料

- □盐 小勺
- □蒜末 1 小勺
- □姜末 小勺
- □清酒 2 小勺
- □胡椒粉少许
- □水 2 大勺

调味料

- □白糖 1 大勺
- □辣椒粉 ½ 大勺
- □蒜末 ½ 大勺
- □清酒 1 大勺
- □番茄酱 2 大勺
- □蜂蜜（或低聚糖）2 大勺
- □辣椒酱 1 大勺

酱油炸鸡块

40 ～ 45 分钟

- □鸡腿肉 350g
- □青阳辣椒 1 根
- □（按个人口味增减）
- □淀粉 7 大勺
- □食用油 1 杯

鸡肉腌料

- □清酒 2 大勺
- □盐 ½ 小勺
- □姜末 1 小勺
- □胡椒粉少许

调味料

- □白糖 2 大勺
- □酿造酱油 2 大勺
- □清酒 2 大勺
- □蜂蜜 1 大勺

炸猪排
炸猪排盖饭

Tips

炸猪排的冷冻保存

如果打算一次做大量炸猪排再冷冻保存，需按猪肉的分量相应增加面粉、鸡蛋、面包糠和腌料的用量。完成步骤⑤后，将猪排层层叠放，每两块之间铺一张铝箔纸，装入保鲜盒冷冻。无须解冻，直接料理即可。

1 炸猪排

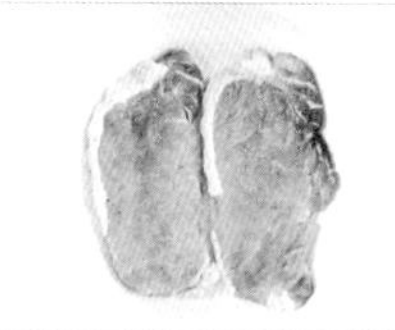

①猪肉用刀背敲捶片刻，用腌料腌10分钟。

→ 处理过的专门用来炸猪排的猪肉无须再敲捶。

②洋葱切细丝。热锅内加入1大匙食用油，放入蒜末和洋葱丝，用中小火炒1分钟。

③步骤②的锅内倒入番茄酱，翻炒1分钟后加入低聚糖和红酒，调至大火煮沸后再煮2分30秒～3分钟。

④选3只宽底深盘，分别倒入面粉、蛋液和面包糠。

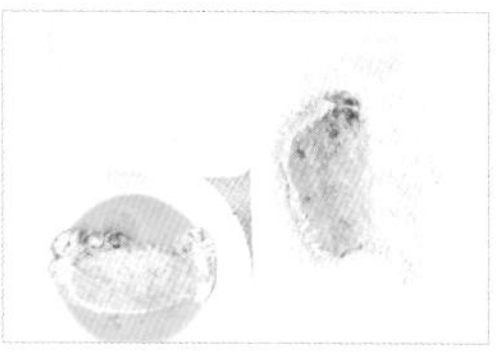

⑤步骤①中腌好的猪肉按面粉、蛋液、面包糠的顺序挂糊。

⑥选宽底炒锅加入3杯食用油，加热至170℃（炸衣下锅后在中间位置停留片刻即浮起）。将步骤⑤中挂好糊的猪肉下锅，炸3分钟～3分30秒后捞出，放在厨房纸上控油后装盘。搭配步骤③的调味汁食用。

2 炸猪排盖饭

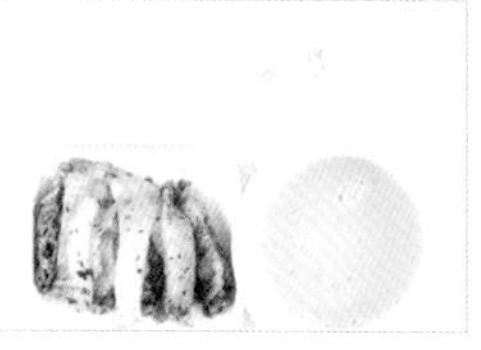

①洋葱切细丝，大葱切碎。泡菜抖掉多余的汤汁，切成1cm宽的大小。将鸡蛋打散，加入盐和胡椒粉调味。

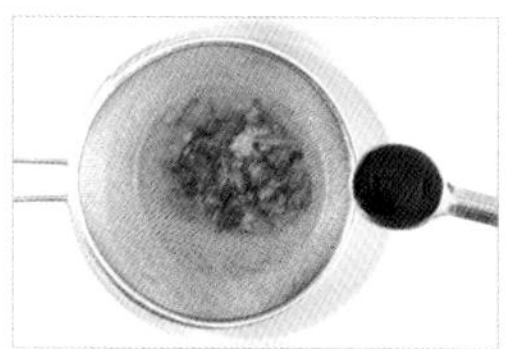

②将鲣节放入热水中浸泡5分钟。用滤网滤汤后，在高汤中加入酿造酱油和料酒。

③热锅内加入5大匙食用油，放入炸猪排，用中火煎烤2分钟后翻面，改小火煎3分钟后出锅，切成2cm宽的条状。

④热锅内加入1大匙食用油，洋葱丝下锅，翻炒1分钟。

⑤步骤④的锅中加入泡菜，炒1分钟后，倒入3杯步骤②的汤底，调至大火煮沸后再煮30秒。

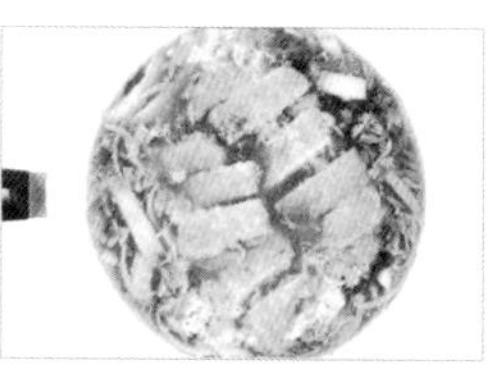

⑥锅内放入炸猪排，倒入蛋液，改中火煮30秒即可。盛两碗饭，各铺上一半量的猪排和汤汁，放上葱片即可。

准备食材

炸猪排

30～35分钟

- □猪外脊或里脊（1cm厚）2块（200g）
- □洋葱½个（100g）
- □食用油1大匙（炒蔬菜用）
- □蒜末2小匙
- □番茄酱6大匙
- □低聚糖1大匙
- □红酒1杯（200ml）
- □食用油3杯（炸猪排用）

猪肉腌料

- □清酒1大匙
- □盐½小匙
- □胡椒粉少许

炸衣

- □面粉3大匙
- □鸡蛋1个
- □面包糠⅔杯（35g）

炸猪排盖饭

20～25分钟

- □热饭2碗（400g）
- □猪排2块（200g）
- □泡菜1杯（150g）
- □洋葱¼个（50g）
- □大葱（葱白）10cm
- □鸡蛋2个
- □盐少许（按泡菜盐度酌量增减）
- □胡椒粉少许
- □食用油6大匙

高汤

- □水3¼杯（650ml）
- □鲣节1杯（5g）
- □酿造酱油2½大匙
- □料酒2大匙

牛排

外脊牛排
里脊牛排

+Recipe

用烤箱烤制牛排

牛排量较多时，先将平底锅用大火加热50秒，不放油，直接将牛排下锅，两面各煎1分钟至牛排变色，再放入预热200℃的烤箱中烤7分钟（里脊五分熟）或8分钟（外脊五分熟）。

处理食材 腌制牛肉

①为了避免里脊肉在料理中途散开，用料理线（或丝线）沿里脊边缘缠 1～2 圈，固定成圆形。

②在外脊或里脊两面撒上盐和胡椒粉，再均匀浇上橄榄油，腌制片刻。

制作 烤牛排

① -a **里脊**

大火热锅 50 秒，倒入橄榄油，将里脊下锅煎 1 分钟，翻面，改小火。盖上锅盖，按想要的熟度进行料理。

五分熟 煎 4 分钟后，打开锅盖再次翻面，盖上锅盖继续煎 2 分钟。

七分熟 煎 4 分钟后，打开锅盖再次翻面，盖上锅盖继续煎 3 分钟。

全熟 煎 4 分钟后，打开锅盖再次翻面，盖上锅盖继续煎 4 分钟。

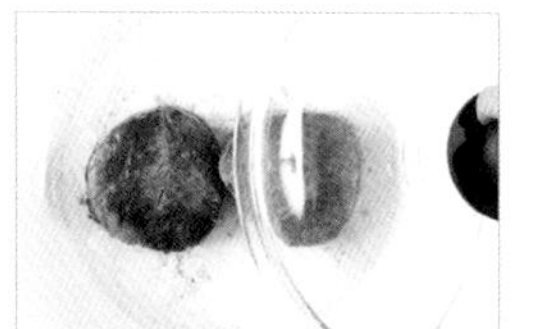

① -b **外脊**

大火热锅 50 秒，倒入橄榄油，将外脊下锅煎 1 分钟，翻面，改小火，盖上锅盖，按想要的熟度进行料理。

五分熟 煎 4 分钟后，打开锅盖再次翻面，盖上锅盖继续煎 3 分钟。

七分熟 煎 4 分钟后，打开锅盖再次翻面，盖上锅盖继续煎 4 分钟。

全熟 煎 4 分钟后，打开锅盖再次翻面，盖上锅盖继续煎 4 分钟。打开锅盖再次翻面，盖上锅盖煎 1 分钟。

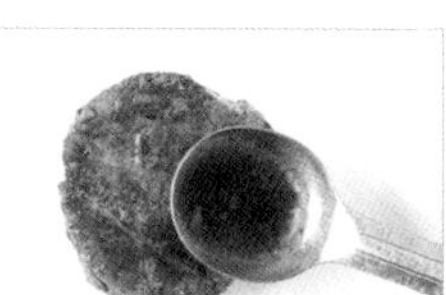

②关火，将牛肉焖 5 分钟。装盘时，将锅内的肉汁和油浇在牛排表面。

→ 装盘前，将里脊的缠线剪断。

→ 热锅内加入 1 大匙食用油，倒入切好的双孢菇（5 朵，100g）或洋葱丝（½ 个，100g），翻炒 1 分钟后用牛排汁（1 杯）拌匀，搭配牛排食用。

+Tips

根据颜色判断牛排的熟度

五分熟

表面呈灰褐色，内部呈粉红色。

七分熟

内部颜色介于粉红色和灰色之间。

全熟

内部全熟，呈灰色。

准备食材

外脊牛排

⏱ 25～30 分钟

- □牛外脊（牛排用，2.5cm 厚）2 块（300g）
- □橄榄油 1 大匙

牛肉腌料

- □盐 ½ 小匙
- □胡椒粉 ¼ 小匙
- □橄榄油 1½ 小匙

里脊牛排

⏱ 25～30 分钟

- □牛里脊（牛排用，2.5cm 厚）2 块（300g）
- □橄榄油 1 大匙

牛肉腌料

- □盐 ⅓ 小匙
- □橄榄油 1 小匙
- □胡椒粉少许

+Tips

根据牛肉厚度调整煎烤时间

超市出售的牛肉大多较薄，煎烤时间可参考如下：

里脊（厚约 1cm）

大火热锅 50 秒，倒入橄榄油，将里脊下锅煎 1 分钟后翻面，盖上锅盖，煎 30 秒～1 分钟。

外脊（厚约 2cm）

大火热锅 50 秒，倒入橄榄油，将里脊下锅煎 1 分钟后翻面，盖上锅盖煎 2 分 30 秒～3 分钟。

浓汤

土豆浓汤
红薯浓汤

土豆浓汤

红薯浓汤

制作双孢菇浓汤

土豆浓汤中放入双孢菇片（5朵，100g），便可完成风味浓郁的双孢菇浓汤。双孢菇去蒂并按形状切片，在制作土豆浓汤的步骤②中放入，一起翻炒即可。

1 土豆浓汤

①土豆去皮，和洋葱一起切成细丝。大蒜切薄片。

②热锅内倒入食用油，放入土豆丝、洋葱丝和蒜片，大火翻炒 3 分 30 秒至微黄。

③锅内倒入面粉，翻炒 30 秒后倒入牛奶，煮沸后改中火并不时搅拌，煮 2 分 30 秒。

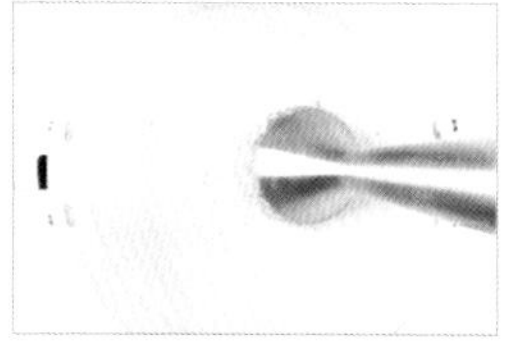

④步骤③中煮好的汤用搅拌机（或榨汁机）细细磨碎。

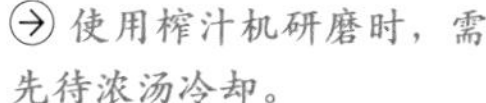

使用榨汁机研磨时，需先待浓汤冷却。

⑤加盐和胡椒粉调味。

2 红薯浓汤

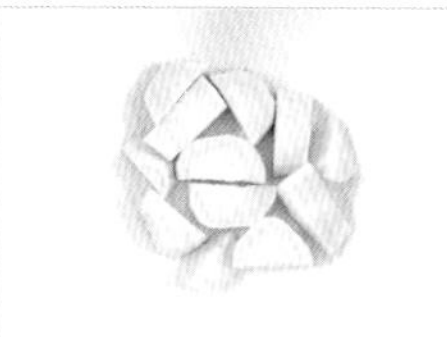

①红薯去皮切块，装入耐热容器，用保鲜膜裹好，放入微波炉（700W）中加热 5 分 30 秒。

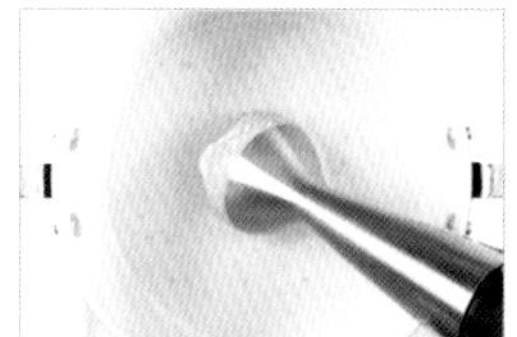

②厚底锅内放入步骤①中的红薯块、核桃和牛奶，用搅拌机（或榨汁机）细细磨碎。

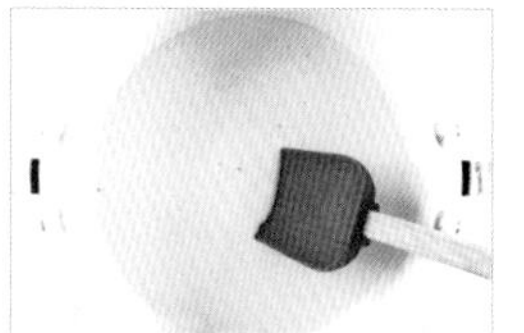

③加入 ½ 杯水，中火煮沸后改中小火并不时搅拌，继续煮 3 分钟。

根据红薯的水分含量，可再多加一些牛奶。

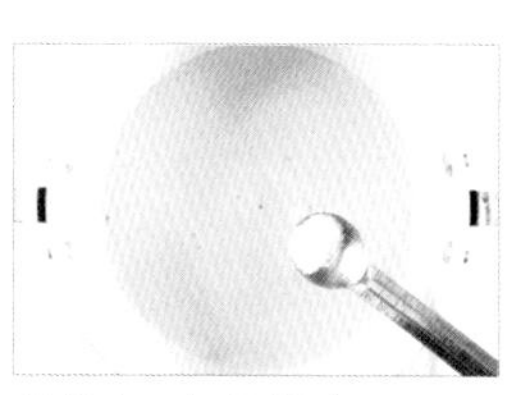

④关火，加盐调味。

准备食材

土豆浓汤

25～30 分钟

- □土豆 1 个（200g）
- □洋葱 ½ 个（100g）
- □蒜瓣 4 粒（20g）
- □食用油 3 大匙
- □面粉 1 大匙
- □牛奶 3 杯（600ml）
- □盐 1½ 小匙（按个人口味增减）
- □胡椒粉少许（按个人口味增减）

红薯浓汤

25～30 分钟

- □南瓜红薯（或板栗红薯）1½ 个（300g）
- □核桃 ¼ 杯（30g）
- □牛奶 2 杯（400ml）
- □水 ½ 杯（100ml）
- □盐 ½ 小匙（按个人口味增减）

南瓜浓汤
南瓜沙拉

Tips

将南瓜沙拉填进三明治

南瓜沙拉可作为馅料填入三明治。做馅料时，建议去掉通心粉。也可用土豆或红薯替代南瓜。

1 南瓜沙拉

①南瓜用勺子去籽，装入耐热容器，用保鲜膜裹好后放入微波炉（700w）中加热 2 分钟。取出后削去外皮，切成薄片。

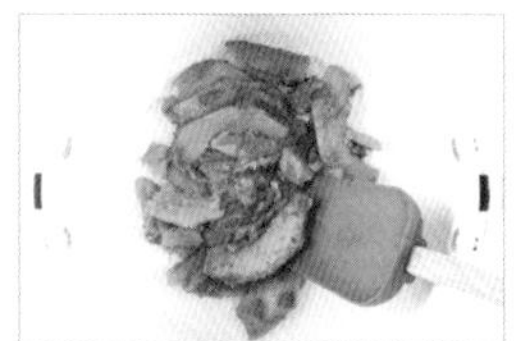

②热锅内加入黄油，融化后放入南瓜片，用中小火翻炒 3 分钟。

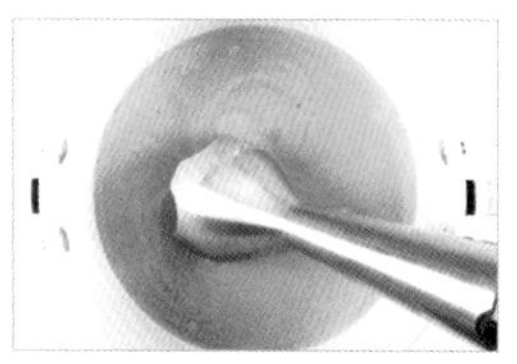

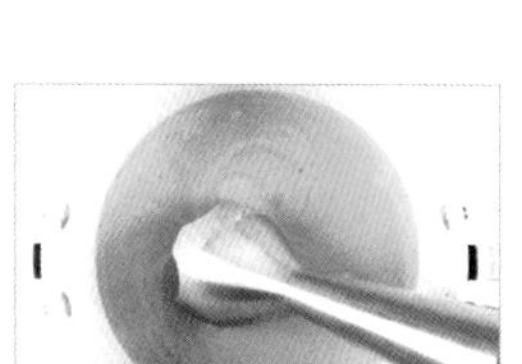

③锅内加 3 杯水，大火煮开后改中火煮 3 分钟。用手动搅拌机（或榨汁机）细细研磨。

→ 使用榨汁机研磨时，须先待汤冷却。

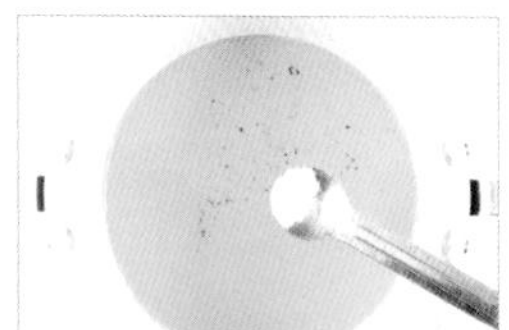

④锅内倒入生奶油，煮沸后改小火煮 13 ～ 15 分钟并不时搅拌，至汤浓稠后加盐和胡椒粉调味。

2 南瓜浓汤

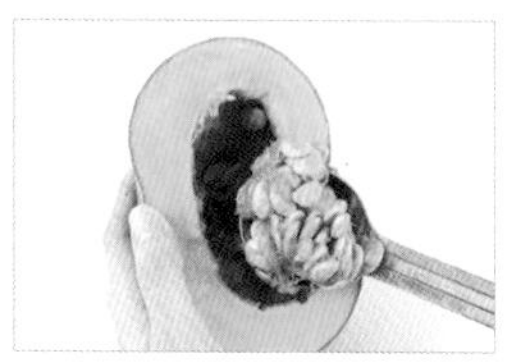

①南瓜洗净，用勺子去籽，装入耐热容器，用保鲜膜裹好后放入微波炉（700w）中加热 7 分钟。

②彩椒、洋葱和腌黄瓜切碎。

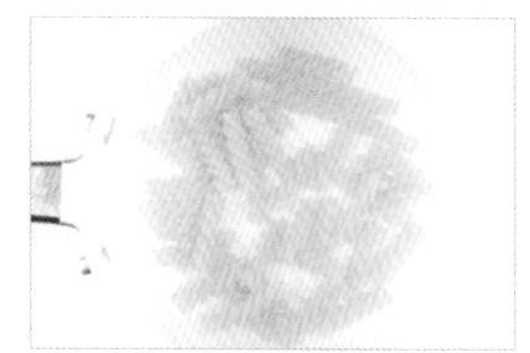

③在热盐水（6 杯水 +2 小匙盐）中加入通心粉，按产品包装上标注的时间煮熟，用漏勺捞出控干。

④将蒸熟的南瓜盛入大碗，用勺子将大块的南瓜碾碎，加入蛋黄酱、盐和芥末拌匀。

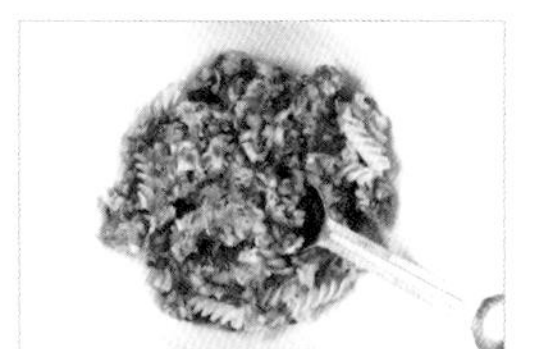

⑤步骤④的大碗中加入通心粉、彩椒碎、洋葱碎和腌黄瓜碎拌匀。

准备食材

南瓜沙拉

25 ～ 30 分钟

- □南瓜 ¼ 个（200g）
- □无盐黄油 1 大匙
- □水 2 杯（400ml）
- □生奶油 1 杯（200ml）
- □盐 ¼ 小匙（按个人口味增减）
- □胡椒粉⅓小匙

南瓜浓汤

25 ～ 30 分钟

- □南瓜 ½ 个（400g）
- □意大利面（通心粉、螺旋粉等）½ 杯
- □彩椒 ¼ 个（50g）
- □洋葱 ¼ 个（50g）
- □腌黄瓜（小份）
- □3 个（30g）
- □蛋黄酱 4 大匙
- □盐 ¼ 小匙
- □芥末 2 小匙

家常三明治

街头三明治
鸡蛋三明治

1 街头三明治

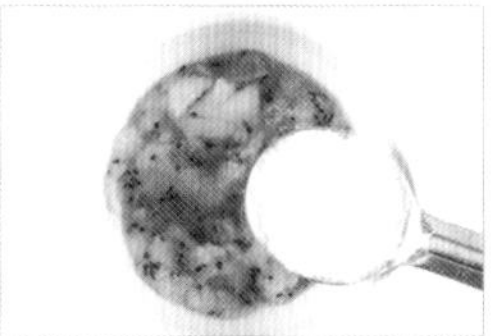

①猕猴桃去皮，装入耐热容器，用勺子（或刀）碾碎。加入白砂糖，用保鲜膜裹好，放入微波炉（700W）中加热2分50秒，静置冷却。

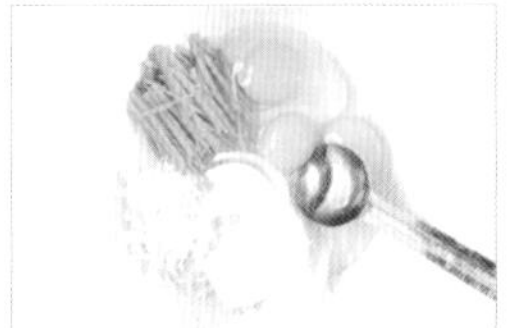

②卷心菜、胡萝卜、洋葱等蔬菜切成细丝，与鸡蛋、白砂糖和盐混合。

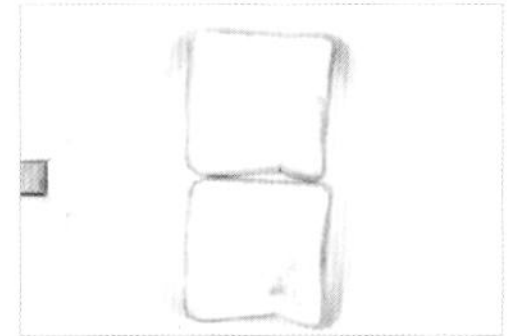

③平底锅用中小火热锅，加入1小匙黄油，融化后涂在2片吐司面包上，烤1分30秒。再加入1小匙融化的黄油，翻面烤1分钟。采用相同方法再烤2片吐司。

➔ 锅的温度会越来越高，后烤的吐司可缩短烤制时间。

④步骤③的平底锅用厨房纸擦净，倒入食用油，取步骤②中一半量的蔬菜蛋液下锅，煎成吐司大小，用中小火将两面各煎1分钟。采用相同方法煎制剩余蔬菜蛋液。

⑤将步骤①中的猕猴桃酱涂抹在烤好的吐司片上，铺上步骤④中煎好的蔬菜蛋片，挤上番茄酱后盖上另一片吐司。剩下的食材采用相同方法料理。

2 鸡蛋三明治

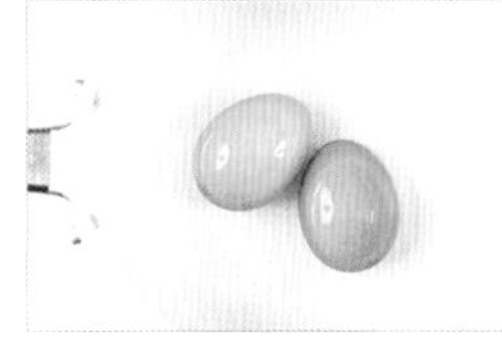

①锅内加入足量水，放入鸡蛋，大火煮沸后改中火煮12分钟。

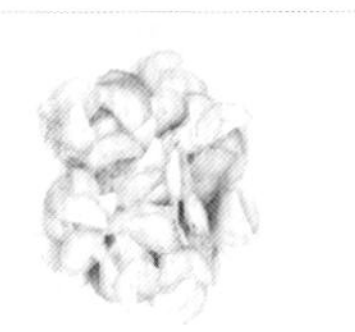

②用刀刮去黄瓜表皮的刺，用流水洗净后从长边对半切开，再切成薄片。用盐水（1大匙水+1小匙盐）腌10分钟，再用清水冲洗并挤干水分。

③煮好的鸡蛋放入冷水中，冷却后剥去外壳，将蛋白和蛋黄分开，蛋白切碎。

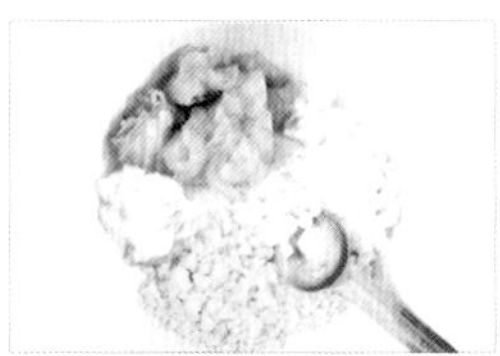

④将蛋黄放入大碗中，用勺子碾碎，加入蛋白碎、黄瓜片和调味料，混合均匀。

⑤取4片吐司，在一面各涂抹½小匙蛋黄酱。步骤④中拌好的食材分成两半，分别放在2片吐司上，再各自盖上1片吐司。

准备食材

街头三明治

⏱ **20～25分钟**

- □吐司（三明治用）4片
- □蔬菜（卷心菜、胡萝卜、洋葱等）100g
- □鸡蛋3个
- □白砂糖1小匙
- □盐½小匙
- □黄油4小匙
- □食用油1小匙
- □番茄酱1大匙

猕猴桃酱（或一般果酱）

- □猕猴桃1个（90g）
- □白砂糖1大匙

鸡蛋三明治

⏱ **20～25分钟**

- □吐司（三明治用）4片
- □鸡蛋2个
- □黄瓜½根（100g）
- □蛋黄酱2小匙
- □调味料
- □蛋黄酱2½大匙
- □芥末1½小匙（可省略）
- □低聚糖1小匙
- □胡椒粉少许

风味三明治

土豆三明治
火腿芝士三明治

Tips

怎样将三明治切得美观?

填入较多蔬菜的三明治可用牙签固定住两端后再切，这样可有效防止馅料漏出。填入碎土豆的三明治用奶油包装纸包好后再用面包刀切开，这样切出的三明治断面齐整、既不散又美观。

1 土豆三明治

①锅内加入足量水，放入鸡蛋，大火煮沸后改中火煮12分钟。取出鸡蛋放入冷水中，冷却后剥去外壳。

②土豆削皮，切成4～6份，与4杯清水一同倒入锅中，大火煮开。煮沸后改中火煮8分钟。

③洋葱切成细丝，腌黄瓜切碎。

→ 也可将洋葱粗切。

④大碗中放入熟鸡蛋和步骤②中煮好的土豆，碾碎后加入洋葱丝、腌黄瓜碎、5大匙蛋黄酱和芥末，仔细拌匀。

⑤取2片吐司，各涂抹¼小匙蛋黄酱。将步骤④中拌好的食材分成两半，分别放在两片吐司上，再各自盖上一片吐司。

→ 可先将吐司煎烤后再使用。

2 火腿芝士三明治

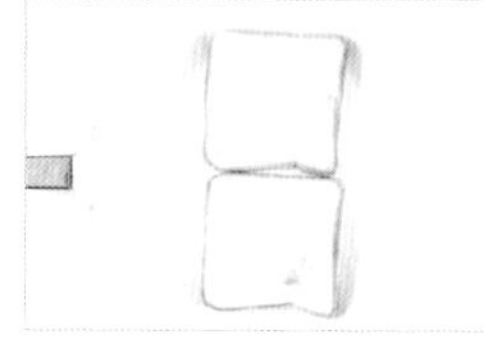

①热锅内放入2片吐司，用小火煎至两面金黄。用相同方法再煎两片吐司。

→ 也可用面包机烤制。

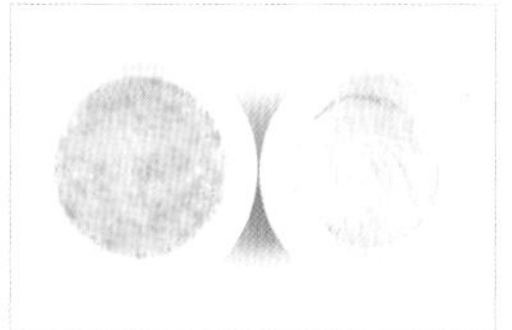

②取2个小碗，分别将蔬菜蛋液食材和酱汁食材混合均匀。

③叶用莴苣用流水一片片洗净，控干水分。

④热锅内倒入食用油，取步骤②中一半量的蔬菜蛋液下锅，煎成吐司大小，用小火将两面各煎1分钟。采用相同方法煎制剩余蔬菜蛋液。

⑤取2片吐司，各涂抹¼分量的步骤②中调好的酱汁，再放上蔬菜蛋饼、芝士片、2片莴苣、½小匙番茄酱和午餐肉，再涂抹上¼分量的酱汁，再各自盖上一片吐司。

准备食材

土豆三明治

⏱ 20～25分钟

- □吐司（三明治用）4片
- □鸡蛋2个
- □土豆1个（200g）
- □洋葱¼个（50g）
- □腌黄瓜（小份）3个（30g）
- □蛋黄酱6大匙
- □芥末2小匙

火腿芝士三明治

⏱ 20～25分钟

- □吐司（三明治用）4片
- □叶用莴苣（吐司片大小）4片
- □芝士片2片
- □午餐肉2片
- □食用油1大匙
- □番茄酱1大匙（按个人口味增减）

蔬菜蛋饼

- □鸡蛋2个
- □洋葱碎⅛个份（25g）
- □胡萝卜碎1/10根份（20g）
- □盐¼小匙

酱汁

- □蛋黄酱2大匙
- □芥末1小匙
- □白砂糖1小匙

集中攻略 5　加工食品与外卖美味健康的秘诀

吃剩的加工食品如果保存不善，会很容易腐坏。这里将为各位料理新手讲解加工食品与外卖的保存方法，以及怎样保存吃剩的外卖、怎样进行二次加工、怎样将吃剩的外卖制成美味下酒菜等。不要错过哦！

1 加工食品的保存方法

金枪鱼罐头和鸡胸肉罐头 吃剩的金枪鱼罐头和鸡胸肉罐头撇去油脂和汤汁后装入保鲜盒，冷藏保存。不宜连罐一起保存，因为罐头易氧化，会使食物沾有铁锈味。

午餐肉和肉类加工食品 切面会很快氧化，用保鲜膜将切面裹好后，按一次食用的量分开，装入保鲜袋或保鲜盒后冷藏保存。

水果罐头和腌制类食品 由于调味料已融入汤汁，因此建议连带汤汁一起装入保鲜盒冷藏存放，以保持风味。

瓶装酱汁类 用干净筷子盛取所需的分量，将瓶口擦净，盖紧瓶盖。

2 外卖食物的保存方法

炸鸡 装入保鲜袋后冷藏保存。或将骨头剔除，鸡肉装入保鲜盒存放，可用于炒饭或酱炖类料理。

比萨 隔天食用时，可装入保鲜袋冷藏保存。冷冻保存时，须用保鲜膜比萨一块块分开包好，再装入保鲜袋。

糖醋肉 糖醋汁和肉分别用保鲜盒或保鲜袋装好，再冷藏保存。

猪蹄 装入保鲜袋冷藏保存。

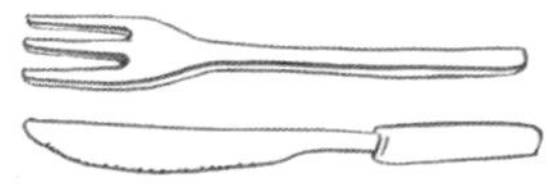

3 让吃剩的外卖食物美味如初

炸鸡 用预热 200°C的烤箱加热 5 ～ 7 分钟，可有效去除炸鸡的油分，使口味更加清淡。没有烤箱时，可用保鲜袋包裹后放入微波炉（700W）中加热 2 分 30 秒～ 3 分钟。用微波炉加热的炸鸡虽然外皮不脆，但肉质柔嫩可口。

比萨 冷冻比萨用微波炉（700W）解冻，放入烤箱或平底锅中重新加热，面饼和芝士的口感依旧柔软如初。将比萨放入预热 170°C的烤箱下层，加热至芝士融化。还可按个人喜好加入更多的芝士碎。家中没有烤箱的话，可以选一只较大的平底锅，将比萨置于锅上，锅内洒入 1 大匙纯净水，注意不要将水洒到比萨饼上。小火热锅，盖上锅盖，加热 3 ～ 4 分钟，待水蒸发后关火即可。这样蒸出的比萨面饼酥脆、馅料和芝士柔软可口。

糖醋肉 用预热 200°C的烤箱加热 3 ～ 5 分钟即可享用到酥脆可口的糖醋肉。家中没有烤箱的话，可将糖醋肉放入热锅中，小火将两面各煎 2 分钟。将糖醋汁倒入小锅，用小火熬至冒泡。糖醋汁过稠时，可加入 2 ～ 3 大匙清水，并按个人喜好加盐和食醋调味。如果已经将糖醋汁和肉混合，就一同装入耐热容器，用微波炉（700W）加热 2 ～ 3 分钟，或用平底锅翻炒片刻。

4 吃剩的外卖变身美味下酒菜

冷菜猪蹄

⏱ **20 分钟**

市售猪蹄 400g、黄瓜 ½ 根（100g）、苹果 ¼ 个（50g）、紫甘蓝 2 片（80g）、蟹肉棒 1 根（长根，可省略）、鸡蛋 1 个、盐少许、食用油 ½ 大匙

冷菜调味汁 白砂糖 3 大匙、蒜末 1½ 大匙、食醋 3 大匙、盐 ½ 小匙、酿造酱油 1½ 小匙、芥末酱 1½ 小匙（按个人口味增减）

① 将冷菜调味汁所用调味料均匀混合，置于冰箱冷藏。

② 黄瓜对半切开，切成 0.3cm 厚的斜片。苹果削皮去籽，切成细丝。将紫甘蓝切丝，蟹肉棒切成 3 等份，再撕成细条。

③ 大碗内打入鸡蛋，放盐，用打蛋器打匀。热锅内倒入食用油，用厨房纸轻轻抹匀，改小火，将蛋液倒入锅中。待蛋液表面凝固时翻面，关火，用锅的余温将蛋皮煎熟，切丝。

④ 将猪蹄和处理好的食材装盘，均匀地洒上步骤①中的冷菜调味汁。

酸甜可口的香辣酱猪蹄

⏱ **10 ～ 15 分钟**

市售切片猪蹄 300g、卷心菜 10cm×10cm 大小的 5 片（150g）、紫苏叶 15 片、辣椒（或青阳辣椒）1 根、红辣椒 1 根、黄瓜 ½ 根（100g）

调味料 芥末酱 1 大匙（按个人口味增减）、低聚糖 2 大匙、辣椒粉 2 大匙、食醋 2 大匙、辣椒酱 1 大匙、芝麻 1 小匙、酿造酱油 2 小匙、芝麻油 1 小匙、雪碧 ¼ 杯（50ml）、青阳辣椒碎 1 根份（按个人口味增减）

① 卷心菜切成 1cm×5cm 大小，紫苏叶切成 1cm 宽的丝状。

② 青、红辣椒切斜片，黄瓜用刀刮去表面的刺，对半切开，再切成 0.3cm 厚的斜片。

③ 大碗内倒入调味料，先将芥末酱和低聚糖混合均匀，再将其余调味料混合均匀。

→ 先将低聚糖和芥末酱混合，有助于芥末酱出味。

④ 将猪蹄和处理好的蔬菜倒入步骤③的大碗中，轻轻拌匀即可。

→ 如果购买的是整只猪蹄，需先切成一口大小的量后再烹调。

炸鸡沙拉

⏱ **20 ～ 25 分钟**

炸鸡 5 ～ 7 块（只取鸡肉）、沙拉蔬菜 100g

沙拉酱 洋葱 ¼ 个（50g）、酿造酱油 1 大匙、料酒 1 大匙、食醋 1 大匙、辣椒粉 ½ 小匙、蒜末 1 小匙、芝麻油 1 小匙

① 沙拉蔬菜洗净，撕成一口大小后用蔬菜脱水器控干水分。

→ 也可装入笊篱，控干水分。

② 洋葱切碎，与其余沙拉酱调味料混合。

③ 将沙拉蔬菜和炸鸡装盘，搭配沙拉酱食用。

图书在版编目（CIP）数据

绝不失手的基础料理：韩国国民食谱书 / 韩国《Super Recipe》月刊志著；冯雪译. -- 贵阳：贵州人民出版社，2020.8

ISBN 978-7-221-15883-3

Ⅰ.①绝… Ⅱ.①韩… ②冯… Ⅲ.①菜谱—韩国 Ⅳ.①TS972.183.126

中国版本图书馆CIP数据核字(2020)第057572号

JUEBUSHISHOU DE JICHULIAOLI: HANGUO GUOMIN SHIPUSHU

绝不失手的基础料理：韩国国民食谱书

[韩]《Super Recipe》月刊志 著

冯 雪 译

选题策划：后浪出版公司

出 版 人：王 旭

出版统筹：吴兴元

责任编辑：张 晥 李 康

特约编辑：余椹婷

营销推广：ONEBOOK

装帧设计：墨白空间·杨雨晴

出版发行：贵州出版集团 贵州人民出版社

后浪出版公司

印 刷：天津图文方嘉印刷有限公司

开 本：787mm × 1092mm 1/16

印 张：20

印 数：7000册

字 数：400千字

版 次：2020年8月第1版

印 次：2020年8月第1次印刷

书 号：ISBN 978-7-221-15883-3

定 价：110.00元

后浪出版咨询(北京)有限责任公司常年法律顾问：北京大成律师事务所 周天晖 copyright@hinabook.com

本书若有质量问题，请与本公司图书销售中心联系调换。电话：010-64010019